Dr. phil. Stephen Wolinsky
In Zusammenarbeit mit Kristi L. Kennen, M.S.W.

Quanten-
bewußtsein

Das experimentelle Handbuch
der Quantenpsychologie

Verlag Alf Lüchow

Titel der amerikanischen Ausgabe:
QUANTUM CONSCIOUSNESS by Stephen Wolinsky, Ph. D.
© Copyright 1993 by Stephen Wolinsky, Ph. D.
First Printing 1993 by Bramble Company, Connecticut, U. S. A.

Aus dem Amerikanischen von
Tatjana Kruse, Stuttgart

Die Deutsche Bibliothek – CIP-Einheitsaufnahme

Wolinsky, Stephen:
Quantenbewußtsein : Das experimentelle Handbuch der
Quantenpsychologie / von Stephen Wolinsky.
[Aus dem Amerikan. übers. von Tatjana Kruse]. – 1. Aufl. –
Freiburg i. Br. : Lüchow, 1994
    Einheitssacht.: Quantum consciousness <dt.>
    ISBN 3-925898-18-2

1. Auflage 1994
© Copyright der deutschen Ausgabe 1994
by Verlag Alf Lüchow, Freiburg i. Br.
Alle Rechte vorbehalten

Umschlaggestaltung: Atelier Wolfgang Traub, Sulzburg
Satz: Fotosetzerei G. Scheydecker, Freiburg i. Br.
Druck und Bindung: Freiburger Graphische Betriebe
ISBN 3-925898-18-2

Widmung

Zum Gedenken an meinen Lehrer Nisargadatta Maharaj,
dem »Höchsten« Entprogrammierer.

Danksagungen

Dr. phil. Carl Ginsburg, Douglas Harding, Jack Horner, Dr. med.
David Katzin, David und Carol Lange, Jerald H. Grimson (Illu-
strationen), Baba Muktananda, Baba Nityananda, Dr. Robert
Masters und Dr. med. Jean Houston – deren Gestaltungsvorschläge
für Gruppen ohne Gruppenleitung aus *MindGames* integriert wurden – Nisargadatta Maharaj, Bruce Carter und Donna Ross (Text-
erfassung), Lynne Behnfield (Lektorin) und Karen Blicher (Chef-
lektorin).

Mein besonderer Dank gilt Margaret O. Ryan, deren Überarbei-
tung der ersten vierzig Seiten großartig ist, und Kristi L. Kennen,
M. S. W., die mit mir zusammen Kapitel 5 geschrieben hat.

Außerdem danke ich all den Workshopteilnehmern, den Sponso-
ren und denjenigen, die bei mir in Ausbildung sind, die mit mir
zusammen durchhielten, mir Vertrauen schenkten und die mich
im Zweifelsfall unterstützten.

Der Autor

Dr. Stephen H. Wolinsky begann seine psychologische Tätigkeit 1974 in Los Angeles (Kalifornien). Als Gestalttherapeut, Reichianischer Therapeut und Trainer leitete er Workshops in Südkalifornien. Er wurde auch in klassischer Hypnose, Psychosynthese, Psychodrama und in der Transaktionsanalyse ausgebildet. 1977 reiste er nach Indien, wo er beinahe sechs Jahre lang lebte und Meditationsformen studierte. 1982 ging er nach New Mexico, um seine psychologische Tätigkeit wiederaufzunehmen. Dort begann er, Therapeuten in der Hypnosetechnik Ericksons, in NLP und in der Familientherapie auszubilden. Dr. Wolinsky leitete auch Ausbildungen, die sich über Jahre hinzogen, zu den Themen: »Die Integration von Hypnose und Psychotherapie« und »Die Integration von Hypnose und Familientherapie«. Dr. Wolinsky ist der Autor von DIE ALLTÄGLICHE TRANCE. Heilungsansätze in der Quantenpsychologie und arbeitet derzeit an seinem vierten Buch mit dem Titel THE TAO OF CHAOS: Quantum Consciousness Volume II. Sein drittes Buch THE TRANCES OF THE INNER CHILD: The Dark Side erscheint im Frühjahr 1995. Er war an der Entwicklung der Quantenseminare™ beteiligt und ist der Begründer der Quantenpsychologie. Zusammen mit Kristi L. Kennen gründete er das erste Institut für Quantenpsychologie®.

Inhaltsverzeichnis

Vorwort

Dr. Stephen Wolinsky hat eine der interessantesten und anregendsten psychologischen Richtungen seit Abraham Maslow geschaffen.

Seit ich 1970 meine Abhandlung zu Maslow *New Pathways in Psychology* geschrieben habe, bin ich ein faszinierter Beobachter der allmählichen Ent-Freudianisierung der Psychologie. Zuerst kam Viktor Frankls *Existenzpsychologie*, die aus seiner Erfahrung in den Todeslagern der Nazis entstand und auf der Erkenntnis gründete, daß die geistige und körperliche Gesundheit des Menschen von seinem »Willen zum Sinn« abhängt. Zu etwa derselben Zeit erregte die Züricher Schule der Existenzpsychologen unter Führung von Ludwig Binswanger die Aufmerksamkeit der englischen und amerikanischen Leser. Binswanger betonte, wie wichtig es für den Psychoanalytiker ist, »in« die Neurose des Patienten zu gelangen und nicht länger die eigenen Vorurteile einzubringen. Der Ausgangspunkt von Assagiolis Psychosynthese war die Erkenntnis, daß der Mensch einen zentralen Wesenskern besitzt, ein »Selbst«, und daß er, wenn er seine eigenen kreativen Möglichkeiten erkennt, sich »auf ein Überbewußtsein hin« entwickeln kann. Auch Maslow wies ganz entschieden Freuds mechanistische Sicht des Menschen zurück und sprach von den »höheren Gipfelpunkten des menschlichen Bewußtseins«. Für mich ist das die Essenz aller Erfahrungen, jene plötzliche blitzartige Stärke und pure Lebensfreude, die für alle gesunden Menschen charakteristisch ist. Carl Rogers erkannte die zentrale Bedeutung des Selbstwertes, eine Vorstellung, die genauso genial von Nathaniel Branden entwickelt wurde.

In gewissem Sinne stellen all diese Entwicklungen eine Rückkehr zu der Beobachtung dar, die William James im Jahr 1900 in

seinem kleinen Buch *On Vital Reserves* gemacht hat. Dort wies er
darauf hin, daß »das menschliche Individuum ... für gewöhnlich
weit innerhalb seiner Grenzen lebt; es besitzt Kräfte verschieden-
ster Art, die es normalerweise nicht nutzt«. James identifizierte
das zentrale Problem des Menschen als die »tief verwurzelte *Gewohnheit* eines Minderwertigkeitsgefühls unserem vollständigen
Selbst gegenüber.« Während also Freud den Beweis zu erbringen
suchte, daß der Mensch viel hilfloser ist, als wir das vermuten, versuchten James und seine Nachfolger aufzuzeigen, daß der Mensch
weitaus stärker ist, als er es selbst erkennt, und daß die Heilung
seiner Neurosen davon abhängt, inwieweit er lernt, das zu erkennen.

Meiner Meinung nach ist eine der interessantesten Entwicklungen der letzten Zeit die Technik des »Fokussierens«, die von
Eugene T. Gendlin entwickelt wurde. Beim Fokussieren bringt
man dem Patienten als Grundlage bei, in sich selbst zu blicken und
zu versuchen, das Wesen seines Unglücks zu »fokussieren« und es
mit Worten auszudrücken. Das hat natürlich etwas gemeinsam mit
Freuds »Therapie durch Gespräch«, es ist eine Technik, die für
Schriftsteller ganz natürlich ist – insbesondere für Lyriker: Man
lernt, seine Probleme auf Papier auszugießen und sie so aus seinem
System zu verbannen.

All dies zeigt, daß es so etwas wie »Originalität« in der Psychologie nicht gibt. Die Psychologie ist schließlich die Wissenschaft von der menschlichen Seele, und jeder, der zu einer genauen
Beobachtung fähig ist, wird unvermeidlich dieselben fundamenta-
len Wahrheiten erkennen.

Für mich ist an Stephen Wolinsky so interessant, daß er sich
diesen Wahrheiten in demselben Geist näherte wie so viele »reli-
giöse Außenseiter«, über die ich in meinem ersten Buch (Wilson,
1) geschrieben habe. Er gibt zu, daß er ein »Workshop-Junkie«
war, daß er sechs Jahre in Indien studiert hat und dann weitere
zwölf Jahre täglich dreimal meditierte. Ganz offensichtlich fand
er, wie der Heilige Augustinus, Jacob Boehme, George Fox, Blaise
Pascal und Sri Ramakrishna, die Frage der »persönlichen Erret-
tung« beinahe von »körperlicher Dringlichkeit«. Und schließlich
führte ihn seine Selbstbeobachtung zu der Erkenntnis, daß »*der*

Beobachter nicht nur beobachtet und achtsam damit ist, was durch seinen Geist und durch seinen Körper geht, sondern auch dessen *schöpferische Quelle ist.*« Das läßt sich leicht begreifen, wenn Sie kräftig Ihre Augen reiben, dann die Lider schließen und versuchen, die herumfliegenden farbigen Formen zu *beobachten.* Ihre eigenen Beobachtungen verändern ihre Formen, wenn Sie versuchen, sie zu betrachten. Husserl nannte diesen Effekt »Intentionalität«. Stephen Wolinsky zieht es vor, von Heisenbergs Unschärferelation zu sprechen, bei der die Beobachtung eines subatomaren Ereignisses durch den Beobachter beeinflußt wird. Dies wiederum ließ ihn eine Technik entwickeln, um »*jenseits des schöpferischen Beobachters*« *zu gelangen* und in einen Zustand einzutreten, den er »zustandslos« nennt. Wolinsky hat die fundamentale Wahrheit von Bohms Vorstellung einer »impliziten Ordnung« erkannt, die hinter diesem Phänomen steht und die eine »ununterbrochene Ganzheit formt, die uns alle miteinander verbindet.«

Hier nun hat Dr. Wolinsky die grundlegende mystische Erfahrung ent-deckt. Sie wird beispielsweise in Franklin Merrel-Wolffs *Pathways Through to Space* beschrieben: »Dann abstrahierte ich ... mit offenen Augen den subjektiven Augenblick – das ›ICH BIN‹ oder Atman-Element – von der Ganzheit des mannigfachen objektiven Bewußtseins. Darauf konzentrierte ich mich. Natürlich stieß ich auf etwas, das relativ gesehen Dunkelheit und Leere ist. Aber ich erkannte es als *das Absolute Licht und die Fülle, und ich erkannte, daß ich Das war.*« Dies löste in Merrel-Wolf etwas aus, was er die »Ambrosia-Qualität« nennt, ein Gefühl der reinen Freude und Freiheit, das mehrere Tage lang anhielt.

So könnte man also sagen, daß das wirkliche Problem der Psychotherapie darin liegt, die tiefsten Ebenen der eigenen Identität freizulegen und zu erkennen: »Das bist du«, »Tat tvam asi.« Das Ergebnis ist ein Gefühl der reinen Ekstase und der Erleichterung, die Befreiung vom »falschen Selbst«, das uns umklammert hielt wie eine Boa Constrictor. Ramakrishna erlebte dieses Gefühl in dem Moment, als er Selbstmord beging und ein Schwert in seine Brust rammte. Sogar Graham Greene, einer der düstersten Schriftsteller unserer Zeit, erlebte etwas ganz Ähnliches, als er Russisches Roulette mit einem Revolver spielte und der Hammer auf eine leere Kammer traf. Natürlich ist diese Methode nicht zum allgemeinen Gebrauch geeignet.

Wie sonst *kann* es erreicht werden? Hier zeigt uns Dr. Wolinsky das Ergebnis seiner zwölfjährigen Selbstbeobachtung. Er hat eine Reihe von Übungen entwickelt – und diese formen das Rückgrat dieses beachtenswerten Buches –, um jeden intelligenten Menschen in die Lage zu versetzen, »an sich selbst zu arbeiten« und Resultate zu erzielen.

Eine grundlegende Beobachtung besteht darin, daß alle unsere mentalen Zustände im Grunde aus Energieformen bestehen. Wir halten einige Formen – Vergnügen, Freiheit – für gut und andere – Elend, Schuld – für schlecht. Wenn man sie einfach als Energieformen erkennt, abstrahiert man das »falsche Selbst« von der Situation und entkommt so dem »Double-bind«. Diesbezüglich empfehle ich ganz besonders Kapitel 8, »Die lebende Leere«, und eine Übung namens »Einsteins Rätsel«, in welcher man sich den Konflikt (in diesem Fall, ob man eine Beziehung aufrecht erhalten soll oder nicht) als Teilchen vorstellt, die durch den Raum schweben. Der Raum wird zu derselben Substanz wie die Teilchen (gemäß Einstein). Das Ergebnis: »der Konflikt verschwindet.«

Bei Wolinsky spürt man den brillianten Verstand, der sich an seiner Fähigkeit freut, Probleme zu lösen – und das ist das Erfrischende an ihm. Er ist ganz offen, was seine Einsichten betrifft und wie sie zu ihm gelangten; er spricht mit der Offenheit eines Mannes, der nichts zu verbergen hat. Ganz abgesehen von den Übungen halte ich das Buch für äußerst belebend und daher für eine therapeutische Erfahrung. Als Reaktion auf Wolinskys Eifer, Probleme greifbar zu machen, fängt der Leser an, ihm vorauszueilen und das Gefühl der eigenen Freiheit zu erleben – das meinte Buckminster Fuller, als er sagte: »Ich scheine ein Verb zu sein.«

Jede Psychotherapie ist ein Versuch, »die Seele zu kartographieren«. Analogien, wie Heisenbergs Unschärferelation, sind einfach eine Art »Koordinatensystem«, das uns eine Orientierung ermöglicht. William James bevorzugte die Analogie von *vitalen Reserven*, er sah die Seele als eine Art Batterie, die auslaufen kann. Gurdjieff zog die Analogie des Schlafes und des Krieges gegen den Schlaf vor. Frankl betrachtete es als ein Problem des »Gesetzes der paradoxen Intention«. Bei Wolinsky finde ich aufregend, daß er wieder einmal bewiesen hat, wie ein gutes Grundkoordinatensystem uns ermöglicht, ein Problem zu erfassen und den gesunden Sinn für Freiheit zu entwickeln, jene Kraft des menschlichen Geistes, die *jedes* Problem löst. Wie schon James, Frankl, Maslow, Rogers und Assagioli hat Wolinsky einen neuen und höchst originellen Weg gefunden, uns eine der paradoxesten Wahrheiten der menschlichen Wirklichkeit bewußt zu machen, nämlich den Umstand, daß der Satz »Ich habe meine Freiheit« weniger zutreffend ist als der Satz »Ich *bin* Freiheit«.

Colin Wilson

Prolog

Als ich 1982 aus Indien zurückkehrte, fing ich damit an, in meinem Wohnzimmer Workshops abzuhalten. Diese kleinen Gruppen bestanden aus acht bis sechzehn Teilnehmern und waren der erste Schritt in der Entwicklung der Quantenpsychologie®. Ein Großteil dieses Textes erschien auch in meiner Doktorarbeit. Mit der Zeit wurden die Workshops größer und verschmolzen mit anderen Schulen und psycho-spirituellen Disziplinen, um den Quantenkontext auch mit praktischen Erfahrungen zu hinterlegen. Damals fühlte ich, und ich fühle das noch heute, daß man im Idealfall Ansätze lehren sollte, wie man mit sich selbst und anderen so arbeitet, daß die Menschen ihre eigenen informellen Gruppen organisieren können. Auf diese Weise können sie schließlich zu ihren eigenen Lehrern werden.

Dieses Buch ist in seinem Umfang begrenzt, da die Quantenpsychologie® ein sorgfältig ausgearbeitetes System der inneren Erforschung ist, zu dessen Abschluß fünfzehn Tage Training benötigt werden. Der Text wurde jedoch so angelegt, daß über achtzig Übungen und Kontemplationen vorgestellt werden, in denen man sich selbst stimulieren und erforschen kann, und das in einer Umgebung Ihrer Wahl. Einige Menschen tun das allein, andere erachten es für sich als wertvoller, ihre eigene Studiengruppe ohne Gruppenleiter zu gründen, die sich jede Woche oder jede zweite Woche in der Wohnung eines Mitglieds trifft. Diese Methode, die Rolle des Gruppenleiters *rotieren* zu lassen und jedem einmal zu übertragen, daß er die Gruppe durch die Quantenübungen, Prozesse und das Sich-Mitteilen führt. Das scheint die wirksamste Methode zu sein und ist wohl auch jene, die ich empfehlen würde.

Viele Teilnehmer an den Workshops haben mir gesagt, daß die Quantenmethode der Therapie so viele unterschiedliche Fenster zum Verständnis öffnet, daß sie oft den Kontext oder eine Gruppe vermissen, in der sie darüber sprechen können – was, wie sie meinten, notwendig sei. Es kann mit Sicherheit hilfreich sein, Unterstützung zu erfahren, während man bestimmte innere Veränderungen durchläuft.

Die Quantenpsychologie® fordert den Leser dazu auf, zu *üben* und die Übungen und Kontemplationen nicht einfach nur so zu lesen, sondern auch praktisch durchzuführen. Die Quantenpsychologie® ist kein Zuschauersport. Ich habe versucht, Übungen und Kontemplationen aufzunehmen, die im Kontext des Buches zu erklären und durchzuführen sind. Wenn eine Übung nicht paßt oder nicht funktioniert, gehen Sie zur nächsten über – das bedeutet *nicht*, daß Sie weniger entwickelt wären oder noch nicht bereit sind, es bedeutet einfach, daß diese Übung für Sie nicht passend ist ... machen Sie also mit der nächsten weiter. Die Ausschnitte aus dem System der Quantenpsychologie®, die hier vorgestellt werden, sollen die Art und Weise, mit der Sie gerade an sich selbst »arbeiten«, einschließen oder ihr hinzugefügt werden. Sie sind sicher nicht als der *einzige Weg* oder als »*Allheilmittel*« gedacht. Die Übungen funktionieren am besten, wenn sie offenen Herzens durchgeführt werden, wenn Sie die Definitionen der Welt, sowohl der inneren als auch der äußeren, *beiseite* legen und an die Übungen mit einer Haltung von »Was wäre, wenn das wahr wäre«, »Nur mal angenommen« oder »Laßt uns das als eine Möglichkeit betrachten« herangehen. Wenn die Übung im Kontext einer Gruppe durchgeführt wurde, werden nach dem Ende einer jeden Übung zahlreiche Deutungen aus der Gruppe kommen. Die Übungen haben natürlich nicht nur eine feste Bedeutung – sie einfach zu tun und zu erforschen, reicht schon aus.

Ich hoffe, Sie haben an diesem Prozeß ebensoviel Freude wie ich oder soll ich sagen: »Ich hoffe, es *ist* für Sie so gut wie es für mich war.«

In Liebe,
Ihr Bruder,
Stephen

KAPITEL 1

Den Giganten wachrütteln

Solange ich mich erinnern kann, war mein größter Wunsch, die Antwort auf die Frage »Wer bin ich?« zu finden. Ich folgte diesem Ziel über zwei Jahrzehnte lang, durchforstete jede größere und kleinere Disziplin westlicher Psychologie, östlicher Meditation und sogar der Quantenphysik – und unternahm auch Abstecher in die Drogen-Szene und die »freie« Sexualität der sechziger Jahre.

Im Jahr 1976 hatte ich dann meine Chakras ausgeglichen, hatte durch die Reichianische Therapie meinen Körper zu seinem orgasmischen Höhepunkt geführt, war im »heißen Stuhl« der Gestalt-Leute gesessen, hatte die Traumata meiner Kindheit im Psychodrama re-aktiviert, die Subpersönlichkeiten und Ego-Zustände der Psychosynthese und der Transaktionsanalyse erforscht, über hundert Meditationstechniken erlernt, war »Rebirthed« und sang den Namen Gottes in mehreren verschiedenen Sprachen.

Dennoch fühlte ich mich unvollständig. Ich hatte nicht das beruhigende Gefühl zu wissen, wer ich war; ich hatte keine dauerhafte Erfahrung meiner selbst gefunden; ich konnte auf kein Selbst weisen, das nicht Veränderungen unterworfen wäre. Ich bestand weiterhin aus verschiedenen Selbst-Zuständen, die sich jedesmal änderten, wenn ich in einen anderen emotionalen Zustand geriet. Im einen Augenblick mochte ich mich selbst, im nächsten nicht. An einem Tag war ich mit meinem Leben zufrieden, am nächsten Tag war ich ruhelos.

Nach so vielen Jahren als Workshop-Junkie traf ich einen indischen Guru. Man sagte mir, daß er nicht nur wisse, wer er sei, sondern daß er mir dieses Wissen auch irgendwie übermitteln könnte, so daß ich schließlich einen Zustand der Befreiung und der Freiheit erlangen würde. Natürlich konnte kein aufrechter

Workshop-Junkie eine solche Gelegenheit ausschlagen – besonders, da sie nur fünfzig Dollar kostete.

Kurz darauf war ich ein eifriger Anhänger, der sich immer noch fragte, wann er denn nun erleuchtet würde. Wann ich mich schließlich »selbst finden würde« und die Antwort auf die Frage meines Lebens, »Wer bin ich?«, wissen würde.

Ich verbrachte annähernd sechs Jahre in einem Kloster in Indien, sang, arbeitete und meditierte mir meinen Weg durch die Schwaden emotionalen Schmerzes und fand keine Antwort.

Durch den persönlichen Kontakt zu Nisargadatta Maharaj, einem weiteren indischen Lehrer, entdeckte ich dann, wer oder was ich *nicht* war: Ich war nicht mein Bewußtsein ... Ich war nicht meine Gedanken ... Ich war nicht meine Emotionen ... Ich war nichts, was erkennbar wäre. Ich war der *Zeuge* all dieser Dinge, die kamen und gingen, die aber nicht »Ich« waren. Später lernte ich, daß dieser Ansatz, zu entdecken, wer man ist, indem man zuerst erfährt, wer man nicht ist, ein Weg zu sich selbst ist. Eine praktische Analogie dafür könnte das Schälen der Schichten einer Zwiebel sein. Als die meisten von uns diesen Prozeß begannen, erkannten sie nicht, daß nach dem Abschälen aller Schichten der »Zwiebel« – *nichts* übrig blieb. Später mehr darüber.

Ich kehrte in die Staaten zurück, meditierte die nächsten fünf Jahre drei bis fünf Stunden täglich und nahm meine Untersuchungen der westlichen psychotherapeutischen Methoden wieder auf. Ericksons Hypnose und die Familientherapie wurden Bestandteile meiner inneren Synthese. Ende 1985 erkannte ich, daß ich in einen chronischen Zustand der Depression verfiel. Ich hatte nicht nur nicht entdeckt, wer ich war, sondern fing auch noch an, alle Modelle der Psychotherapie, des Yoga und der spirituellen Disziplinen nur als das wahrzunehmen, was sie waren – als *Modelle*. Es waren Glaubenssysteme – Bilder, Geschichten, Verkündungen der Wahrheit – aber nicht *die Wahrheit*. Wenn sie die Wahrheit wirklich enthielten, würde ich mit Sicherheit nicht deprimiert sein, weil ich ja schließlich »glaubte«, daß »die Wahrheit« den Menschen von allem Schmerz befreit.

Auf einer beinahe täglichen Basis nahm ich die psychotherapeutische Arbeit und die Körperarbeit als Klient wieder auf. Es gab Zeiten, in denen ich jede Woche sieben Stunden Körperarbeit und mehrere Stunden »normaler« Therapie erhielt, zusätzlich zu meinen umfangreichen Meditationen. Ich ließ nichts unversucht, fühlte aber innerlich immer noch keine Lösung.

Ich hatte den Buddhismus studiert und Buddha sagte, daß das Selbst nicht existiert. Aber ich sagte: »Klar, richtig, das Selbst existiert nicht, aber jetzt muß »*ich*« meditieren, »*ich*« muß diese Gefühle verarbeiten, »*ich*« muß an mir selbst arbeiten ... »*ich*« muß kapitulieren ... »*ich*« muß aufhören, mich zu wehren ... und so weiter.

Nachdem ich jahrelang mehrere Stunden täglich meditiert hatte, konnte ich in einen friedvollen Raum gelangen, in eine ruhige Leere, aber wenn ich aufgehört hatte zu meditieren hielt die Wirkung, wenn ich Glück hatte, nur für ein paar Stunden. Dann kehrte mein Bewußtsein zurück und ich fing an, mich unwohl, reizbar, wütend oder wie auch immer zu fühlen. Ich eilte zu meiner Meditation zurück und beobachtete die ganze Sache nochmal von vorn.

1986 fand ich heraus, daß meine östlichen Lehren einen wichtigen Aspekt des Beobachters bzw. Zeugen[*] übersahen: der Zeuge *nimmt nicht nur als Zeuge wahr und ist achtsam* auf das, was durch Geist und Körper geht, sondern ist auch dessen *kreative Quelle*.

Mit anderen Worten: Der Beobachter oder Zeuge des Verstandes[**] (d. h. der Gedanken, Gefühle, Emotionen und Assoziationen) beobachtet nicht einfach nur die Gedanken oder Emotionen ..., sondern erschafft irgendwie im selben Augenblick das, was er beobachtet. Damit will ich sagen, daß der Gedanken »Ich kann mich selbst nicht leiden« den Anschein hat, »als ob« er immer schon dagewesen sei und ein Eigenleben führen würde. In Wirklichkeit erschafft der Beobachter durch den Akt der Beobachtung auf mysteriöse Weise den Gedanken; die Beobachtung ist das kreative Mittel des Beobachters. Noch einfacher gesagt: Damit der

---

[*] Im Englischen hier »witness«. »To witness« = Zeuge sein wird vom Autor synonym mit »observe« = beobachten benutzt. (Anm. d. Hrsg.)
[**] Das englische Wort »mind«.

Beobachter seinen Job des Beobachtens erledigen kann, muß er etwas schaffen, was er *beobachten* kann.

An diesem Punkt wurde Heisenbergs Unschärferelation zu etwas, über das ich nicht einfach nur nachdenken, sondern das ich *erfahren* konnte. Im wesentlichen besagt es, daß die ganze Wirklichkeit *beobachter-geschaffen* ist (später mehr darüber). Jetzt erfuhr ich wirklich, daß ich zuerst die Gedanken *erschuf*, die ich dann während der Meditation beobachtete oder als Zeuge wahrnahm. Meine Neuentdeckung der Arbeit Heisenbergs auf einer *experimentellen* Ebene öffnete mir das Feld der Quantenphysik wieder und führte mich zu der Entwicklung des Systems der Quantenpsychologie. Ich las von neuem alle Bücher, die ich in die Hände bekommen konnte. Die stillschweigenden Folgerungen der Quantenphysik schwirrten in meinem Kopf um die östlichen Lehren, als ich langsam erahnte, wie jede in Richtung auf eine gemeinsame »Wahrheit« der zugrundeliegenden Einheit aller Dinge wies. Ich begann auch allmählich zu verstehen, wie die Quantenphysik in die westliche Psychologie integriert werden könnte, um die Lösung der Probleme, die ich und meine Patienten hatten, »zu beschleunigen«.

Ich arbeitete die nächsten eineinhalb Jahre fleißig, um zu verstehen und zu *erfahren*, wie meine Wirklichkeit beobachter-geschaffen wurde. Eines Tages saß ich da und beobachtete, wie meine beobachter-erschaffenen Wirklichkeiten auftauchten und verschwanden, beobachtete, wie der Beobachter in mein Bewußtsein hineintrat und wieder hinaus. Da bemerkte ich, daß ich mich *jenseits* des Beobachters und meiner beobachter-geschaffenen Wirklichkeit befand. Der Beobachter in mir, so schien es, tauchte mit jeder neuen Schöpfung auf, als ob die beiden, der Beobachter und seine Schöpfung (d. h. Gedanke oder Gefühl) sofort in Verbindung traten. Und da »ich« nicht nur meine Gedanken beobachten konnte, sondern auch mich selbst, wie ich meine Gedanken beobachtete, wurde mir klar, daß etwas über diese Beschränkungen der beobachter-geschaffenen Dyade hinausreichen mußte. Langsam fühlte ich mich nicht länger durch das fortwährende Kommen und Gehen des Beobachters begrenzt, der erschuf, verwirklichte, Erfahrungen machte und schließlich jede neue »Wirklichkeit« beobachtete. Es gab ein »Ich-hinter-den-beobachter-geschaffenen-Wirklichkeiten«, das in etwas existierte, was ich den »zustandslosen Zustand« nannte, und das sich offen, leer und befreiend anfühlte. Es war ein Zustand, in den ich leicht wieder eintreten konnte, indem ich meine Aufmerksamkeit von den Gedanken abzog und mich auf mich selbst konzentrierte, auf das Ich hinter den Gedanken. Oft versucht man in der Meditation, durch den wiederholten Gebrauch eines Mantras, einer Visualisierung oder einer anderen Technik aktiv einen Zustand zu erschaffen. Ich fand heraus, daß, sobald ich das Quantenbewußtsein, wie ich es später nannte, erst einmal erfahren hatte, ich durch eine Veränderung meiner Aufmerksamkeit leicht wieder eindringen und einen Raum öffnen konnte, in dem es sich ereignen konnte.

Mein nächster Verständnissprung kam, als ich erlebte, daß der Beobachter und das, was er erschuf (meine Gedanken, Gefühle, Empfindungen, Überzeugungen, etc.), auf einer grundlegenden Ebene dasselbe waren. Auf einer oberflächlichen Ebene hatte ich beides als unterschiedlich wahrgenommen und ihnen verschiedene Namen oder Etiketten gegeben. Zum Beispiel erlebte ich in meinem Körper einige Empfindungen. Ich nannte diese Empfindungen Furcht und entschied, daß *es* (die Furcht) nicht gut war und etwas war, was ich nicht wollte. Daher wehrte ich mich gegen diese Energie, die das »Ich« mit dem Namen Furcht versehen hatte. Was »Ich« herausfand, war, daß das »Ich« dieser Furcht-Energie einen Namen gegeben hatte und »Ich« mich entschieden hatte, daß ich sie nicht wollte. Als ich aufhörte, mich gegen die Furcht zu entscheiden … als ich das Etikett Furcht abnahm und sie einfach als eine Energieform betrachtete, war sie nicht länger ein Problem. Die Furcht bestand auf ihrer grundlegendsten Ebene aus Energie, und diese war wohl kaum etwas, wogegen ich mich wehren mußte. (mehr darüber in Kapitel 4).

Tatsächlich stimmt das in weiten Teilen mit der Idee des anerkannten Physikers David Bohm von einer »expliziten Ordnung« und einer »impliziten Ordnung« überein. Die explizite Ordnung ist die Welt, wie wir sie normalerweise wahrnehmen: voll von Dingen mit scheinbaren Unterschieden und Grenzen. Die implizite Ordnung ist die ungebrochene Ganzheit, die uns alle verbindet; es ist die Quantenebene, auf der Dinge und Partikel, Menschen und Emotionen sub-atomar aus derselben Substanz bestehen. In der expliziten Ordnung scheinen der Beobachter und das, was beobachtet wird (Gedanken, Emotionen, Empfindungen), verschieden zu sein. In der impliziten Ordnung sind sie jedoch ein und dasselbe. Als ich in diesem impliziten Zustand der gegenseitigen Verbindung gänzlich aufging, verschwand die Grenzlinie zwischen dem Beobachter/Schöpfer und dem Beobachteten/Erschaffenen, und ich blieb in ruhiger Ganzheit zurück.

Ich will das näher erläutern. Auf der expliziten Ebene scheinen sich meine Gedanken von einem Stuhl zu unterscheiden, mein Arm scheint anders zu sein als Ihr Arm. Auf der impliziten Ebene gibt es jedoch eine allem zugrundeliegende Einheit oder eine Quantenebene, auf der sich alles mit allem anderen verbindet.

Wenn ich nun Traurigkeit verspürte, so war mir klar, daß der Beobachter der Traurigkeit und die Traurigkeit selbst im Grunde dasselbe waren; nur meine Wahrnehmung des Ganzen auf der expliziten Ebene teilte die Erfahrung in eine Erfahrung der Gegensätzlichkeit oder des Ich-Du-Seins auf. Auf der Quantenebene, der subatomaren Ebene, ist die Struktur dessen, was wir als Raum erfahren, und dessen, was wir als physikalische Materie erfahren, identisch – es gibt keinen Unterschied zwischen Raum (Leere) und physikalischer Materie. Um mit Einstein zu sprechen: »Alles ist Leere, und Form ist verdichtete Leere.« (Mehr darüber in Kapitel 7) Auf der subatomaren Ebene gibt es keinen Unterschied zwischen einem Stuhl, einem Sofa, meinem Arm, meinem Füllfederhalter, meinen Haarfollikeln, dem Kühlschrank und der Luft oder dem leeren Raum zwischen all diesen Dingen. Wenn Sie durch eine »subatomare Linse« sehen könnten, so würde die Welt auf ihrer grundlegendsten Ebene aus Partikeln bestehen, die durch die Luft schweben – ein schmerzfreier Zustand (oder zustandsloser Zustand) in dem »meine« persönlichen Probleme auftauchen und wieder verschwinden.

Eines Tages, als ich über diese Dinge nachdachte, fing ich an, das Wesen oder die Person oder das Selbst »zu suchen«, das über all dies meditierte, all dies beobachtete, all dies erschuf, das »Ich-hinter-den-beobachter-erschaffenen-Wirklichkeiten«, das den Beobachter und den Schöpfer als ein- und dasselbe erfahren hatte. Je mehr »Ich« nach demjenigen Ausschau hielt, der dieses Gefühl oder diesen Gedanken erlebte, der diese Meditation praktizierte, desto deutlicher sah ich, daß kein *jemand* da war, nur leerer Raum. »Ich« fand nichts. Das, was all diese Dinge tat, und all diese Dinge, die getan oder geschaffen wurden, und das Bewußtsein des »Ich« – alle waren identisch. Es gab kein getrenntes, individuelles »Ich«, weil das »Ich« nicht als getrenntes Wesen existieren kann – wenn das »Ich« sich nicht grundlegend von allen anderen Dingen unterscheidet oder davon getrennt ist.

Zuerst war es mir nicht möglich, längere Zeit in diesem »zustandslosen Zustand« zu verweilen; ich trat in dem Moment wieder in den beobachter-erschaffenen Zustand ein, in dem ich mein Bewußtsein nach außen richtete und meine Gedanken und Gefühle neu erschuf, mit ihnen verschmolz und eins mit ihnen wurde. Es wurde jedoch zunehmend leichter, von neuem in die implizite Ebene der ungebrochenen Ganzheit, die ich aufgesucht hatte, einzutreten. Ich ließ mich hineinfallen in Zeiten von Stress und Müdigkeit, und ebenso, wenn alles gut lief. Obwohl ich genauso oft auftauchte wie ich eintauchte, wurde das Bewußtsein der Einheit zu einem allgegenwärtigen Wissen oder einer Präsenz, die einen ungeheuren Trost und Frieden in jedes Unterfangen brachten, das ich unternahm.

Bei der Erfahrung des Quantenbewußtseins geht es darum, die Tür zu einer größeren Wirklichkeit zu öffnen, die einen größeren Kontext bietet, in dem wir unsere Erfahrung »einbinden« können. Anstatt Schmerz, Isolation, Frustration oder Getrenntheit als an sich absolute Zustände zu erfahren, gewinnt man ein Gefühl für das größere Ganze, dafür wie – in der Terminologie des Physikers David Bohm – »alles mit allem anderen verbunden ist.« Obwohl das Gefühl der Verbundenheit mit dem Rest der Schöpfung, das Gefühl der Untrennbarkeit, die Tendenz hat, zu kommen und zu gehen – man erlebt nicht vierundzwanzig Stunden am Tag das Quantenbewußtsein – löst die periodische Erfahrung des Quantenbewußtseins den Einfluß der früheren begrenzten Denkmuster und Überzeugungen auf. Selbst ein einziger Wechsel in das

Quantenbewußtsein kann dauerhaft die Art und Weise verändern, wie Sie mit chronischen Verhaltensweisen umgehen.

Hier ist die östliche Tradition unserer neuen westlichen Quantensicht der Dinge voraus. Uralte Yogatexte nennen diesen Zustand, in dem es kein »Ich« gibt, *Samadhi*; in den Texten der Zen-Buddhisten wird er *Satori* genannt. In diesen Schriften heißt es auch: Je öfter Samadhi erlebt wird, desto mehr lösen sich die Knoten oder Muster in unserem Kopf, und desto weniger Macht haben sie.

Warum sollte ich erfahren wollen, daß ich und der Stuhl und das Sofa und der Rest des Universums auf der subatomaren Ebene dasselbe sind? Was habe ich davon, wenn ich morgens aufstehe, meinen Kaffee trinke und in Richtung Autobahn losfahre?

Meine Antwort basiert hauptsächlich auf meiner persönlichen Erfahrung. Ich finde, daß das Leben dann sehr ruhig wird. Jede Erfahrung des Quantenbewußtseins, selbst wenn sie einem nicht vierundzwanzig Stunden täglich lebhaft vor Augen steht, beseitigt die Urteile, die Einschätzungen, den Trennungsschmerz, die alle zusammen normalerweise unsere tägliche Erfahrung verunreinigen. Anstatt absolut an die Grenzen und Erscheinungsformen von Trennung, Konkurrenz, Schmerz und Konflikt zu glauben, wird ein anderes Fenster des Bewußtseins für die Erfahrung einer größeren Einheit geöffnet.

Quantenbewußtsein ist im wesentlichen Einheitsbewußtsein – sicherlich kein neues Konzept in der Geschichte der Menschheit. Östliche Traditionen (und sogar einige westlichen Philosophierichtungen und Religionen) haben uns lange Zeit erzählt, daß es eine grundlegende Einheit gibt, die uns alle verbindet. Das Individuum könnte sich in Richtung dieser Erfahrung der grundlegenden Einheit auf zahllosen Wegen bewegen. In der Vergangenheit mußte man sich jedoch einem Glaubenssystem anschließen, um einem bestimmten Weg zu folgen. Auf den alten, traditionellen Wegen mußte man zuerst die Rolle von Eric Hoffmans *Wahrem Gläubigen* annehmen und ein Anhänger des Meisters werden, der »es« lehrte – *es* war die Erleuchtung (oder der Glaube an ein bestimmtes System) und der Weg (oder das »Wie«), wie man diese Erleuchtung erlangte.

Der Quantenansatz unterscheidet sich vom Einheitsbewußtsein dadurch, daß die Wissenschaft sein Bote ist. Die Rolle der Wissenschaft formte in unserer Vergangenheit ein weitaus begrenzteres ein-dimensionales Universum. Das zentrale Prinzip der Newtonschen Physik reduzierte die Welt auf simple *Ursachen*, die vorhersehbare *Wirkungen* erzielten. Dieses Prinzip bildet das Herz der Gegenwartspsychologie und sogar östlicher Denkwege: Eine Reihe von Erfahrungen in der Kindheit werden als die Ursache bestimmter Verhaltensweisen des Erwachsenen betrachtet. Eine besondere Meditationstechnik soll bestimmte, sogar *vorhersehbare* und »*garantierte*« Ergebnisse erzielen.

Wie oft hatte ich persönlich erlebt, wie diese wankenden Ursache-Wirkung-Rezepte mich enttäuschten. Unzählige Male wurde mir versprochen, wenn ich »X« täte (sei es spirituell oder psychologisch), würde das mit absoluter Sicherheit meinem Unbehagen ein Ende bereiten. Ich übte fleißig die vorgegebene Heilmethode (sei es Meditation, Körperarbeit am Bindegewebe oder das Herausarbeiten verschiedener Rollen meiner selbst, etc.), doch wurde ich meinen Schmerz auch weiterhin nicht los.

Die Entdeckungen der Quantenphysik brachten Newtons geordnete Welt völlig durcheinander. 1976 begegnete mir Fritjof Capras Buch *Das Tao der Physik*, und ich las fasziniert von einem neuen Prinzip namens »nicht-lokale Zusammenhänge«. Der anerkannte Physiker Henry Strapp nannte es »die tiefgründigste Entdeckung der Wissenschaft« (Stapp, 2). In *Einstein's Moon* beschreibt der Physiker F. David Peat die Arbeit des Physikers John Stewart Bell, dessen Lehrsatz (passenderweise »Bells Theorem« genannt) besagt, daß es »keine lokalen Ursachen« im Universum gibt. Die Erklärung von Bells »Beweisführung« ist schwierig, aber im wesentlichen geht es darum, daß die lineare Ursache-Wirkung-Beziehung der Newtonschen Physik nicht existiert.

Schockwellen durchliefen die wissenschaftliche Gemeinschaft, als Bell 1964 zum ersten Mal seine Erkenntnisse veröffentlichte, und die Schockwellen dauern bis zum heutigen Tag an. Der Gigant namens Wissenschaft, lange Zeit vom Refrain der Newtonschen Physik eingelullt, wurde schließlich aufgerüttelt. Er wurde durch und durch geschüttelt, als sich sein zählebiger linearer Blick

(Ursache-Wirkung) in eine nicht-lineare (nicht-lokale) Richtung wendete. Die Prinzipien von Sir Isaac Newton, die als Grundlagen der Wissenschaft (wie auch der Psychologie) gedient hatten, wurden zerschmettert und zersplitterten, nur um eine völlig neue Grundlage der miteinander verwobenen Beziehungen offenzulegen, die einige Wissenschaftler in Schrecken versetzt und andere vor Ehrfurcht erschaudern läßt. Die Welt des Giganten ist nicht so, wie wir sie uns vorgestellt haben – und was wir für die Wirklichkeit hielten, erweist sich als Märchen.

Die meisten psychologischen und spirituellen Systeme erfordern Glauben und Überzeugung. Der Quantenansatz, der sich aus einer Wahrnehmung der *Verhältnismäßigkeit der Anschauungen* ergibt, fordert den Menschen auf, seine Richtigkeit nur durch subjektive Erfahrung anzuerkennen. Wenn er in Ihnen nichts anklingen läßt, wenn er für Sie nicht funktioniert, dann vergessen Sie ihn. Das bedeutet nicht, daß Sie nicht bereit sind, nicht rein genug sind, nicht genug aufgegeben haben, nicht entwickelt genug sind. Es bedeutet einfach, daß der Quantenansatz nichts für Sie ist. Eins steht fest: er ist nicht für jeden geeignet.

Im nächsten Kapitel werden wir das Quantenbewußtsein durch eine Reihe von Ebenen erforschen, die die Trittsteine der Quantenpsychologie sind. Der Leser wird aufgefordert, auf jeder Ebene mit den Übungen zu experimentieren, die den inneren Weg durch die zunehmend grenzenlose Reise der Quantenpsychologie pflastern.

KAPITEL 2

Die Trittsteine des Quantenbewußtseins

Die Quantenphysik hat ein erstaunliches subatomares Mosaik erzeugt, das die dem Universum zugrundeliegende Einheit demonstriert – vielleicht nicht dem bloßen Auge, *aber auf dem Gebiet der Physik*. Das bedeutet, daß uns hinsichtlich der gründlichen Erforschung des »Wesens der Wirklichkeit« einige Dinge wesentlich leichter fallen als unseren Vorgängern. Viele Herausforderungen bestehen jedoch immer noch. Es ist nicht einfach, die ungeheure Kluft zwischen der unsichtbaren, subatomaren Ebene der Partikel und der Wellen, die in der Leere schweben, und der praktischen, sehr sichtbaren Natur unseres täglichen Lebens zu überbrücken. Aber es ist möglich.

Als ich versuchte, diese Kluft für mich selbst zu überbrücken, verstand ich diesen Prozeß als »Ebenen des Bewußtseins«. Jede »Ebene« kennzeichnet eigentlich ein besonderes Verständnis, eine besondere Erfahrung, die man auf dem »Weg« zur nächsten Ebene durchlaufen kann. Das könnte man mit einem »Wegerecht« vergleichen, bei dem man mit jedem neuen, auf Erfahrung beruhenden Verständnis eines Bewußtseinsaspekt freier wird, sich zum nächsten Bewußtseinsaspekt oder zur nächsten Verständnisebene zu bewegen. Diese Übergänge nenne ich »Quantensprünge«, die man durchläuft. Wenn man durch einen Bewußtseinsaspekt hindurchgeht, öffnen sich neue Türen, neue Erfahrungen werden gemacht, und Sie können sich zum nächsten Bewußtseinsaspekt weiterbewegen. Meine Zählung ergab sieben Ebenen, aber diese Zahl möchte ich nicht absolut setzen. Sie spiegelt einfach die Stufen oder Ebenen wider, die ich erfahren habe.

Diese Ebenen sind die »Landkarte« des Quantenbewußtseins. Um jedoch den anerkannten Philosophen Alfred Korzybski zu zitieren: »Die Landkarte ist nicht das Gebiet.« (Korzybski, 3) Es geht nicht darum, eine weitere Landkarte oder ein weiteres Modell zu schaffen, dem eine Gruppe von Menschen folgen kann, sondern darum, einfache Übungen an die Hand zu geben, die dem Praktiker neue Erfahrungen ermöglichen, so daß das Fenster, durch das er die Wirklichkeit sieht, sich verändern kann. Jedem Schritt ist ein Konzept beigefügt, das eine spezielle Ebene des Quantenverständnisses widerspiegelt, sowie eine Reihe von Übungen, durch die dieses Konzept auf allen Ebenen erfahren werden kann: mental, sensorisch, emotional, körperlich und spirituell.

Vor dem Eintauchen in die wesentlichen Charakteristika jeder Ebene ist es wichtig, die innersten Prinzipien hervorzuheben, die die Quantenpsychologie von der modernen Psychotherapie, die auf etwas basiert, was wir die »Newtonsche Psychologie« nennen könnten, unterscheiden.

Die Psychotherapie basiert auf den Prinzipien der Newtonschen Physik, wie bereits im vorigen Kapitel erwähnt. Der Kern dieser Prinzipien wird bildlich in der Billiardball-Metapher eingefangen, bei der die Struktur und die Bewegung jedes Billiardballes klar definiert und vorausgesehen werden kann. Wenn Billiardball A angestoßen wird, wird er bei A eingelocht. Es ist eine sehr geordnete Welt. Isaac Newton, zu seiner Zeit zweifellos ein Genie und ein Erneuerer, beschrieb ein reduktionistisches Weltbild: alles konnte auf kleine Einheiten reduziert werden, die aufeinander einwirken und reagieren in Ursache und Wirkung, in einem meßbaren, vorhersehbaren Muster.

Wenn diese Prinzipien in psychotherapeutische Annahmen übersetzt werden, wird jeder Mensch als separates Wesen in sich angesehen, das klar von allen anderen Menschen, Dingen, Strukturen oder Formen getrennt ist; als ein Wesen, das durch den Tag geht und eine lineare Reihe von Beziehungen erlebt, die sich auf dem Mechanismus von Reiz-Reaktion, Ursache-und-Wirkung gründen. Das Einheitsbewußtsein kommt nicht vor. Tatsächlich gibt es in *einigen* Schulen der Psychotherapie überhaupt kein Bewußtsein – stattdessen betrachtet man das Funktionieren des Menschen als eine komplexe Kette von Reiz-Reaktions-Wegen. Wenn das Bewußtsein als operatives Konzept zugelassen wird, so betrachtet man es als etwas, das verändert, geheilt, verwandelt, gesteigert und in einen neuen Bezug gesetzt werden muß. Es wird gelehrt, daß das Bewußtsein an sich Probleme löst, indem es die Ursache-Wirkungs-Beziehungen identifiziert, die die Dynamik des Problems erklären und dann hoffentlich auch verändert. Wenn beispielsweise ein Patient in die Therapie kommt und über sein schlechtes Verhältnis zu Frauen klagt, so wird angenommen, daß irgendeine Beziehung zu einer Frau, wahrscheinlich die zu seiner Mutter, das Problem *verursacht* hat.

Im Gegensatz dazu sind wir, was das Bewußtsein anbelangt, beim Quantenansatz daran interessiert, auf Erfahrung beruhende Wege anzubieten, durch die Sie allmählich ein Quantenuniversum wahrnehmen und dazu in Beziehung treten können – ein Universum, in dem die »Tatsachen« beobachter-geschaffener Wirklichkeiten und die innewohnende Verbindung aller Dinge untereinander anerkannt und erfahren werden. Die meisten Therapieformen konzentrieren sich darauf, dem Patienten zu helfen, zu einem »ganzen« Menschen zu werden. Die Quantenpsychologie dagegen erweitert diesen Kontext des ganzen Menschen und schließt den Rest des Universums mit ein. Indem die Quantenpsychologie Sie durch eine Reihe von Ebenen führt, die langsam die frühere, begrenzte Weltsicht der Trennung und der linearen Ursache-Wirkungs-Beziehungen offenlegt, erfahren Sie sich schließlich nicht länger als »getrennt von« oder »als Opfer von« ...

Viele Richtungen der Psychotherapie konzentrieren sich darauf, »Teile« eines Individuums zu integrieren. Lassen Sie uns beispielsweise annehmen, ein Teil von Ihnen gab als Kind vor, daß alles in Ordnung sei und verhielt sich auf eine bestimmte Art und Weise, damit Ihre Mutter Sie liebte. Ein anderer Teil war jedoch wirklich wütend und versuchte immer zu beweisen, daß Ihre Mutter unrecht hatte. Traditionelle psychotherapeutische Ansätze würden das wütende Kind in Ihnen ermutigen, sich selbst auszudrücken, und das gefällige Kind, damit aufzuhören, Mutti zu Gefallen zu sein. Oder die beiden Teile würden »neu in Bezug gesetzt« (reframed), als Überlebens- und Wachstumsmechanismen, die für das Erwachsenenleben nützliche Ressourcen enthalten. Vielleicht führte Ihr Drang, zu beweisen, daß Ihre Mutter unrecht hatte, später zur Entwicklung erfolgreicher Geschäftsfertigkeiten. Wieder andere Therapieformen behaupten, das Problem (was immer es auch sein mag) sei dann gelöst, wenn die psycho-emotionalen Zustände als Teil des Menschen wieder von ihm »in Besitz« genommen werden. Die meisten Formen der Psychotherapie versuchen irgendwie, über den alten, problematischen Glauben einen »neuen« Glauben zu stülpen, in der Annahme und dem Urteil, daß es besser ist, ein »gutes« Programm, einen »guten« Glauben zu haben oder eine »gute« Entscheidung zu fällen, als ein »schlechtes« Programm, einen »schlechten« Glauben zu haben oder eine »schlechte« Entscheidung zu fällen.

Wird der Quantenansatz der Psychotherapie hinzugefügt, so schafft er Verständnisebenen, die dazu führen, die *Verbundenheit aller Dinge* als Kontext zu erfahren – anstatt als im Widerstreit stehende Teile zu sehen. Im obigen Beispiel würde der Erwachsene lernen, Reaktionen wie »das gefällige Kind« und »das böse Kind« als beobachter-geschaffene Wirklichkeiten zu sehen, die *als Reaktion auf* bestimmte Erfahrungen mit der Mutter entstanden sind. Schließlich liegt das Ziel darin, die zugrundeliegende Verbundenheit untereinander in allen Reaktionen zu erfahren. Sobald der größere Zusammenhang erfahren wird, verlieren die spezifischen Reaktionen allmählich ihre Bestimmung und ihre Bedeutung.

Aus diesen Gründen betont der Quantenansatz nicht die Integration des falschen Selbst aus früher Kindheit; der Quantenansatz kümmert sich nicht darum, das Trauma in einen neuen Bezug zur Quelle zu setzen, und er programmiert Überzeugungen nicht neu. Die Quantenpsychologie ist vor allem an dem *Du* interessiert, das hinter all diesen Teilen, all diesen Traumata, all diesen falschen Persönlichkeiten liegt. Tatsächlich geht es bei der reinen Erfahrung des Quantenbewußtseins nicht darum, überhaupt irgend etwas zu integrieren; es geht vielmehr darum, *die zugrunde liegende Einheit zu erkennen und zu erfahren* – sozusagen die zugrundeliegende *Abwesenheit* oder Verbundenheit aller Teile untereinander. In dieser allem zugrundeliegenden Erfahrung der Einheit kann die wahre Ganzheit erfahren werden, und dort liegt in Wirklichkeit der Kontext aller Dinge. Und was noch wichtiger ist: Das ist der Kontext, der bereits wirklich da ist ... Es geht um die Erkenntnis der gemeinsamen Einheit, die wir alle teilen. In diesem Raum verschwinden die Probleme und *Sie* tauchen auf.

Anders gesagt, Sie werden zu dem Hintergrund, der sich nie verändert, und Probleme, seien sie nun psychologischer oder emotionaler Natur, werden als der sich ständig verändernde Vordergrund betrachtet. Die moderne Psychologie ist am Vordergrund interessiert, die Quantenpsychologie interessiert sich für den Hintergrund. Das bedeutet nicht die Verleugnung des Vordergrundes, sondern letztendlich die Einheit von Vorder- und Hintergrund (mehr darüber in den Kapiteln 9 und 10).

Die moderne Psychotherapie betont ein ganzheitliches oder authentisches *Selbst*. Wird die Quantenperspektive hinzugefügt, so erweitert sich das therapeutische Ziel jenseits der Integration des einzigartigen Selbst, um die Beziehung mit dem größeren Kosmos miteinzuschließen. Die Wurzeln der modernen Psychotherapie liegen in der Problemlösung, wohingegen der Quantenansatz die Ursache von Problemen in dem Gefühl des Getrenntseins sieht und die Erfahrung des allem zugrundeliegenden Miteinanderverbundenseins liefert.

Lassen Sie uns nun kurz in die sieben verschiedenen Ebenen eintauchen, bevor wir in den folgenden Kapiteln ihre Ursprünge und Verflechtungen untersuchen. Jede Ebene repräsentiert einen »Quantensprung« im Verstehen. *Quantensprung* ist ein fester Ausdruck in der Physik und bezieht sich auf die Natur der Veränderung, die in Partikeln geschieht:

»Anstatt ständigen Wechsels gibt es einen diskontinuierlichen Sprung. Im einen Augenblick ist das Elementarteilchen noch im Nukleus. Im nächsten Augenblick ist es fort. Es gibt kein Zwischenstadium, keine Phase, in der sich das Teilchen im Prozeß des Herauskommens befindet. Im Gegensatz zu einer Maus wird man niemals ein Quantenteilchen entdecken, dessen Kopf aus dem Mauseloch herauslugt und dessen Schwanz noch drinsteckt. Die Quantentheoretiker nennen diesen diskontinuierlichen Übergang den Quantensprung. (Peat, 4)

Im Augenblick vor dem Sprung belegt das Elementarteilchen einen bestimmten Bereich des Raumes. Einen Augenblick später befindet es sich an einer anderen Stelle, und gemäß der Quan-

tentheorie verbindet kein physikalischer Prozeß diese beiden physikalischen Seinszustände, keine Zeitspanne trennt sie. Es ist, als ob die Existenz des Elementarteilchens plötzlich erlischt, sich durch ein zeitloses und raumloses Zwischenstadium bewegt und dann irgendwo anders wieder erscheint. Im einen Augenblick befindet sich das Teilchen noch im Nukleus, und im nächsten reist es mit Höchstgeschwindigkeit herum. Dazwischen geschieht nichts. Das ist das Mysterium des Quantensprungs.« (Peat, 5)

Psychologisch gesehen deutet der »Quantensprung« auf eine Veränderung hin, die zwar stattgefunden hat, aber nicht nachvollzogen werden kann. Ein Mensch kann sich zum Beispiel zwanzig Jahre lang verschiedenen Therapieformen unterziehen auf der Suche nach der einen Idee, der einen Methode oder Aktivität, die ihn von einer bestimmten emotionalen Blockade befreit. Irgendwann einmal geschieht es, und es gibt keine Möglichkeit herauszufinden, welche der hundert therapeutischen Variablen die Veränderung »verursacht« hat. Aber es geschieht etwas, das wir nicht identifizieren können, und der Mensch hat sich von einem Zustand (emotionale Blockade) zu einem anderen, weniger begrenzten Zustand (keine emotionale Blockade) bewegt.

Genauso wird mit jeder neuen Verständnisebene nach und nach eine Ebene der Begrenzung »entfernt«. An einem Punkt, vielleicht nach den Übungen, die jeden Schritt oder »Quantensprung« begleiten, tritt eine Veränderung auf, und Sie befinden sich auf einer neuen Bewußtseinsebene. Mit jedem Schritt erweitert sich der Radius Ihrer Wahrnehmung und schließt einen immer größer werdenden Horizont ein.

Ebene 1
Als Beobachter der Inhalte meines Geistes
(Gedanken, Gefühle, Emotionen, Empfindungen, Assoziationen)
bin ich mehr als die Inhalte meines Geistes.

Jeder, der sich mit östlichen Traditionen beschäftigt hat, erkennt die offensichtlichen Ursprünge dieser ersten Ebene. Der Eckpfeiler der meisten Meditationsschulen ist die Übung, in der man beobachtet, »Zeuge ist«, oder auf den Inhalt des eigenen Geistes oder Seinszustands achtet. Somit beobachtet man spezielle Gedanken, Bilder, Empfindungen, Gefühle und Emotionen, wenn sie geschehen, und bei diesem Vorgang gewinnt man ein Gefühl des Getrenntseins von diesen Inhalten bzw. ein Gefühl, mehr zu sein als der Fluß dieser Inhalte.

Sobald ein Beobachter lernt, daß er *nicht* seine Gedanken, Gefühle, Emotionen ist, sondern vielmehr eine »beobachtende Gegenwart«, wird ein Prozeß der Disidentifizierung eingeleitet, der sich allmählich zu der ersten Brücke in Richtung eines Quantenbewußtseins formt.

Ebene 2
Alles (Gedanken, Gefühle, Emotionen, Empfindungen, Assoziationen) besteht aus Energie.

Hier nähern wir uns dem ersten Aspekt der Arbeit des anerkannten Physikers Dr. David Bohm. Bohm sagt, die Welt besteht aus Energie, Raum, Masse und Zeit. Auf der Ebene 2 betrachten wir unsere Beziehung zur Energie.

Sobald Sie sich einmal als Beobachter erfahren haben, können Sie allmählich auch erfahren, wie all die Dinge, bei denen Sie beobachten können, wie Sie in »Ihrem Kopf« vor sich gehen, aus derselben grundlegenden Energie bestehen. Wut besteht ebenso aus Energie wie Freude. Ebene 2 erlaubt Ihnen, die Etiketten oder Inhalte zu entfernen, die normalerweise unterschiedliche Erfahrungsfacetten als verschieden kategorisieren, was automatisch die Last derjenigen Erfahrung, die Sie gerade beobachten, verschwimmen läßt oder neutralisiert.

Ebene 3
Ich bin der Schöpfer dessen, was ich beobachte.

Dieser Abschnitt wirft einen Blick auf die Arbeit des Physikers Dr. Werner Heisenberg und seine *Unschärferelation*. Heisenberg demonstrierte, daß der Beobachter das erschafft, was er/sie beobachtet. Quantenpsychologisch ausgedrückt heißt das, wir schaffen unsere *subjektive* Erfahrung. Obwohl das in Kapitel 5 sehr detailliert behandelt wird, wollen wir hier kurz zusammenfassen, daß diese Ebene uns auch durch David Bohms »Masse«-Aspekt als Bestandteil des Universums zusammen mit dessen *Teil*chen-Natur führt.

In der östlichen Tradition liegt die Betonung ausschließlich auf dem Menschen, der Zeuge ist. Es wird keine kausale Beziehung zwischen den Gedanken, die beobachtet werden, und dem Menschen, der beobachtet, hergestellt. Es wird impliziert, daß die beiden Phänomene – Gedanke und Beobachter-des-Gedankens – im wesentlichen völlig getrennt sind.

Die Quantenphysik führte mich zu meinem nächsten Brückenkonzept mittels des Prinzips der »beobachter-geschaffenen Wirklichkeit«, das behauptet: 1. Es gibt keine Wirklichkeit außerhalb der Beobachtung; und 2. die Beobachtung erschafft die Wirklichkeit (Herbert, 6). Einfacher ausgedrückt, Sie als der Beobachter erschaffen die subjektive Wirklichkeit, die Sie beobachten.

Aus pragmatischer Sicht liegt die Bedeutung von Ebene 3 darin, daß Sie die Kraft bekommen, über die passive Stellung eines Beobachters hinaus in die aktive Position des Schöpfers zu gelangen. Wenn Sie beispielsweise erst einmal verstanden haben, daß Sie Ihre eigene Trauer oder Depression oder Angst erschaffen, können Sie aufhören, das zu tun. Diese Brücke führt uns noch weiter aus dem dichten Wald des Newtonschen Gedankengutes heraus in die weite Freiheit des Quantenbewußtseins.

Ebene 4 und Ebene 5
Das physikalische Universum besteht aus Energie,
Raum, Masse und Zeit.

Auf Ebene 2 haben wir erfahren, daß alles, was auch immer wir in uns selbst beobachten – seien es Gedanken, Emotionen, Empfindungen, etc. – aus Energie besteht. Auf Ebene 3 haben wir erkannt, daß wir die Schöpfer unserer Erfahrungen sind, und wir haben den Aspekt der Masse des physikalischen Universums erfahren. Jetzt, auf Ebene 4, lernen wir mehr über den Aspekt der Zeit in unserem Universum und daß die Zeit ein Konzept ist, das wir geschaffen haben. Auf Ebene 5 bewegen wir uns durch den am wenigsten bekannten Aspekt unserer Welt, den immer gegenwärtigen Raum. Auf dieser Ebene kommen wir in Kontakt mit der unveränderlichen Natur des Raumes, und wir erforschen, wie sich durch die Berührung damit unsere Erfahrung verändert.

Wie bereits erwähnt, entdeckte David Bohm bei seiner Arbeit, daß das physikalische Universum ein »Entfalten« und »Einfalten« von vier großen Bestandteilen ist: Energie, Raum, Masse und Zeit (Dauer). Alles, was in der Welt, wie wir sie kennen, existiert – vom subtilen Kitzeln eines Gefühls der Liebe bis zu der Errichtung einer Betonmauer – hat diese vier primären Bestandteile. Somit kann die grundlegende Energie, die wir in Ebene 2 erfahren, nun präziser beschrieben werden als das Entfalten und Einfalten von Energie, Raum, Masse und Zeit.

Die Wahrnehmung dieser Erweiterung stellte für mich eine wichtige Brücke dar. Wenn ich mich selbst in einer beobachter-geschaffenen Wirklichkeit des Ärgers wiederfand, half es mir sehr, die implizite Gemeinsamkeit zwischen mir, dem, was ich schuf (Ärger), und dem Objekt meines Ärgers (ein anderer Mensch) zu erfahren. Indem ich über die gemeinsamen Bestandteile Energie, Masse, Raum und Zeit meditierte, gewann ich eine Art *struktureller Einsicht* in die zugrundeliegenden Einheit. Es wurde leichter, die illusorische Natur der Grenzen zu erfahren, die ich erschuf und an die ich kurzzeitig glaubte, sobald ich erst einmal begriffen hatte, daß meine Schöpfung (zum Beispiel: Ärger) aus Energie, Raum, Masse und Zeit bestand, daß der Beobachter/Schöpfer (ich) aus Energie, Raum, Masse und Zeit bestand und daß der Mensch, der das Objekt meines Ärgers war, aus Energie, Raum, Masse und Zeit bestand. Mit anderen Worten, wir als Schöpfer, das, was wir erschaffen, und der Empfänger oder das Objekt unserer Schöpfung bestehen alle aus derselben Substanz.

Um mit Begriffen der Quantenpsychologie zu sprechen: Damit ein Problem, wie zum Beispiel eine ungewollte Emotion, bestehen kann, muß es Energie besitzen, einen Raum einnehmen, eine meßbare Masse haben (stabile Struktur) und zeitlich existieren (von Dauer sein, einen Anfang, eine Mitte und ein Ende haben). Ein Problem im Hinblick auf diese vier Parameter zu untersuchen, kann einen Rahmen liefern, der aus ungleich mehr Dimensionen besteht als das momentane binäre System der traditionellen therapeutischen Modelle, bei denen Probleme als lineare Ursache-Wirkung-Beziehung betrachtet werden.

Ebene 4 und Ebene 5 versetzen Sie in einen neuen Bereich ursprünglichen Seins und bieten Übungen, die Sie darauf vorbereiten, in die Freiheit einzutauchen und sich selbst und Ihre Welt als eine grenzenlose Quantenebene zu erfahren.

Ebene 6
»Alles durchdringt alles andere.«
Dr. David Bohm

Praktisch gesagt entfernt diese Ebene die Trennung durch den eisernen Vorhang, den wir normalerweise für selbstverständlich halten. Wir nehmen beispielsweise an, daß die Gefühle des »Ich mag mich« und des »Ich hasse mich« im Grunde unumstößlich unterschiedlich sind, daß Erfolg offensichtlich getrennt ist von Mißerfolg. Die Welt, wie wir sie kennen, fließt über vor Grenzen, die unsere Unterschiede markieren.

Auf Ebene 6 reisen wir durch die berauschende Welt von David Bohms expliziten und impliziten Ordnungen, wo das, was deutlich erkennbar ist, und das, was unsichtbar ist, sich kontinuierlich »einfaltet« und »entfaltet«, wo alle Grenzen beobachter-geschaffen und nicht inhärent sind. Das ist die Quantenbrücke, die uns jenseits der Urteile und Einschätzungen führt und die uns einen Einblick in die Erfahrung der allem zugrundeliegenden Einheit verschafft. Der Befehl der 60er Jahre »Laß dich mit dem Strom treiben« ist durch die Erfahrung dieser Ebene aufrichtig möglich. Wenn sich Ihr Quantenbewußtsein für diese Ebene vertieft, werden Sie langsam die Welt weit jenseits der Begrenzungen durch beobachter-geschaffene Wirklichkeiten erfahren.

Ebene 7

»Alles besteht aus Leere, und Form ist verdichtete Leere.«
Albert Einstein
Mit anderen Worten, alles besteht aus derselben Substanz.

Albert Einsteins Zitat über die Beziehung zwischen Form und Leere hat eine verblüffende Ähnlichkeit mit einem buddhistischen Prinzip, das vor über 2500 Jahren im *Herz-Sutra* stand: »Form ist nichts anderes als Leere, und Leere ist nichts anderes als Form.« Beide Zitate, eines aus einer uralten, spirituellen, reichen Tradition, das andere Produkt der Wissenschaft des 20. Jahrhunderts, stellen über die Natur des Universums dieselbe Behauptung auf, nämlich daß alles darin, auch der Raum, in dem alles existiert, aus derselben Substanz oder Leere besteht, und daß die physikalische und die nicht-physikalische Wirklichkeit dasselbe sind.

Alles im physikalischen Universum hat eine *Form*; Form schafft, was Bohm die *explizite Ordnung* der Größe, Gestalt, Masse und Dichte nannte – von Luft über Blätter über Sofas bis hin zu Menschen. Wenn wir durch eine »subatomare Linse« auf eine Couch oder ein Blatt sehen würden, so könnten wir Teilchen/Wellen in etwas schweben sehen, das wie das Nichts aussieht – etwas, das wir Leere nennen würde, absolute Leere. Es wäre, als ob wir in einer sternenklaren Nacht auf einen pechschwarzen Himmel schauten. Die Sterne sind die Form, der Himmel ist die Leere. Aus Sicht der Quantenperspektive ist das Faszinierende daran, daß die Leere, die die Sterne umgibt, *und* die Sterne selbst alle aus demselben Material bestehen. Wenn ich in den Himmel schaue, sehe ich anscheinend sehr verschiedene Substanzen – feste Teilchen, die wir Sterne nennen, und offenen, leeren Raum, den wir »Himmel« nennen – aber es ist schön zu wissen, daß auf einer anderen Ebene alles aus derselben Substanz besteht.

Damit es ein »Du« und ein »Ich« geben kann, muß es auf mündliche Übereinkunft beruhende Grenzen geben, die den Anschein einer Trennung zwischen Ihnen und mir schaffen, zwischen Stühlen und Tischen, zwischen Bäumen und dem Himmel. Diese auf mündliche Übereinkunft beruhenden Grenzen legen fest, wie wir die Welt normalerweise wahrnehmen, wie wir auf der expliziten Ebene der Form leben. Wenn wir ein Gefühl dafür bekommen, daß diese Grenzen auf der Quantenebene nicht existieren – daß das, was wir als weit offenen Raum wahrnehmen, aus denselben Teilchen und Wellen besteht wie alle anderen Objekte, die wir als dicht und »körperlich« wahrnehmen –, dann löst sich die begrenzte, isolierende Erfahrung der »Du-heit« und der »Ich-heit« in einen wohltuenden Raum des Einsseins und des Wissens auf.

Auf Ebene 6 erfahren wir die Wechselbeziehung zwischen allen Dingen. Ebene 7 bringt uns einen Schritt weiter, indem sie besagt, daß sich nicht nur alles überlappt, sondern daß alles tatsächlich aus derselben Substanz besteht. Die Beziehung zwischen den Objekten bewegt sich daher jenseits der gegenseitigen Durchdringung, hin zu einer Ebene der universellen Gleichheit oder des universellen Einsseins. Das ist mehr, als nur zu sagen: »Edwards Energie überlappt Lucys Energie.« Es besagt, daß die Substanz, die den Körper, den wir »Edward« nennen, umgibt, identisch ist mit der, die wir »Lucy« nennen. Es gibt nicht nur eine Überlappung; auf der Quantenebene gibt es eine reine, ununterbrochene »Ist-heit«.

Dieses Buch hätte im Quantenbewußtsein der Ebene 7 nicht geschrieben werden können, weil es unmöglich ist, auf dieser Ebene der »Wahrnehmung« oder des »Wissens« die Unterscheidungen zu treffen, die für Beschreibungen und Ausführungen nötig sind. Der Witz ist, wenn Sie tatsächlich in der Lage sind, Ebene 7 zu erfahren, existiert dieses Buch nicht länger als getrenntes Objekt mit unterscheidbaren Merkmalen. Oder vielleicht ist es realistischer zu sagen, daß Sie, gerade wenn Sie das wirkliche Fehlen von Grenzen zwischen sich selbst und der Welt um Sie herum erkennen, auch die fehlende Quantennatur dieses Buches erkennen, das ironischerweiser nur vom Quantenbewußtsein handelt. Wie einer der Gründer der Quantenphysik, Niels Bohr, sagte: »So etwas wie eine Quantenwelt gibt es nicht, nur eine Quantenbeschreibung.« (Herbert, 7)

Jetzt sind wir wieder bei der lästigen Frage meines Freundes: »Warum sollte ich in dieser Einheits-Suppe aller Dinge verschwinden wollen?« Angesichts der Tatsache, daß die religiösen und phi-

losophischen Traditionen der vergangenen Jahrhunderte die grundlegenden Ideen von Ebene 7 als die höchste Stufe menschlichen
Bewußtseins angeboten haben, muß darin irgendein Reiz liegen.

Den »Endpunkt« des Quantenbewußtseins zu erfahren, heißt,
die fundamentale Freiheit des getrennten, individuellen Selbst zu
erfahren. Paradoxerweise müssen wir, wenn wir zu dieser Erfahrung gelangen wollen, auf irgendeine Weise mit unserer Selbstheit
interagieren. Östliche Traditionen haben Tausende von Klöstern
und Tempel errichtet, um eine Struktur und einen Ort zu bieten,
wo diese Interaktion stattfinden kann. Der Zweck des Quanten-
ansatzes besteht darin, einen Weg aufzuzeigen, auf dem man das
Einheitsbewußtsein erkennen kann. Dieser Weg beruht auf Erfahrungen, ist aber auch praktisch; es ist ein Weg, der es den Menschen ermöglicht, einen neuen Kontext zu entwickeln, in dem Problemlösung leichter geschehen kann.

Einen nützlichen, lebensbereichernden Gebrauch der Ebene
7 aufzuzeigen – sowie deren weiterreichende Möglichkeiten zu erforschen – wird das Thema von Kapitel 9 sein. Im Augenblick
reicht es aus, offen der Möglichkeit zu begegnen, daß man auf dieser höchsten Ebene des Quantenbewußtseins die Erfahrung der
Erweiterung finden kann.

KAPITEL 3

Wie man aus dem Brennpunkt
der Dinge herauskommt

I'm just sittin here watching the wheels go round and round ...
I really love to watch them roll ... no longer
ridin on the merry-go-round ... I just had to let it go ...
I just had to let it go ... I just had to let it go.
(Ich sitze einfach hier und beobachte, wie sich die Räder
drehen und drehen ... ich liebe es, sie beim Rollen
zu beobachten ... ich fahre nicht mehr mit dem Karussell ...
ich mußte es einfach loslassen ... ich mußte es einfach loslassen ...
ich mußte es einfach loslassen.)
John Lennon

Die »Ich-Generation« der letzten zwei Jahrzehnte hat uns in ein psychologisches Land der tiefen Verhaftungen und glühenden Identifikationen geführt. Unsere Kultur des Narzismus, wie einige diese Zeiten genannt haben, ermutigt uns, unsere Wünsche, unser Verlangen und unser Begehren zu benennen und »es uns zu nehmen«. Um jedoch den Schwung aufzubringen, der dafür nötig ist, wenn wir »es uns nehmen« wollen, müssen wir zuerst eine Menge von uns selbst in Ideale, Objekte und Werte investieren, die außerhalb von uns selbst liegen. Das bedeutet, daß wir uns mit ihnen – stark – *identifizieren* müssen, oder wir wären nicht bereit, Anstrengungen zu unternehmen, um sie zu erreichen.

Aus der Quantenperspektive ist an Verhaftungen und Identifikationen nichts »falsch«, sie sind einfach nur Stücke des gesamten Kuchens menschlichen Bewußtseins. Aus der Sicht der persönlichen Erfahrung führen Verhaftungen und Identifikationen im allgemeinen jedoch zu Unbehagen, Unzufriedenheit und sogar Schmerz. Wenn Sie in Ihrem Job einmal schlechte Arbeit leisten (und das wird jeder zumindest einmal in seinem Leben unvermeidlich tun) und Sie sich dann beschämt, dumm, inkompetent oder einfach nur depressiv fühlen, dann identifizieren Sie sich mit Ihrem Job auf eine Weise, die Schmerz verursacht. Wenn Sie jedesmal von Gefühlen der Unzulänglichkeit überwältigt werden, wenn eine Aufgabe, ein Ereignis oder eine Interaktion nicht so abläuft, wie Sie sich das vorstellen, dann deswegen, weil Sie im Grunde auf sich selbst durch ein Blasrohr schauen. Das Ergebnis ist ein sehr eingeschränkter und begrenzter Sinn für das Selbst, der darüber hinaus für gewöhnlich auch ziemlich zerbrechlich ist.

Die Quantenphysik hat es uns ermöglicht, unsere Blasrohre ein für alle Mal beiseite zu legen, und sie hat uns stattdessen etwas vorgesetzt, was ich die »Quantenlinse« nenne. Das Leben durch diese »Quantenlinse« zu betrachten, bietet einen beträchtlich größeren Ausblick, als wir das gewohnt sind. Es verändert auch die Grenzen, auf denen unsere gegenwärtige Welt beruht. Fast meint man, in den Transporterraum des Raumschiffes *Enterprise* zu treten und dort plötzlich zu dematerialisieren, um dann an einem anderen Ort wieder zusammengesetzt zu werden. So funktioniert auch die Quantenlinse wie ein Transporter – das, was einmal ein klar umrissenes Objekt oder ein klar umrissener Körper mit viel Masse und Gewicht war, wird nun zu einem schimmernden Muster von Teilchen, die in der Lage sind, die Raum-Zeit-Grenze zu durchbrechen.

Aber das Wichtigste zuerst. Bevor wir die atemberaubenden Aspekte des Quantenbewußtseins untersuchen, müssen einige grundlegende Pfade eingerichtet werden, auf denen wir vom Blasrohr zur Quantenlinse gelangen können.

Lernen, wie man das Unsichtbare beobachtet

Ebene 1
Die »Wellen«-Funktion
Als Beobachter des Inhaltes meines Geistes
(Gedanken, Gefühle, Emotionen, Empfindungen, Assoziationen)
bin ich mehr als der Inhalt meines Geistes.

Bevor Sie etwas an Ihren Gefühlen ändern können, müssen Sie in der Lage sein, sie zu beobachten oder Zeuge von ihnen zu sein. In dem Moment, in dem Sie versuchen, das zu sehen, was in Ihnen vorgeht, trennt sich ein Teil von Ihnen ab, um diese Beobachtung zu machen. Die Philosophen nennen das »Selbst-Reflexion«, in der Psychosynthese heißt es »Disidentifikation«. G. I. Gurdjieff nannte es »Selbstbeobachtung«, die Hindus und Buddhisten nennen es »Zeuge sein« und die Zen-Buddhisten »Achtsamkeit«. In den letzten 25 Jahren war es in psychotherapeutischen Kreisen, wie z. B. in der Gestalttherapie, nicht unüblich, einen Patienten zu bitten, sich eines Schemas »bewußt zu sein«. Im Hakomi, einer neuen Therapieform, die von Ron Kurtz entwickelt wurde, wird die Achtsamkeit betont. Mit Sicherheit haben die Schulen des Ostens, des Westens und des Mittleren Ostens dies angewendet, um dem Individuum auf irgendeine Art zu helfen, seine persönliche Freiheit zu vergrößern – ob wir es nun Bewußtsein, Achtsamkeit, Beobachtung oder Zeugesein nennen.

Welchen Namen wir dem auch immer geben, im Grunde ist es *Beobachten*. Daher ist der Zweck dieser ersten Quantenebene, Ihnen beizubringen, *wie Sie Ihre innere Erfahrung beobachten können, anstatt mit ihr zu verschmelzen und von ihr aufgezehrt zu werden.*

Dieses Beobachten läßt Sie einen Blick auf die Ereignisse Ihres Lebens werfen, der frei ist von Urteilen, Bewertungen, Bedeutungen oder Vorlieben. Für die meisten von uns tauchen Urteile, Vorlieben und Abneigungen automatisch auf. Wir »stellen fest«, daß wir einen Menschen ablehnen, oder »wir stellen fest«, daß wir ein bestimmtes Ereignis verabscheuen. Anstatt bewußt eine Reaktion darauf zu wählen, *geschehen uns* Reaktionen, oft außerhalb unserer Kontrolle. Diese automatischen Reaktionen verleihen dem, wie wir die Welt um uns herum wahrnehmen und erfahren, in starkem Maße Farbe und Form, und solange diese Reaktionen auf »Automatik« geschaltet bleiben, sind wir unfähig zu wählen, wie wir uns fühlen und wie wir leben wollen.

In dem Augenblick, in dem Sie einen Teil Ihres Bewußtseins dazu verwenden, eine Reaktion zu beobachten, stellen Sie im Grunde zwischen sich und der Reaktion eine Distanz her. In diesem Raum werden Sie von der Reaktion nicht aufgezehrt. Selbst wenn die Reaktion ihren vorgegebenen Weg nimmt, schafft der Raum des Beobachtens eine Distanz, die Ihr Gefühl der Verhaftung an die Reaktion mindert.

Da das Quantenbewußtsein eher eine *Erfahrung* als ein Konzept ist, ist es nützlich, ein Umfeld zu schaffen, in dem dieses Reaktionsphänomen erfahren werden kann. In diesem Sinne begleiten Quantenübungen und Kontemplationen (die man allein, zu zweit oder in kleinen Gruppen durchführen kann) jede Quantenebene.

Quantenübung 1

Setzen Sie sich bequem hin und schließen Sie sanft Ihre Augen. Erinnern Sie sich bewußt an einen Vorfall, der Sie aufgeregt hat. Andere Menschen könnten daran beteiligt gewesen sein; sie müssen es aber nicht. Vielleicht ist Ihre Toilette übergelaufen, während Sie allein zu Hause waren, oder es handelte sich um einen wütenden, nonverbalen Austausch mit einem Autofahrer, ein Mißverständnis mit einem Beamten oder einen Streit mit einem geliebten Menschen.

Visualisieren Sie diesen Vorfall, setzen Sie sich selbst in der Mitte. *Seien* Sie in der Mitte dieses Vorfalls, erschaffen Sie die Szene erneut mit all der Unruhe und dem Verdruß, den Sie ursprünglich dabei erfahren haben.

Fahren Sie dann damit fort, dieselbe Szene bildlich vor sich zu sehen, aber achten Sie auch darauf, daß Sie sie beobachten. Nun gibt es ein »Sie« in dieser Szene, das all die Emotionen und Aufregungen erlebt, und es gibt ein »Sie« außerhalb dieser Szene, in der Erfahrung des Beobachtens, das auf all diese Emotionen, Gedanken und Empfindungen achtet.

Gibt es irgendeinen Unterschied, wie Sie diese beiden Visualisierungen erleben?

Am Anfang erleben Sie eventuell kein Gefühl der Objektivität und keine Vorlieben. Die meisten von uns hängen sehr an ihren

Reaktionen auf die Dinge. Wenn wir das Gefühl haben, wir seien beleidigt, mißverstanden oder niedergemacht worden, so sind wir für gewöhnlich nicht bereit, aus unserer berechtigten Emotion allzuschnell herauszutreten. Wenn Sie bemerken, daß Sie unfähig sind, sich in die zweite Visualisierung zu begeben, bleiben Sie beim ersten Teil, seien Sie dessen Mitte, bis etwas von dem Dampf des Ereignisses abgezogen ist. Vielleicht werden Sie sich bereit fühlen, einen Teil Ihres Bewußtseins in die Neutralität des Beobachtens ziehen zu lassen.

Sie können sich auch vorstellen, wie Sie sich in einem leeren Kino mit einer riesigen Leinwand befinden, auf die Sie Ihre Visualisierung jener beunruhigenden Erfahrung projizieren. Das »Sie«, das in dem Kinostuhl sitzt, beobachtet das »Sie« inmitten der Erfahrung. Im Idealfall lösen Sie sich von der Geschichte, während Sie Ihrem eigenen »Film« zuschauen. Wenn die Geschichte trotzdem beunruhigend bleibt – wenn Sie sich zum Beispiel als »schlechte« Mutter sehen, die mit Ihrem Kind die Geduld verliert – dann erlauben Sie sich bewußt, die Gefühle der »schlechten Mutter« zu fühlen. Tun Sie das intensiv eine Minute lang, dann lassen Sie die Visualisierung los, entspannen sich für ein paar Minuten und erschaffen die Erfahrung danach erneut. Jedes menschliche Wesen weicht der Erfahrung jener Ereignisse, Gefühle und Traumata aus, gegen die es sich ursprünglich wehrte. Im allgemeinen wehren sich die meisten von uns dagegen, sich schlecht zu fühlen. Manchmal ist die Notwendigkeit, etwas zu erfahren, so groß, daß es nicht möglich ist, sich in den Beobachtermodus zu begeben, ohne sich zuerst selbst zu erlauben, in das einzutauchen, gegen das wir uns wehrten.

In dem Augenblick jedoch, in dem Sie sich *bewußt* erlauben, eine Erfahrung oder ein Ereignis zu erleben, gegen das Sie sich wehrten, gleichgültig, wie sehr Sie gefühlsmäßig darin eingetaucht sind, in diesem Augenblick wird die Tatsache, daß Sie sich bewußt für diese Erfahrung entschieden haben, einen Weg in den befreienden, neutralen Raum des Beobachtens erschaffen.* Wenn Sie abwech-

---

* Obwohl dies nicht die Zeit ist, sich in ein anderes Gebiet der Physik namens »Chaostheorie« zu vertiefen, ist die Anmerkung wichtig, daß das, gegen das

selnd in diese Erfahrung eintauchen und wieder auftauchen und sich dann selbst in dieser Erfahrung beobachten, spüren Sie allmählich das *Sie*, das in beiden Ebenen anwesend ist. Wenn Sie sich an die emotionale Erfahrung erinnern, dann achten Sie darauf, daß Sie vorher schon da waren, und nachdem seine Auswirkungen sich gänzlich erschöpft haben, immer noch dasein werden. Das *Sie* oder der Beobachter Ihrer Erfahrung ist immer da und bemerkt all Ihre Gedanken, Empfindungen und Gefühle, die kommen und gehen.

Ich hatte eine Patientin, die den Unterschied zwischen dem völligen Eintauchen in die Erfahrung gegenüber der persönlichen Beteiligung an dem Raum des Beobachtens wie folgt als »mehr Raum zum Atmen haben« beschrieb.

»Wenn ich ganz in der Erfahrung aufgehe, gibt es ein Gefühl der Kontraktion und der Enge – so ähnlich, als ob ich in einem langen Korridor ohne Fenster und ohne Türen gefangen bin. Sobald ich einen Teil von mir beobachten lasse, entsteht mehr Raum, in dem ich mich bewegen kann – der Korridor weitet sich sofort, und ich habe ein Gefühl von Raum oder Luft, sogar von hereinfallendem Licht.«

Beobachtung führt zu einer Erfahrung des Selbst, bei der das Selbst *mehr* ist als die Gedanken, Gefühle, Emotionen und Empfindungen, die ihm andauernd Schläge versetzen. Wenn wir uns weiterhin eng mit dem Kommen und Gehen des Geistes identifizieren, gibt es keinen Raum, in dem wir die Dinge auf irgendeine andere Art erfahren können. Wir sind im Grunde Gefangene einer sehr engen, tief verwurzelten Reihe von Überzeugungen und An-

---

sich die meisten von uns, mehr als gegen alles andere in unserem Leben, wehren, das *Chaos* ist. Sie können dem Chaos einen anderen Namen geben – ein Gefühl des Überwältigtseins, der Angst, Verwirrung, außer Kontrolle sein, sich verrückt fühlen –, aber die Natur des Chaos ist die Erfahrung, gegen die man sich wehrt. Eine Erfahrung, gegen die man sich wehrt, verursacht die Bildung chronischer Identitätsmuster. Die Beziehung zwischen Chaostheorie und einer Erfahrung, gegen die man sich wehrt, wird detailliert in meinem nächsten Buch *The Tao of Chaos: Quantum Consciousness Vol. 2* diskutiert.

schauungen. Wenn Sie das Beobachten erlernen, öffnen sich Ihnen psychologische Fenster, die das Licht und die Luft erweiterter Perspektiven einlassen.

Die Erfahrung von Ebene 1 ist die Erfahrung, *mehr zu sein* als das, was Sie beunruhigt. Wenn ein Teil von Ihnen Zeuge des Gefühls der Trauer über das Ende einer Beziehung sein oder es beobachten kann, dann bedeutet das, daß Sie nicht *nur* Ihre Trauer sind – genauso wie Sie nicht das Bild sind, das Sie von Ihrer Trauer gezeichnet haben. Es gibt das Gefühl der Trauer; vielleicht gibt es das Bild der Trauer; aber hinter bzw. jenseits von beidem liegt das *Sie*, das diese unterschiedlichen Facetten der Erfahrung, die wir Trauer nennen, beobachtet.

Betrachten Sie einmal dasselbe Ereignis aus zwei verschiedenen Arten des Erfahrens. Hier das Szenario des Ereignisses: Ich habe meinen monatlichen Bericht meinem Chef vorgelegt. Normalerweise bestätigt er den Bericht mit einem Lob. Dieses Mal werde ich in sein Büro gerufen, die Tür wird geschlossen, und ungeduldig teilt er mir mit, daß es in meinem Bericht ein größeres Versehen gibt. Der Bericht muß völlig neu geschrieben werden. Ich werde vor Überraschung und Verlegenheit rot, aus meinen Handflächen schießen Schweißströme, und mein Magen fühlt sich an, als sei er von einem Vorschlaghammer getroffen worden. Ich stammle meine Entschuldigungen und wende mich wieder der über mich hereinbrechenden Verlegenheit zu. Mein Atem wird flach, mein Herz rast, und ich möchte am liebsten einfach aus dem Gebäude rennen. Ich fühle mich dumm, äußerst inkompetent, und außerdem bin ich wütend.

Wenn ich mich dafür entscheide, das Quantenprinzip von Ebene 1 anzuwenden, werde ich dasselbe Ereignis völlig anders erleben. Alles, was ich beobachten kann, kann ich auch hinter mir lassen. Der Philosoph Alfred Korsybski formulierte es so: »Alles, worüber Sie etwas wissen, können nicht Sie sein.« Wenn ich meine Reaktionen beobachten und Zeuge sein kann, dann werde ich mich freier und friedvoller fühlen. Nur durch die Identifikation und Verschmelzung mit einem Gedanken oder einem Gefühl begrenze ich mich vom Beobachter zur Erfahrung. In meinem letzten Buch DIE ALLTÄGLICHE TRANCE: *Heilungsansätze in der*

Quantenpsychologie habe ich das den Vorgang des In-Trance-Fallens genannt, »das Verschmelzen mit Gedanken, Gefühlen, Emotionen und früheren Assoziationen.«

Wenn ich mich im obigen Erlebnis völlig mit dem Gefühl der Demütigung und der Verlegenheit identifiziere, und wenn ich diesen psycho-emotionalen Prozeß mit der Entscheidung paare, daß »ich das bin«, dann beschränke ich mich auf die Parameter und Grenzen der Erfahrung mit dem Etikett »Demütigung und Verlegenheit«. Wenn ich jedoch meine Aufmerksamkeit auf die Ebene der Beobachtung richte, dann stehen mir auch andere Optionen zur Verfügung. Wenn ich meine Reaktionen beobachten kann, dann kann ich sie auch hinter mir lassen. Ich kann aus »meinen« Reaktionen heraustreten und anfangen, sie einfach zur Kenntnis zu nehmen. Dann kann ich wählen, beobachten, das Schema bemerken, wählen, und so weiter. Wenn ich verstehe, und sei es auch nur für einen Augenblick, daß ich außerhalb meiner Gedanken und Emotionen existiere, dann haben diese Gedanken und Emotionen eine geringere Wirkung auf mich.

Diese Wahrheit wurde für mich im Juni 1980 in Indien zutiefst wahr. Um etwa sechs Uhr morgens, als ich zur Bushaltestelle lief, ging in meinem Kopf das übliche Konversationsgeplänkel vor sich. Plötzlich erlebte ich mich außerhalb, größer als oder jenseits dessen, was ich dachte oder fühlte.

Noch erstaunlicher war, daß ein beobachtendes »Ich«, mein wahres Ich, immer da war. Die kleineren Ichs des »Ich fühle mich gut« oder »Ich fühle mich schlecht« oder »Ich liebe mich« oder »Ich hasse mich« waren vergänglich. Das beobachtende »Ich« war immer gegenwärtig. Damals wurde mir klar, daß »Ich« mich über mein Gefühl der Unsicherheit nicht zu wundern brauchte. Ich identifizierte mich mit einem »Ich«, das kam und ging, anstatt mit dem beobachtenden Ich oder der beobachtenden Gegenwart. Ich fragte mich selbst, wer all meine Gedanken, Gefühle und die Geschehnisse »meines« Lebens beobachtet. Ich mußte lachen, als mir klar wurde, daß ich dieser Zeuge war. Ich fragte mich, wer zuerst kam, das beobachtende Ich oder der emotionale Aufruhr, der mich beunruhigte. Offensichtlich war dasselbe beobachtende Ich wieder da – vor, während und nach der Unruhe. Die Erfahrung meiner Selbst änderte sich ständig, als ich über mich selbst lachte, weil ich das, was so offensichtlich war, nicht gesehen hatte – mein *Ich*. Das beobachtende Ich, das immer da war und all die flüchtigen Ichs beobachtete.

Die Realität jenes neuen Bewußtseins verließ mich nie und wurde für mich auf einer Erfahrungsebene immer konkreter und tiefer – auf der ersten Ebene der Quantenpsychologie.

Ist es Dissoziation oder ist es Beobachtung?

Wenn Sie das Beobachten erlernen, lernen Sie auch, sich selbst von dem zu trennen, zu dissoziieren oder zu disidentifizieren, was Sie beobachten. Selbst wenn Sie bemerken, was Sie erfahren – es muß eine gewisse Distanz vorhanden sein, um es zu bemerken oder sich dessen bewußt zu werden. Heißt das für Sie zu verleugnen? Sich zu dissoziieren? Ist »Raum« dasselbe wie Amnesie? Obwohl Meditation als Dis-Assoziation gedacht ist, kann sie auch als eine Art der »spiritualisierenden Dissoziation« benutzt werden. Da die Ansätze in Ebene 1 ihren Ursprung in östlichen Meditationspraktiken haben, ist es meiner Ansicht nach wichtig, diese Frage zu diskutieren.

Trotz des neuen Bewußtseins unserer Gesellschaft für die Psychologie des Mißbrauchs, sind wir sehr an dem interessiert, was man in klinischen Kreisen »Dissoziation« nennt. Dissoziation ist eine automatische Verteidigung, die Sie während eines Traumas schützt. Dissoziation tritt auf, wenn Sie sich von einer Erfahrung abspalten, wenn Sie sich weigern, den Schmerz oder die Furcht oder die Demütigung eines schmerzlichen Ereignisses zu fühlen. Normalerweise lernen wir als Kinder, zu dissoziieren, indem wir ein paar innere Verteidigungsmechanismen aufbauen, auf die wir zurückgreifen können. Ein Kind, das von seinem Vater mißbraucht wird, kann es sich nicht erlauben, den ganzen Horror zu fühlen, also schließt es einen Teil seiner Reaktion aus, indem es sich von ihm abspaltet. In seiner schlimmsten Form läuft die Dissoziation auf eine multiple Persönlichkeitsstörung hinaus, etwas, was die meisten von uns nur durch Filme wie *Sybil* kennen.

Die zwei Hauptmerkmale der Dissoziation sind, daß sie *automatisch* geschieht und dem Menschen erlaubt, etwas *nicht zu erfahren*. Wenn sich zum Beispiel ein Kind von Gefühlen des Preisgegebenseins dissoziiert, so tritt dieses Absplitten von seinen Gefühlen automatisch und unbewußt auf als eine Möglichkeit, das Kind zu schützen. Die Dissoziation schließt sich über eine unerträgliche emotionale Wunde – genauso wie sich automatisch Hautzellen über eine körperliche Wunde zu bilden beginnen, ohne daß dazu irgendein bewußter Gedanke des verletzten Menschen nötig wäre.

Dagegen erlaubt Ihnen die Dis-Assoziation bei der Selbst-Beobachtung, sich dessen, *was Sie bereits fühlen*, bewußt zu werden, und sie tritt nur als Folge einer *bewußten Wahl* auf. Wenn ich anfange, Angst zu verspüren, kann ich bewußt wählen, mit einem Teil meines Bewußtseins meine Gefühle zu beobachten, anstatt in den Treibsand der Angstgefühle zu versinken, als ob dies die einzig verfügbare innere Landschaft sei. Die Haltung hinter dem Beobachten oder dem Zeugesein ist nicht die des »Ich sollte dieses Gefühl nicht haben« oder »Ich hoffe, das geht schnell vorüber«. *Beobachten ist frei von Urteilen, Einschätzungen, Bewertungen und Vorlieben*. Wenn Sie sich wirklich im Zustand des Beobachtens befinden, fühlen Sie sich *frei, die Emotion zu erfahren* und *frei, diese Erfahrung zu beenden*. Dissoziation ist im Gegenteil ein Vorgang, der Ihnen nur die Freiheit läßt, die Emotion *nicht* zu erfahren; Sie sind nicht frei, sie zu erfahren, so wie Sie das im Zustand des Beobachtens sind. *Dis-Assoziation* unter Beobachtung läuft ebenso in alle Erfahrungsrichtungen: Sie sind frei, sich traurig, ängstlich oder glücklich zu fühlen, und Sie haben die Freiheit, sich gegen ein bestimmtes Gefühl zu entscheiden.

Meditations- und Beobachtungsübungen können mit Sicherheit jedoch auch als möglicher Versuch, sich von unliebsamen oder bedrohlichen Gefühlen zu dissoziieren, mißbraucht werden. Und es trifft sicherlich zu, daß viele mißbrauchte Menschen Trost in der Meditation gefunden haben, weil die *Disidentifikation*, die das Ziel vieler östlicher Ansätze ist, dem Schema der *Dissoziation*, das dem emotionalen Leben dieser Menschen zugrundeliegt, so ähnlich zu sein scheint.

Die Unterschiede zwischen Dissoziation und der Quantenbeobachtung sind entscheidend: *Die Dissoziation wird aus dem Trauma geboren*; sie geschieht automatisch und unbewußt als Überlebensstrategie, und sie betäubt Gefühle und Emotionen. *Die Quantenbeobachtung wird aus freier Wahl geboren*, man entscheidet sich bewußt und mit voller Absicht dafür und schließt alle Gefühle und Gedanken mit ein. Der Raum, der als Ergebnis der Beobachtung einer laufenden Erfahrung entsteht, ist kein Raum der Verleugnung, der Amnesie oder der Leere. Es ist vielmehr der Raum der *Einwilligung*, wobei *nichts aus diesem Bewußtsein ausgeschlossen werden muß.*

Lassen Sie mich ein weiteres Beispiel geben. In dem indischen Kloster, in dem ich lebte – und das ist sicher auch in einigen anderen spirituellen Gemeinschaften der Fall – wurden viele Emotionen und Gedanken als »unrein«, »schlecht« und als »Hindernis« auf dem Weg zur Erleuchtung etc. angesehen. In psychotherapeutischen Kreisen gibt es mit Sicherheit eine implizite Botschaft, daß Ärger ein Problem ist, etwas, an dem man »arbeiten muß«, wogegen »Liebe« in Ordnung ist, ein Ziel ist. Häufig wird gerade im ersten Fall Meditation oder irgendeine transzendente Technik dazu verwendet, die als »schlecht« etikettierten Gefühle zu unterdrücken oder zunichte zu machen. In psychologischen Kreisen verstärken bestimmte Techniken diese Schlecht (Ärger) – Gut (Liebe)-Dichotomie. Wie wir noch detailliert in Kapitel 5 sehen werden, ist ein *Urteil* notwendig, um eine bestimmte Erfahrung *vorzuziehen* oder *abzulehnen*. Das hat mit Quantenbeobachtung nichts zu tun.

Angenommen, Sie fühlen sich wertlos, dann geht es nicht darum, diese Erfahrung zu blockieren, sondern ihr den Zustand des Beobachtens hinzuzufügen. Wenn Sie dissoziieren, werden Sie einfach aus der Arena der Gefühle hinauskatapultiert – aber das Gefühl bleibt in einer unterdrückten Form weiter bestehen. Bei der Quantenbeobachtung steht es dem Gefühl »frei, zu sein«, aber sich dessen bewußt zu sein, begleitet Sie durch diese Erfahrung.

Lassen Sie es mich anders formulieren, da diese Frage in vielen meiner Workshops gestellt wird. Wenn Sie sich in der Quantenbeobachtung befinden, so dis-assoziieren Sie sich passenderweise von einem Gefühl (Sie assoziieren sich nicht mit einem Gefühl), aber gleichzeitig sind Sie *frei*, das Gefühl zu spüren und frei, das Gefühl *nicht* zu spüren. Wieder anders ausgedrückt, können Sie das Gefühl haben oder das Gefühl eben nicht haben. Das ist Quantenbeobachtung. Wenn Sie andererseits nur die Wahl haben, das Gefühl *nicht* zu fühlen, wenn Sie versuchen, davor zu fliehen, es nicht zu erfahren, und Sie das Gefühl »schlecht«, »nicht konstruktiv« oder »nicht spirituell« nennen, so dissoziieren Sie.

Ein bildhaftes Beispiel kann hier hilfreich sein. Einer meiner Schüler fragte mich einmal: »Woher weiß ich, ob ich beobachte und meinen Ärger in den Griff bekomme?« Ich nahm meine Kaffeetasse am Griff und sagte: »Wenn ich diese Kaffeetasse aufnehmen und wieder absetzen kann, dann habe ich sie im Griff, und ich befinde mich in der Quantenbeobachtung; ich bin frei. Wenn ich den Ärger nicht aufnehmen und wieder absetzen kann, dann bin ich nicht frei. Wenn ich den Ärger nicht aufnehmen und ihn erfahren kann, dann *dissoziiere* ich.«

Einige von uns sind geborene *Dissoziierer* und andere sind geborene *Verschmelzer*. Die Stelle im emotionalen Kontinuum, an der Sie sich befinden, wird Auswirkungen darauf haben, wie Sie die Übungen auf Ebene 1 erleben. Ein Mensch, der chronisch dissoziiert, wird mit diesen Übungen eine völlig andere Zeit erleben als ein Mensch, der dazu neigt, sehr emotional zu sein. Der Dissoziierer wird gewohnt sein, sich selbst von seinen inneren Reaktionen zu trennen, wogegen ein »fühlender Mensch« es gewohnt ist, sich stark mit jeder einzelnen Antwort und Reaktion zu identifizieren. Wenn Sie ein Dissoziierer sind, wird es Ihnen vertraut vorkommen, das Beobachten zu erlernen; sich jedoch selbst zu erlauben, Ihre Erfahrungen zu fühlen, wird Ihnen fremdartig anmuten. Wenn Sie ein »fühlender Mensch« sind, so wird es Ihnen fremd vorkommen, einen Teil von sich zu lösen, um zu beobachten (anstatt zu reagieren). Seien Sie sich einfach der Aspekte des Ihnen unvertrauten Prozesses bewußt, und beobachten Sie Ihre Reaktionen auf diese neue Erfahrung.

Wenn Sie nicht sicher sind, welche Verhaltensweise für Sie kennzeichnend ist, denken Sie an eine Erfahrung, die Sie auf irgendeine Weise beunruhigt und stellen Sie sich dann zwei einfache Fragen:

1. Bin ich bereit, mit dieser Erfahrung zu verschmelzen?
Wenn Sie sich auch nur wenig dissoziieren, werden Sie beispielsweise nicht bereit oder fähig sein, völlig mit der Erfahrung von Ärger zu verschmelzen, und Ihre Antwort würde »Nein« lauten. Wenn Sie als Antwort darauf zu einer Reaktion neigen, wird Ihre Antwort wahrscheinlich »Ja« lauten.

2. Bin ich bereit, nicht mit dieser Erfahrung zu verschmelzen?
Hier würde Ihre Antwort »Ja« lauten, wenn Sie dazu neigen, sich von Ihren Gefühlen zu dissoziieren. Im Gegensatz dazu würde Ihre Antwort »Nein« lauten, wenn Sie dazu neigen, sich mit Ihren emotionalen Zuständen allzusehr zu identifizieren.

Wenn Sie sich gezwungen fühlen, in einer bestimmten Situation ärgerlich zu reagieren, dann sind Sie nicht frei. Ganz ähnlich ist es, wenn Sie das Gefühl des Ärgers nicht tolerieren können: dann sind Sie nicht frei. Stellen Sie sich wieder eine Kaffeetasse in Ihrer Hand vor: Die Freiheit, sie im Griff zu haben, bedeutet, frei zu sein, die Tasse dann aufzunehmen und abzusetzen, wenn Sie das wollen. Es muß nicht erst gesagt werden, daß die Handhabung menschlicher Emotionen weitaus komplizierter ist als das Aufnehmen und Absetzen einer Tasse. Auf einer emotionalen Ebene geschieht dieser Prozeß entlang eines Kontinuums. Erst einmal sind wahrscheinlich nur zwei Prozent der Menschen bereit, Ärger zu fühlen, oder bei den »Verschmelzern« sind wahrscheinlich nur zwei Prozent der Menschen nicht bereit, Ärger zu fühlen und zu beobachten. Die Übungen von Ebene 1 sollen einen Weg definieren, auf dem Sie sich entlang dieses Kontinuums bewegen können; einen Weg, auf dem Sie frei sind, ein Gefühl, einen Gedanken oder eine Emotion zu erfahren oder *nicht* zu erfahren.

Wenn Sie nicht bereit sind, ein Gefühl, einen Gedanken oder eine Emotion zu erfahren, dann können Sie sich niemals wirklich davon dis-assoziieren. Sie müssen bereit sein, etwas zu *erfahren* und *nicht zu erfahren*, um sich in den wirklichen Raum des Zeugeseins und Beobachtens zu begeben.

Wenn Sie bemerken, daß Sie nicht bereit sind, einen bestimmten Gedanken oder ein bestimmtes Gefühl zu erfahren, so erschaffen Sie absichtlich wieder und immer wieder Ihren Widerstand gegen diese Erfahrung. Seien Sie *bewußt* nicht bereit, sie zu fühlen. In *DIE ALLTÄGLICHE TRANCE: Heilungsansätze in der Quantenpsychologie* habe ich von dem grundlegenden psychodynamischen Prinzip gesprochen, darüber, daß Sie über alles, was Sie absichtlich in der Gegenwart erschaffen (wie zum Beispiel den Widerstand gegen eine bestimmte Erfahrung), Macht erlangen. Im Fall des Widerstands entkräftet die bewußte Entscheidung für diese Erfahrung automatisch den Widerstand. Paradoxerweise wird der Widerstand schließlich dadurch aufgelöst, daß *Sie sich selbst erlauben, zu widerstehen.* Diese Art der Arbeit wird in Kapitel 5 »Zurück auf Null« weiter ausgeführt.

Wann sind Gefühle angebracht?

Wenn wir unsere Gefühle nicht akzeptieren und sie entweder in Vergessenheit drängen oder als schlecht verurteilen, schaffen wir Trennung und Grenzen innerhalb unseres persönlichen »Systems«. In Wirklichkeit ist das Verurteilen eines anderen Menschen oder die Selbstverurteilung eine Möglichkeit, sich gegen die Erfahrung von Gefühlen zu wehren. Um diese Verurteilungen zu verarbeiten, sollten Sie sich einfach fragen: »Gegen welche Erfahrung wehre ich mich durch diese Verurteilung?« Die Antwort, die daraufhin auftaucht, kann Ihnen genau das Gefühl vermitteln, das beobachtet werden muß. Diese Verurteilungen schaffen Abspaltungen und Grenzen innerhalb von Individuen und bilden so die Grundlage der globalen Trennung und sogar des Krieges. Aus der Quantenperspektive verschwindet das Gefühl der Trennung, wenn Sie sich selbst erlauben, das ganze Gefühl oder das ganze Ereignis zu erfahren. Die grundlegende Quantenentdeckung, daß »alles mit allem in Verbindung steht«, würde uns weniger fremd anmuten, weniger »ab vom Schuß«, wenn es nicht so viele Abspaltungen und Trennungen *in* uns selbst geben würde. Bei der Quantenperspektive geht es nicht darum, daß Sie sich von Ihren Emotionen und Gefühlen mittels Verleugnung oder Dissoziation trennen, sondern daß Sie sie beobachten und sie anerkennen, sie voll erfahren, während Sie sie beobachten, ihre Formen und Grenzen mit Ihrem geistigen Auge aufnehmen.

Wie man mit Emotionen direkter umgeht, wird detailliert im nächsten Kapitel besprochen.

Die meisten von uns sind mit einer oder mehreren traumatischen Erfahrungen der Vergangenheit verschmolzen oder identifizieren sich damit, selbst wenn wir uns nicht mehr an sie erinnern. Sobald Sie jedoch damit angefangen haben, den Inhalt Ihres Geistes zu beobachten, werden Sie auch Ihre Vorurteile, Ihre Verteidigungsmechanismen, Ihre Wunden sehen – all die Teile, die Sie nicht zugelassen haben und von denen Sie getrennt sind. Das Beobachten der inneren Traumata zu erlernen ist der erste Schritt in Richtung Heilung; es ist das erste »Friedensangebot« des verwundeten Menschen an sein abgesplittetes Trauma, das so lange Zeit aus seinem Bewußtsein verbannt war.

Meher Baba, ein indischer Lehrer, verwendete eine wunderbare Metapher, um diesen Vorgang zu beschreiben: »Das Ego ist wie ein Eisberg, neunzig Prozent davon liegen unter der Wasseroberfläche. Wenn wir es beobachten, bewegt sich das Untergetauchte langsam ans Licht der Beobachtung und schmilzt im Licht des Bewußtseins.«

Vor vielen Jahren meditierte ich in Indien auf die für mich übliche Art und Weise. Als ich beobachtete, wie meine Gedanken kamen und gingen, bemerkte ich einen vertrauten Gedanken, der sich ganz nach meiner Mutter anhörte. Der Gedanke sagte: »Es ist immer ein mühseliger Kampf.« Normalerweise wäre ich automatisch mit diesem Gedanken verschmolzen und hätte die Frustration und die Sinnlosigkeit in seiner Botschaft erlebt. Jetzt war ich jedoch in der Lage, diesen Gedanken zu beobachten und mich *nicht* mit ihm zu *identifizieren*. Zum ersten mal fühlte ich mich frei von dem Gedanken und erlebte den offenen Raum, der dadurch entstand, daß ich nicht mit dem Gedanken verschmolz.

Was hinaufsteigt, muß herunterfallen

Diese erste Ebene kann extrem machtvoll und hilfreich dabei sein, das Gefühl der Identifikation mit jeder einzelnen Erfahrung, die Ihren Weg kreuzt, aufzulösen. Womit auch immer Sie sich identifizieren, Sie sind den Auswirkungen ausgeliefert. Umgangssprachlicher gesagt: was hinaufsteigt, fällt auch hinunter. Wenn Sie bemerken, wie Gedanken kommen und gehen, wie Emotionen kommen und gehen, wie Empfindungen kommen und gehen, wird Ihnen klar, daß es einen gemeinsamen Nenner gibt, der sich durch dieses gewaltige Erfahrungsmosaik webt: *Sie*, der Beobachter all dieses Kommens und Gehens. Sobald Sie es als Beobachter zu schätzen wissen, daß Sie nicht Ihre Gedanken, Gefühle und Emotionen, sondern vielmehr eine »zeugeseiende Gegenwart« sind, bildet sich eine größere Klarheit.

Der bekannte Meister G. I. Gurdjieff sagte:

> *»Eine Sache kann sich nicht selbst beobachten. Eine Sache, die identisch ist mit sich selbst, kann sich nicht selbst sehen, weil sie dasselbe ist wie sie selbst, und eine Sache, die dasselbe ist wie sie selbst, kann unmöglich einen Standpunkt haben, der außerhalb ihrer selbst liegt, von dem aus sie sich selbst beobachten kann.«*
> (Nicoll, 8)

Gurdjieff will darauf hinweisen, daß Sie getrennt sein müssen von diesem Gedanken oder diesem Gefühl, da Sie sich ja des Gedankens oder des Gefühls bewußt sind. Wenn Sie mit diesen Gedanken oder Gefühlen identisch wären, so könnten Sie sie nicht beobachten oder etwas darüber wissen. *Etwas zu beobachten oder zu wissen deutet auf eine Trennung* zwischen Ihnen und dieser Sache hin.

Einige nennen diese Gegenwart das innere Selbst, die Essenz, das »Sein«.

Quantenübung 2

Um ein Gefühl dafür zu bekommen, daß Gedanken Dinge sind, die kommen und gehen, schließen Sie ganz sanft Ihre Augen, während Sie bequem sitzen oder liegen. Jedesmal, wenn ein Gedanke Ihren Geist durchkreuzt, achten Sie auf ihn, und fragen Sie sich selbst: »Wohin taucht dieser Gedanke ab?«

Wenn Sie die Aktivität in Ihrem Geist bemerken, so scheint es zuerst wie ein Muster von *Gedanke ... Gedanke ... Gedanke.*

Achten Sie beispielsweise darauf, wie Ihr Verstand Gedanken wie »Ich mag meinen Job«, »Ich hasse meinen Job«, »Ich mag meine Beziehung«, »Ich hasse meine Beziehung«, »Mir ist langweilig«, »Ich bin aufgeregt« und »Ich bin müde« hervorbringt. Für Sie mag es ungefähr so aussehen:

Gedanke: Ich mag meinen Job

Gedanke: Ich hasse meinen Job

Gedanke: Ich mag meine Beziehung

Gedanke: Ich hasse meine Beziehung

Gedanke: Mir ist langweilig

Gedanke: Ich bin aufgeregt

Gedanke: Ich bin müde

ABBILDUNG 1

In Wirklichkeit jedoch taucht ein Gedanke auf und taucht ab, und danach gibt es einen Augenblick lang einen *Raum,* bevor der nächste Gedanke auftaucht und abtaucht.

Nachfolgend stellen wir die Frage: »Wohin taucht dieser Gedanke ab?« Achten Sie darauf, daß es dort, wo ein Gedanke abtaucht, einen Raum gibt, bevor der nächste Gedanke auftaucht. Bleiben Sie in dem Raum zwischen den beiden Gedanken.

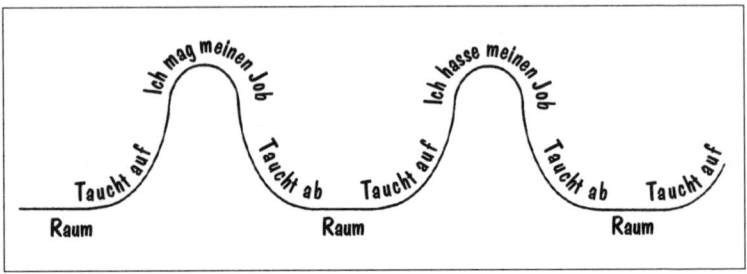

ABBILDUNG 2

Der Raum zwischen den beiden Gedanken kann als Bohms implizite Ordnung verstanden werden, während die Gedanken selbst als Bohms explizite Ordnung gesehen werden können. Da wir nach der allem zugrundeliegenden Einheit Ausschau halten, stellen wir uns selbst die Frage: »Wohin taucht dieser Gedanke ab?« Der bekannte buddhistische Lehrer Tarthang Tulku drückte es so aus:

»Wenn Sie beobachten, wie Ihre Gedanken vorüberziehen, halten Sie einfühlsam Ausschau nach dem Moment, in dem ein Gedanke verblaßt und ein anderer auftaucht. Dieser Übergang vollzieht sich sehr schnell und subtil, aber beinhaltet die flüchtige Verfügbarkeit eines Raumes, mit dem Sie in Verbindung treten und den Sie erweitern können. Dieser Raum besitzt das Merkmal der Offenheit, er ist frei vom üblichen sprunghaften und unterscheidenden Denken.« (Tulku, 9)

Das wellenähnliche Bild in dieser Illustration ruft eine der entscheidendsten Fragen vor Augen, die die Quantenphysik seit den 20er Jahren quälte: Besteht Materie (Elektronen) aus Teilchen oder aus Wellen? Sie schien aus beidem zu bestehen. 1924 schlug der Physiker de Broglie ein revolutionäres Konzept vor: Elektronen besitzen eine doppelte Natur; sie könnten *beides* sein – sowohl eine Welle als auch ein Teilchen. In dieser Abbildung scheint der *Prozeß* des Auftauchens und Abtauchens der Gedanken wellenähnlich abzulaufen, aber es sollte auch angemerkt werden, daß dieser Prozeß mehr einer *Teil*-(chen)-Form ähnelt, wenn Sie mit einem bestimmten Gedanken oder einer bestimmten Emotion verschmelzen. Im Geiste des Yoga beschreiben die *Yoga-Sutras* von Patanjali Gedanken als Wellen:

> *»Patanjali definiert den Gedanken als eine Welle (vritti) des Geistes. Normalerweise taucht eine Gedankenwelle auf, bleibt einen Augenblick im Geist und klingt dann ab. Darauf folgt eine weitere Welle.«* (Patanjali, 10)

Im ganzen Buch werde ich das Wort *Teil*-(chen) auf eben diese Weise kennzeichnen, weil es in psychotherapeutischen Kreisen oft heißt: »Es gibt einen *Teil* von mir, der ....« Wie wir in Kapitel 4 und Kapitel 5 noch ausführlicher besprechen werden, ist ein Teil vom zugrundeliegenden Ganzen getrennt. Hier sind *Teil*-(chen) Teile, die ohne eine Quantenlinse vom Ganzen getrennt zu sein scheinen. Da, wie Bohm feststellte, »alle Teile mit dem Ganzen verbunden sind«, werde ich die *Teil*-(chen) benutzen, um den psychologischen »*Teil*« anzuzeigen. Sobald man etwas als getrennt vom Ganzen identifiziert, wird es fester, klarer umrissen, fixierter oder mehr wie ein Teil mit Grenzen, die es vom Ganzen trennen.

Durch die neueste Forschung in der Quantenphysik wissen wir, daß Materie, Energie, Raum und Zeit im wesentlichen alle dasselbe sind; wir können sie als Wellen, als Teilchen oder als beides betrachten. F. David Peat schrieb:

> *»Die einzig denkbare Vorstellung war, daß Elektronen eine duale, schizophrene Existenz führen. Planen Sie einen Versuch, der teilchenähnliches Verhalten beweisen soll, und die Elektronen werden sich wie Teilchen verhalten. Planen Sie einen, der wellenähnliches Verhalten beweisen soll, und die Elektronen werden sich wie Wellen verhalten.«* (Peat, 11)

Der Beobachter erschafft zweifellos das Ergebnis – seien es Teilchen oder Wellen. Für den Zweck dieses Buches genügt es, wenn Gedanken und Emotionen in ihrer wellenähnlichen Form gesehen werden. In Kapitel 5 werden wir sie in ihrer *Teil*-(chen)-Form untersuchen.

Wir können auf einem Gedanken reiten wie ein Surfer auf einer Welle, und dies wird uns zurückbringen in den Raum zwischen zwei Gedanken ... in die implizite Ordnung. Achten Sie darauf, daß der Raum sich niemals ändert, genauso wie sich die implizite Ordnung niemals ändert. Diesen *Raum zwischen zwei Gedanken* zu erfahren ist eine weitere Möglichkeit, das Wohlbehagen und die Beständigkeit der allem zugrundeliegenden Quanteneinheit zu fühlen, zu spüren und zu erfahren – selbst wenn Sie sich daran gewöhnt haben, zu beobachten, anstatt sich völlig mit den Inhalten Ihres Geistes zu identifizieren.

Um die Frage in dieser Übung beantworten zu können, müssen Sie zwischen Subjekt und Objekt trennen. Sie müssen sich von einem Gedanken trennen, um ihn zu beobachten und zu bemerken, wo er endet oder abklingt und ein anderer Gedanke beginnt. Diese Trennung verringert automatisch Ihre Identifikation mit diesem Gedanken. Warum ist es so nützlich, das Subjekt vom Objekt zu trennen? Warum ist es nützlich, das Beobachten zu erlernen? Weil Sie durch alles, mit dem Sie sich identifizieren, begrenzt werden.

Sicherlich gibt es eine Menge Dinge, bei denen es Ihnen nichts ausmacht, wenn Sie davon begrenzt werden: Ihre Vorliebe für einen bestimmten Typ Frau oder Mann ist etwas, an dem Sie Vergnügen haben, und Sie empfinden es nicht als eine Begrenzung. Viele Identifikationen verursachen Ihnen jedoch Unbehagen. Zum einen ist die Natur des Geistes eine der ständigen Schwankung (es ist die Natur des Geistes, sich anders zu besinnen!). Das Objekt Ihrer Identifikationen kann sich so schnell ändern, daß Sie schließlich jammern: »Ich weiß nicht, was ich will!« Im einen Augenblick mögen Sie Ihren Job, im nächsten Augenblick tun Sie das nicht mehr. In der einen Woche sind Sie mit Ihrer Beziehung zufrieden, in der nächsten fühlen Sie sich rastlos und unzufrieden. Wenn Sie sich heute verlieben, so wissen Sie, daß Sie innerhalb von vier Wochen anders empfinden werden. Die Schwankungen, die wir in unserem Denken, Fühlen, in unseren körperlichen Empfindungen, in unseren emotionalen Reaktionen erfahren, erreichen bisweilen schwindelerregende Ausmaße. Eine Quelle der Beständigkeit, die ein Gefühl des Gleichgewichts und der Kontinuität vermittelt, kann dieser Beobachter sein, diese bezeugende Gegenwärtigkeit, die immer da ist.

Ein Gedanke, der allen Mensch an irgendeinem Punkt ihres Lebens gemeinsam ist, lautet: »Ich habe Angst.« Wenn Sie von dem Gedanken/Gefühl »Ich habe Angst« aufgezehrt werden, bedeutet das, daß Sie sich damit identifizieren und sagen: »Jawohl, das bin ich – *ich* habe Angst.« Normalerweise führt ein furchtsamer Gedanke zu einer ganzen Reihe anderer furchtsamer Gedanken:

»Ich habe Angst, daß ich meinen Job verliere.«
»Ich habe Angst, daß mein Geld nicht reichen wird.«
»Ich habe Angst, an Krebs zu erkranken.«
»Ich habe Angst, daß er/sie mich verläßt und ich dann alleine bin.«

Wenn Sie beobachten, wie der erste Gedanke »Ich habe Angst, meinen Job zu verlieren« auftaucht, und Sie sich dann die Frage stellen »Wohin taucht dieser Gedanke ab?«, so entdecken Sie wahrscheinlich den Anfang Ihrer eigenen, persönlichen Geschichte, die plötzlich in Ihrer Gedankenwelt auftaucht.

»Ich konnte noch nie längere Zeit einen Job halten ... nicht mal als Teenager, als ich unbedeutende Teilzeitarbeit leistete ... mein Vater hat schon immer gesagt, ich hätte keine Ausdauer.«

Sobald der rote Faden der Geschichte zutage getreten ist, machen Sie sich klar, daß im wesentlichen Sie zu sich selbst sagten: »Das bin ich – ich habe keine Ausdauer – genauso bin ich.«

Das einzige, was einem Gedanken die Macht gibt, Sie auf irgendeine Weise zu beeinflussen, ist die Tatsache, daß Sie sich mit diesem Gedanken identifiziert haben. Wenn Sie denken »Ich habe eine grüne Hautfarbe«, so wird Sie das nicht beeinflussen, weil Sie das so offenkundig nicht sind, daß diese Vorstellung nicht greift. Wenn Sie dagegen denken »Ich habe keine Ausdauer«, so liegt der Haken für Sie in Ihrer früheren Erfahrung. Als psychologischer Prozeß hat die Identifikation Ähnlichkeit mit Leim – wenn Sie sie benützen, kleben die Dinge (Gedanken, Emotionen, Empfindungen) an Ihnen fest.

In einem Workshop äußerte es ein Student nach den Übungen so: »Es gab so viel Raum, daß Worte nicht viel Sinn zu machen schienen. Und bevor ich nach dem Gedanken fragen konnte, war er verschwunden, und da war Raum. Das war seltsam, weil ich mich nicht an den Gedanken erinnern konnte, nur an den Raum.« Ein anderer Schüler bemerkte in einem Workshop: »Die Dinge scheinen nicht mehr dasselbe Gewicht zu haben.«

Wenn Sie die Übung der Ebene 1 durchführen, so schaffen Sie die Möglichkeit, eine neue Erfahrung der Nicht-Identifikation zu machen, einen klebefreien Augenblick der Leere oder Offenheit, einen Punkt der auf Erfahrung beruhenden Ruhe. Die Leere zu erfahren, aus der alles aufsteigt und in die alles abtaucht, ist der Beginn des Quantenbewußtseins.

Quantenübung 3

Den Beobachter vom Beobachteten trennen.

Woher kommt dieser Gedanke?

Wenn ein Gedanke auftaucht, fragen Sie sich: »Woher kommt dieser Gedanke?«

Wenn wir uns immer wieder selbst die Frage stellen »Woher kommt dieser Gedanke?«, dann lernen wir bald, daß ein Gedanke auftaucht und abtaucht, woraufhin es einen Raum gibt, wie nach jedem Gedanken.

Diese Quantenübung ähnelt der vorigen: »Wohin klingt dieser Gedanke ab?« In der letzten Übung waren wir gefordert, den leeren Raum nach dem Auftauchen eines Gedankens zu finden. In dieser Übung sind wir gefordert, (implizit) auf den leeren-Raum zu achten, *bevor* ein Gedanke auftaucht. Ein Workshopteilnehmer fragte mich: »Warum so viele ähnliche Übungen, wenn alles, was man wirklich braucht, eins ist.« Ich antwortete: »Nicht jede Übung ist für Sie oder einen anderen geeignet. Wenn ich ein Menü anbiete, können Sie sich das aussuchen, was bei Ihnen funktioniert, und den Rest außer acht lassen.« Ich meinte scherzend: »Unser heutiges Spezialgericht lautet: Wohin setzt sich dieser Gedanke ab? Es ist garniert mit dem Beobachter und geräuchert in der impliziten Ordnung.«

Vor vielen Jahren habe ich mit einem indischen Lehrer* gearbeitet. Er fragte eine Frau, die für ein neues Buch Aufnahmen
auf Band machte: »Wie wird der Titel meines nächsten Buches lauten?« Sie antwortete: »*Jenseits des Bewußtseins.*« Er meinte:
»Nein, *Vor* dem Bewußtsein. Finden Sie heraus, wer Sie *vor* jenem
Gedanken sind und bleiben Sie dort.«

»Woher kommt dieser Gedanke?«, das führt uns zu dem
Raum zurück, wo wir das Auftauchen und Abtauchen jedes einzelnen Gedankens als Zeuge wahrnehmen können.

Wir kennen alle die Erfahrung, morgens aufzuwachen und
sich sehr gut zu fühlen; der Gedanke kommt aus Ihrem Bewußtsein und heißt »Ich fühle mich gut«, und der Zeuge sagt dazu:
»Das bin ich.« Ihr Verstand wird dann anfangen, Gründe zu finden, warum Sie sich gut fühlen: »Ich fühle mich gut, weil ich viel
Schlaf bekommen habe; ich fühle mich gut, weil ich nicht so viel
geschlafen habe; ich fühle mich gut, weil ich heute morgen meditiert habe, weil ich gestern abend viel gegessen habe, weil ich gestern abend nicht viel gegessen habe.« Gegen Mittag wird ein Gedanke auftauchen, der da lautet: »Ich bin müde.« Sie werden darauf antworten: »Das bin ich. Warum muß ich arbeiten gehen? Es
schleppt sich alles so dahin. Ich wußte, ich habe zuviel geschlafen.« Oder: »Ich habe einfach nicht genug geschlafen« oder was
immer die Kette an Ereignissen sein mag, die Sie erleben. Klingt
das vertraut? Ein Gedanke taucht auf und klingt ab, und es gibt einen Raum. So funktioniert das – er taucht auf und er klingt ab,
und es gibt einen Raum.

*Der Zweck dieser Quantenübung liegt darin, Sie in den
Raum zwischen den Gedanken zurückzubringen.* Wenn es irgend
etwas gibt, womit Sie sich identifizieren, wird es Sie begrenzen.
»Ich mag blaue Hemden, ich mag rote Hemden; ich mag große
Frauen, ich mag kleine Frauen« – was auch immer es sein mag.
Was Sie glauben, wird Sie begrenzen, oder Sie könnten auch sagen:
Alles, mit dem Sie sich identifizieren oder an dem Sie hängen, wird
Sie schließlich zu einer eingeschränkten und begrenzten Erfah-
rung Ihrer selbst führen.

---

* Nisargadatta Maharaj

Der *Webster* definiert Kontemplation als »etwas mit fort-
währender Aufmerksamkeit ansehen oder betrachten; genau beobachten, über etwas nachdenken oder darüber reflektieren.«
Wann immer ich in diesem Buch das Wort »betrachten« benutze,
meine ich »*nachdenken* und *reflektieren*«.

QUANTENKONTEMPLATION
Betrachten Sie Ihre Erfahrung, und fragen Sie sich selbst:
»Wer ist das, der ständiger Zeuge meines Verstandes ist? Wer
ist das, der ständig beobachtet?« Die Antwort lautet: »Ich
bin es.«

Es gibt keine Antwort auf die Frage: »Woher kommt dieser Gedanke?« Achten Sie jedoch darauf, was geschieht, wenn Sie diese
Frage stellen, und halten Sie Ausschau nach dem Raum, aus dem
die einzelnen Gedanken auftauchen. Woher taucht dieser Gedanke auf? Wenn ein Gedanke auftaucht, der besagt: »Ich verstehe
nicht«, dann sagen Sie sofort: »Das bin ich. Das bin ich, weil ich
nicht verstehe. Ich habe noch nie etwas verstanden – das ist die
Geschichte meines Lebens.« Das Gute daran ist: Je mehr Sie sich
selbst beobachten können, desto größer wird die Distanz zwischen
Ihnen und dem Gedanken. Das wird allmählich Ihre Fähigkeit
vergrößern, sich Ihre Identifikationen auszusuchen, anstatt sich
automatisch in den Stromschnellen Ihres Geistes wiederzufinden.
Beobachtung gibt Ihnen einen Hebel oder Keil zwischen sich selbst
und Ihrem Geist an die Hand.

Als ich zum ersten Mal mit einem Ehepaar arbeitete, hielt die
Frau plötzlich mitten in ihren Fragen inne, sah mich an und meinte:
»Ich versuche, an etwas zu denken, was ich sagen könnte – ich
versuche immer, an etwas zu denken, was ich sagen könnte.« Ich
warf ein: »Das ist die Geschichte Ihres Lebens«, und sie antwortete: »Ja.« Der Gedanke »Ich sollte etwas sagen« kam auf, und sie
identifizierte sich selbst damit. Dann ließ sie all die Gelegenheiten
ablaufen, wie und warum sie niemals wußte, was sie sagen sollte.
Für sie wäre die Frage hilfreich: »Woher taucht dieser Gedanke

auf?« Gleichgültig, welcher Gedanke in Ihr Bewußtsein tritt, fragen Sie: »Woher kommt dieser Gedanke?« Haben Sie Angst, anzufangen? Fragen Sie sich selbst: »Woher kommt dieser Gedanke?« Wenn andere Gedanken auftauchen, fragen Sie immer weiter: »Woher kommt dieser Gedanke?«

Es gibt einen Gedanken, der »Ich habe Angst« heißt, und als Ihnen der Gedanke »Ich habe Angst« zum ersten Mal begegnete, identifizierten Sie sich mit ihm und sagten: »Das bin ich.« Dann sagte Ihr Verstand plötzlich: »Ich habe Angst, *weil* ich nicht genug Geld habe.« »Ich fürchte mich, weil meine Beziehung vermasselt ist.« »Ich habe Angst, weil – was auch immer es ist. In dem Augenblick, in dem Sie sich mit irgendeinem Gedanken identifizieren, haben Sie all die damit verbundenen psycho-emotionalen Reaktionen wie »Ich habe Angst«. Und Ihr Unterbewußtsein wird Ihnen tausend Gründe liefern, warum Sie Angst haben.

Übung
Wenn Sie anfangen, mit dieser Übung zu experimentieren, schließen Sie ganz sanft Ihre Augen. Jedesmal, wenn ein Gedanke aufkommt, fragen Sie sich selbst: »Woher kommt dieser Gedanke?«

Quantenübung 4

Wenn ein Gedanke auftaucht, fragen Sie sich selbst: »*Für wen* taucht dieser Gedanke auf?« Sie werden wahrscheinlich antworten: »Für mich.« Stellen Sie dann eine zweite Frage: »Wer ist *dieses Ich*?«

»Halten Sie Ihre Aufmerksamkeit darauf gerichtet, die Quelle des ›Ich‹-Gedankens herauszufinden, indem Sie, wenn ein Gedanke auftaucht, die Frage stellen, für wen dieser Gedanke auftaucht. Wenn die Antwort lautet ›Dieser Gedanke kommt zu mir‹, dann fahren Sie mit Ihrem Verhör fort, und fragen Sie »Wer ist dieses ›Ich‹.« (Godman, 12)

Das erinnert an den altindischen Ansatz, bei dem man sich selbst fragt: »Wer bin ich?« Ich habe mich das einige Zeit lang gefragt und erhielt immer mehr Antworten, die ich mir daraufhin ansehen mußte. Die Frage »Wer ist *dieses* Ich?« machte es mir möglich, nicht länger die Gedanken zu »sein« – ich konnte die Gedanken beobachten.

Beobachten Sie Ihre Erfahrung, und wiederholen Sie diesen Vorgang mit jedem neuen Gedanken. Achten Sie darauf, wie sich Ihr Atem hebt und senkt, während Sie auf das Heben und Senken der verschiedenen Gedanken achten. Wenn ein neuer Gedanke auftaucht, fragen Sie: »Für wen taucht dieser Gedanke auf?« Sie erhalten die Antwort: »Für mich.« Fragen Sie: »Wer ist dieses Ich?«

Diese Übung können Sie auch sehr wirksam mit einem anderen Menschen durchführen. Sie sitzen einander bequem gegenüber. Einer fängt an, indem er einen Gedanken ausspricht, zum Beispiel: »Ich finde es komisch, das zu tun, ich wäre lieber draußen.« Der Partner antwortet: »Für wen taucht dieser Gedanke auf?« »Für mich,« antwortet der Erste ganz natürlich. »Und wer ist dieses Ich?« fragt der Partner.

Der Zweck dieser Übung liegt darin, langsam ein Gefühl für den Unterschied zu bekommen zwischen den »flüchtigen Ichs« – den sich verändernden Identitäten, die mit den verschiedenen Gedanken verbunden sind – und der festigenden Gegenwärtigkeit des Beobachters, der immer da ist und der mentalen Parade zuschaut. Ohne den Beobachter werden die meisten von uns bei ihrem Gang durch den Tag von den Wellen ihrer Gedanken hin und her geworfen. Nach jedem Wellenkamm sind wir erneut der Gnade der nächsten Welle ausgeliefert.

Ein Beispiel: Mein Wecker klingelt eines morgens um sieben Uhr, wie er das üblicherweise tut. Mein erster Gedanke ist: »Ich bin müde, ich will nicht zur Arbeit gehen.« Sofort identifiziere ich mich mit dem Gedanken. Im Grunde sage ich zu mir selbst: »*Das bin ich* – ich bin müde, und ich will nicht zur Arbeit gehen.«

Nach dem Frühstück kommt ein Gedanke vorbei: »Ich kann es kaum erwarten, Jack von meiner neuen Idee, wie wir das Trainingsprogramm umgestalten können, zu erzählen.« Dieselbe unverzügliche Identifikation findet statt. »*Das bin ich* – ich habe eine großartige Idee.« Plötzlich fühle ich mich voller Energie und Begeisterung über meine Arbeit.

Jetzt ist es 10 Uhr 30 morgens, und ein Gedanke taucht auf: »Ich langweile mich, warum habe ich mich bloß für diesen Beruf entschieden?« Die non-verbale Identifikation setzt ein – »*Das bin ich* – mein Job langweilt mich.« Mittags denke ich: »Ich freue mich wirklich auf mein Treffen mit Lillian – es ist so anregend, mit ihr neue Ideen und Probleme zu diskutieren.« Der implizite Aspekt dieser Dynamik ist derselbe wie in allen anderen Momenten: »*Das bin ich* – ich kann es kaum erwarten, mich mit Lillian zu unterhalten.«

Am nächsten Morgen wache ich auf und schaue auf meine Partnerin, die neben mir liegt. Ein Gedanke kommt vorbei, der besagt: »Warum bin ich in dieser Beziehung?« Sofort identifiziere ich mich mit diesem Gedanken: »*Das bin ich* – ich will aus dieser Beziehung heraus ... ich hätte niemals heiraten sollen ... ich könnte so viel mehr Freiheit haben.« Beim Frühstück stelle ich fest, daß ich mich mit meiner Partnerin sehr angenehm unterhalte. »Das ist wirklich nett«, denke ich. »Ich mag Beständigkeit.«

Während meiner morgendlichen Pause läuft auf dem Flur eine attraktive Person an mir vorbei, und ich denke: »Ich würde diesen Menschen gerne treffen«, gefolgt von: »Vielleicht wäre ich als Single besser dran ... ich könnte genau das tun, was ich will ...«

Klingt das nicht schrecklich vertraut?

Bei diesem Beispiel geht es darum, ein Gefühl dafür zu bekommen, wie das Unterbewußtsein sozusagen fortlaufend seine Ansichten ändert. Wenn wir uns mit jedem Gedanken identifizieren, fahren wir in einer emotionalen Achterbahn. Wenn wir lernen, zu beobachten und zu bezeugen, nehmen wir immer mehr Unruhe aus unserer täglichen Erfahrung heraus. Das Unterbewußtsein wird immer noch seinen Geysir von sich ständig ändernden Wünschen, Meinungen und Forderungen ausspucken, aber das *Sie*, das Ihr Unterbewußtsein beobachtet, wird ein Gleichgewicht entwickeln. Anstatt in einer Achterbahn durch den Tag zu peitschen, werden Sie anfangen, auf ruhigem Gewässer entlangzugleiten.

Gibt es eine Antwort auf die Frage: »Wer ist dieses Ich?« Nein. Bei dieser Übung geht es darum, Sie aus den typischen, flüchtigen Erfahrungen des Subjektes, das sich mit jedem einzelnen unterschiedlichen Zustand identifiziert («Ich bin zu nichts gut»), herauszuführen, hin zu einer weniger vertrauten Erfahrung Ihrer selbst als der beobachtenden Gegenwärtigkeit. Die Erfahrung des »Ich« – die im allgemeinen so persönlich, so subjektiv, so verhaftet ist – wird objektiviert, und die starken Gefühle der Identifikation lassen langsam nach.

In Quantenübung 2 haben wir gelernt, den Raum oder die Leere zwischen zwei Gedanken zu erfahren. Jetzt lernen Sie, sich selbst als ein vom Kommen und Gehen Ihres Verstandes getrenntes Wesen zu erfahren.

Wenn Sie die Übungen von Ebene 1 durchführen, bei denen Sie lernen, den Raum (die unveränderliche implizite Ordnung) zwischen Ihren Gedanken und Identifikationen (die sich ständig ändernde explizite Ordnung) zu erfahren, können Sie mit der Zeit ein Gefühl des Gleichgewichts erleben, anstatt auf den Wellen Ihres sich ständig ändernden Verstandes zu reiten.

Nachdem ich meine Gedanken eine Zeitlang beobachtet hatte, ging ich zu meinem Lehrer, Nisargadatta Maharaj, und sagte: »Ich habe so ein Gefühl, als ob ich mehr und mehr denke, wenn ich all diese Gedanken kommen und gehen sehe. Denke ich nun mehr oder beobachte ich mehr?«

Er sagte: »Du beobachtest mehr, also bist du dir auch deiner Gedanken mehr gewahr. Darum fühlt es sich unbehaglich an. Das ist aber nur eine Phase.«

Ich meinte: »Das ist aber eine *lange* Phase!«

Alles, was Sie über sich selbst glauben, ist begrenzend. Ich fühle mich gut, ich fühle mich lausig, ich bin zu groß, ich hasse mich, ich werde damit nicht fertig, ich kann keine Beziehung aufrechthalten – das alles erfahren wir als getrennte psycho-emotionale Zustände mit getrennten Gefühlswellen, Empfindungen und Emotionen. In Quantenbegriffen ist jedoch jeder Gedanke ein Energie-*Teil*-(chen), umgeben von Raum, und, wie schon zuvor erwähnt, jeder Gedanke kann als eine Energiewelle, die aus der Leere auftaucht und in die Leere abtaucht, erfahren werden. Tatsächlich kommt das Wort *Quanten von dem Wort quanta, was Energiepaket bedeutet.* Auf eben diese Weise kann jede Erfahrung wie ein Energiepaket sein. Darum können wir Gedanken, Gefühle, Emotionen, etc. mit einer solchen »*energetischen Kraft*« erfahren. Wenn wir durch unsere Quantenlinse schauten, dann würden alle Partikel und Wellen gleich aussehen. Die Implikation dieser Quantenwirklichkeit auf einer psychologischen Ebene lautet, daß sich all die vibrierenden emotionalen und psychologischen Zustände (*Teil*-chen oder Wellen), die wir als so auffallend unterschiedlich erfahren, in Wirklichkeit im Grunde nicht unterscheiden. In dem Maße, in dem wir uns mit diesen Zuständen (oder Teilchen/Wellen) als unterschiedlich voneinander identifizieren, geht es mit uns emotional bergauf oder bergab.

Ein Workshopteilnehmer hat einmal gesagt: »Es schien, als ob ich Zeuge war und mich in erster Linie in den Raum begab, dann waren da Gedanken, aber ich konnte ihnen keine Aufmerksamkeit schenken. Anstatt mich auf sie zu konzentrieren, war es, als ob ich sie weit hinter mir gelassen hätte.« Ein anderer Schüler meinte: »Wenn ich diesen Ansatz verwende, erlebe ich, wie meine Gedanken ihren Rhythmus verlangsamen. Die Veränderung ist subtil, aber ich erfahre, wie ich mich von dem distanziere, was dieser Gedanke, diese innere Erfahrung war.«

Quantenübung 5

Wann immer ein Gedanke auftaucht, fragen Sie: »Wer bezeugt?« Dann antworten Sie: »Das tue ich.«

Wenn Sie Ihre Erfahrungen betrachten, werden Sie sehen, daß Sie immer Zeuge Ihrer Gedanken sind. Wenn Sie sich selbst fragen: »Wer war ständig da und war Zeuge, was immer mir auch geschah?«, dann wird klar, daß *Sie das waren*. Stellen Sie sich in dieser Übung die Frage: »Wer war Zeuge?« Sie antworten: »Das war ich.« In dieser Übung können Sie sich mit einem Partner zusammentun. Person A spricht aus, was immer ihr gerade einfällt; Person B fragt: »Wer ist Zeuge davon?« Person A antwortet: »Das bin ich.« Was immer hochkommt, Person B fragt weiter: »Wer ist der Zeuge?« Person A erwidert: »Das bin ich.« Jeder von Ihnen sollte das etwa fünf Minuten lang tun.

Im nächsten Schritt sitzen Sie ruhig da und fragen sich selbst: »Wer ist Zeuge?« Antworten Sie: »Das bin ich.«

Einmal sagte jemand im Workshop: »Meine Erfahrung war, daß ich erkannt habe, daß es zwei von mir gibt: einen Zeugen und dieses andere Wesen, das ununterbrochen denkt.« Ein weiterer Workshopteilnehmer meinte: »Es war so offensichtlich, daß ich gar nicht glauben kann, wie ich bisher immer übersehen konnte, daß ich ständig da war, gleichgültig, welche Gedanken oder Gefühle kamen und gingen ... es war sehr befreiend.«

Quantenübung 6

Sitzen Sie mit geschlossenen Augen da und achten Sie auf all die flüchtigen »Ichs«, die kommen und gehen. Zum Beispiel: »Ich fühle mich gut«, »Ich fühle mich schlecht«, »Ich mag mich«, »Ich mag mich nicht«.
Richten Sie Ihre Aufmerksamkeit auf das beständige Ich, das Ich oder den Zeugen, der all die flüchtigen »Ichs« beobachtet.

Mögliche Form für eine Gruppe mit wechselndem Gruppenleiter.

Übung
Achten Sie auf die Klänge um sich herum. Spüren Sie, wie sich Ihr Körper gegen den Sitz preßt. Konzentrieren Sie sich auf das Ich, das frei von Gedanken ist, die Gegenwärtigkeit hinter all den Pseudo-Ichs. Achten Sie auf alle Klänge um sich herum, und konzentrieren Sie Ihre Aufmerksamkeit wieder auf das Ich, das frei von Gedanken ist, die Gegenwärtigkeit hinter all Ihren Pseudo-Ichs. Holen Sie Ihr Bewußtsein ganz sanft in den Raum zurück, und öffnen Sie Ihre Augen, wenn Sie dazu bereit sind.

In der nächsten Übung sollten Sie *alles*, wirklich alles, was in Ihr Bewußtsein dringt, als Objekt betrachten. Somit kann »Ich fühle mich gut« *als Objekt betrachtet* und als Zeuge wahrgenommen werden. »Es gefällt mir, hier zu sein« kann *als Objekt betrachtet* werden. »Ich wollte, ich wäre nicht hier« kann *als Objekt betrachtet* werden. »Ich bin voller Liebe« kann *als Objekt betrachtet* und beobachtet werden. Ich erinnere mich an die erste von einer Reihe von Klassen, die ich unterrichtete. Ein Student sagte, er sei in dieser Übung voller Glücksgefühle gewesen. Er sagte, als er das Glücksgefühl als Objekt betrachtet und beobachtet habe, *sei er in einen Raum gelangt*, wo er noch nie zuvor gewesen sei. Normalerweise haben wir das Gefühl der Glückseligkeit und sagen »Ich bin glücklich«, und später bricht alles zusammen. Er war in der Lage, sein Glücksgefühl zu einem Objekt zu machen und zu beobachten.

Sehen Sie, was das für eine Erfahrung ist. Und wenn etwas sagt »Das ist eine schöne Erfahrung«, dann reduzieren Sie dieses »Das ist eine schöne Erfahrung« zu einem Objekt. Der nächste Gedanke ist »Es gefällt mir wirklich, das zu tun; es fühlt sich prima an«, und Sie fangen an, sich »prima« zu fühlen. *Machen Sie dieses »Ich fühle mich prima« zu einem Objekt.* Was auch immer es sein mag, reduzieren Sie es zu einem Objekt.

Quantenübung 7

Jeder Gedanke kann objektiviert werden

Wenn ein Gedanke auftaucht, machen Sie ihn zu einem Objekt, und beobachten Sie ihn. Machen Sie alles, was in Ihr Bewußtsein dringt, zu einem Objekt und *beobachten* Sie.

Mögliche Form für eine Gruppe mit wechselndem Gruppenleiter.

Übung

»Beginnen Sie damit, daß Sie sich hinsetzen und Ihren Atem beobachten. Welche Erfahrung, welcher Gedanke auch immer in Ihr Bewußtsein dringt, reduzieren Sie sie/ihn zu einem Objekt, damit Sie diesen Gedanken oder diese Erfahrung, die in Ihr Bewußtsein dringt, beobachten können. Betrachten Sie es ganz sanft als Objekt. Welchen Gedanke, welches Gefühl Sie auch haben oder was für eine Erfahrung Sie auch machen, betrachten Sie sie als Objekt, das man beobachten kann.«

Ein Workshopteilnehmer sagte einmal im Anschluß an diese Übung zu mir: »Es zog mich sofort in ein Sein oder eine Energie, und dann vergrößerte sich diese Energie. Ich war in der Lage, in dieser Energie zu verschwinden, so daß alles, was da war, Energie war. Ich war nicht da.« Es ist wirklich einfach, nur zu beobachten. Alles, was Sie tun müssen, ist, zu sein; es erfordert tatsächlich keinerlei Anstrengung.

QUANTENKONTEMPLATION
Wie wäre es, frei zu sein von allen Gedanken?

Einer meiner Schüler meinte: »Ich sah die Gedanken als Haken in meinem Unterbewußtsein; einige ließen sich anscheinend schwerer lösen als andere, und mir wurde klar, daß sie Angelhaken ähnelten, kleinen Widerhaken. Es war ziemlich interessant.« Ein anderer Student bemerkte: »Es war schwer für mich, als Sie sagten, wir seien frei von allen Gedankenkonstrukten. Es war, als ob ich all diese Tonbänder darüber, warum ich nicht frei sein konnte, durchlief, sobald man mir die Erlaubnis gab, frei zu sein. Ich konnte mir nicht vorstellen, frei zu sein.« Ich riet diesem Schüler, auf seine Gedanken, wie zum Beispiel »Ich kann nicht frei sein«, zu achten.

Ich hielt mich bei Baba Prakashananda auf, einem Yoga-Lehrer in Bombay. Er und ich waren die einzigen im Zimmer. Plötzlich begann er, mir eine Menge Energie zu schicken. Er sah mich an, und mein Körper fühlte sich auf einmal wirklich heiß an. Ich verspürte unglaubliche psychische Höllenqualen und hatte das Gefühl, ich müsse mich am Teppich festhalten. Ich war zu der Überzeugung gekommen, daß er etwas tat; ich wußte nicht, was es war, aber ich wollte es in Erfahrung bringen. Er wurde immer intensiver, und ich dachte schon, ich müßte verrückt werden. Er sah auf mich herab, und das machte es natürlich nur noch schlimmer. Ich erwartete, daß etwas auftauchen würde, das sonst unter meinem normalen Bewußtsein lag. Was dann kam, war »*Es tut mir leid, daß es mich gibt*«. Ich sah es an, beobachtete es und sah zu, wie es abklang (verschwand). Ich befand mich in einem völlig anderen Zustand. Es traf zu, daß ich unbewußt durch mein Leben gegangen war mit der Ansicht: »Es tut mir leid; es tut mir leid, daß es mich gibt.« Das war mein Schema gewesen, und das hatte ich im Leben auch erfahren. Aus zwei Gründen erzähle ich diese Geschichte. Erstens erzähle ich sie, um den Prozeß des Auftauchens der Dinge, die normalerweise unterhalb unseres Bewußtseins liegen, herauszustellen – von diesen neunzig Prozent unseres Geistes, die wie bei einem Eisberg »unter Wasser« liegen (eine Analogie von Meher Baba, die ich in diesem Buch schon an früherer Stelle verwendet habe). »Es tut mir leid, daß es mich gibt« tauchte an der Wasseroberfläche auf, und ich sah es und konnte es dann loslassen. Im Grunde scheint es, daß Sie eine Sache erst dann loslassen können, wenn Sie wissen, was es ist. Zweitens bemerkte ich, als ich mit der Gruppenarbeit begann, daß die Fragen und Muster vermehrt hochkamen, weil die Energie in Gruppen etwas stärker ist, als wenn man allein übt.

Der erste Schritt, um die grundlegende Einheit des Quantenuniversums wirklich zu erleben, besteht darin, mit dem unveränderlichen Beobachter, der immer gegenwärtig ist, in Berührung zu kommen. Tatsächlich ist eine der wichtigsten Einsichten der Quantenphysik, daß der Raum im gesamten Universum eine vorrangige Stellung einnimmt. Die eine Sache, die wir alle teilen, ist dieser geeinte Raum. Es scheint ein ungeheures Unterfangen, mit etwas so Gewaltigem in Kontakt zu treten, dennoch kann es erreicht werden, indem Sie erst einmal Ihre Gedanken, Identifikationen und Emotionen beobachten und den Raum zwischen ihnen erfahren oder sich bewußt werden, daß Sie der Beobachter Ihres Geistes sind. Wenn Sie das tun, werden Sie mit der Zeit ein zunehmendes Gefühl der Ausgeglichenheit bekommen. Erlauben Sie sich selbst, den Raum zwischen jeder steigenden und fallenden »Gedankenwelle« zuzulassen. Den Raum zwischen unseren Gedanken zu erfahren, führt schließlich zu einem Auflösen aller

Grenzen, die wir um Dinge, Ideen, Menschen und so weiter errichtet haben. Und wenn die Grenzen fallen, steigt unser Pegel des Wohlbehagens.

Die zweite Ebene führt uns noch weiter in die grenzenlose Region des Quantenbewußtseins, wenn wir beginnen, mit Emotionen als Energie zu arbeiten.

KAPITEL 4

Die Welt besteht aus Energie

Nur wenige von uns würden die Macht der Emotionen leugnen. Achten Sie nur einmal darauf, wie diese Energie »*die Führung*« Ihres Körpers, Ihrer Gedanken, Ihrer Reaktionen und Ihrer Entscheidungsprozesse *übernimmt*. Philosophen haben schon immer versucht, die irrationale Natur der Emotionen zu erklären. In den Sechzigern schlug das »Human Potential Movement« eine Vielzahl von Wegen vor, wie diese Gefühle und emotionalen Zustände, die ein Eigenleben zu haben scheinen, gehandhabt werden könnten.

Im letzten Kapitel haben wir uns selbst als Zeugen oder Beobachter unserer Gedanken und Emotionen erforscht und hoffentlich auch erfahren. Dieses Kapitel bringt uns zu einem weiteren *Quantensprung*: Wir erfahren, daß unsere Emotionen, Gefühle und der Rest der Welt aus Energie bestehen.

In unserem ganzen Leben werden bestimmte Empfindungen in unserem Körper als gut und wünschenswert erfahren. Wir lieben Glück und Freude. Andere Emotionen sind jedoch angeblich schlecht, unangenehm und wenig wünschenswert, wie zum Beispiel Wut, Kränkungen, Furcht oder Trauer. Je näher wir einem Quantenverständnis kommen und je häufiger wir unsere »Quantenlinse« einsetzen, desto mehr lernen wir es zu schätzen, daß die Welt aus Energie besteht, wie die These des bekannten Physikers David Bohm lautet. Wie können wir nun dieses Prinzip in unserem täglichen Leben anwenden, damit es uns hilft, uns mit allem anderen »verbundener« zu fühlen und weniger Schmerz zu verspüren, besonders hinsichtlich ungewollter emotionaler Zustände wie Wut, Trauer und Haß.

Ebene 2

Das Universum besteht aus Energie.

Zu Anfang unserer Reise ist es wichtig, die ungewollten Gefühle zurückzuverfolgen, um den Ursprung und die Bestandteile der Emotionen herauszufinden. Wir werden an anderer Stelle in diesem Kapitel Quantenübungen vorstellen, die allein, zu zweit oder in einer Gruppe ausgeführt werden können, damit dieses Bewußtsein mehr auf Erfahrungen beruht und weniger intellektuell ist.

Was bedeutet Emotion? »E« bedeutet äußerlich. Daher bedeutet E-motion nach außen gerichtete Bewegung. Wenn wir uns eine ungewollte Emotion wie Wut ansehen und das Etikett Ärger von dieser Erfahrung abnehmen, werden wir wahrscheinlich nur eine Energiebewegung spüren, die durch unseren physischen Körper läuft. Es geschah folgendes: Diese Energie, die normalerweise einfach Ihren Körper durchqueren würde, wird als Ärger etikettiert, wahrscheinlich als »schlecht«, eine »Ich sollte das nicht empfinden«-Definition wird daran angeheftet. Das Problem entsteht, wenn die Etikettierung stattfindet. Sobald Sie als der Beobachter dieser Energie irgendein Etikett anheften, errichten Sie eine Grenze darum herum; sie beschränken diese Energie, weil Sie sie für schlecht halten, für ungewollt und sich gegen sie wehren. Dieser Etikettierungsprozeß schränkt die Erfahrung ein, hält sie in Grenzen und schafft eine Atmosphäre des Widerstands, anstatt sie als Energie zu sehen, die grundlegende Substanz, aus der diese E-motion besteht. In der Psychotherapie wird der Patient oft gebeten, ein Problem, ein Gefühl oder eine Emotion in einen neuen Bezug zu setzen, der zur Lösung führt.

Zum Beispiel wird ein Patient, der sich ängstlich fühlt, vom Therapeuten Suggestionen erhalten, damit er die Angst als Motivator sehen kann oder als ein inneres Barometer, das ihn wissen läßt, daß etwas getan werden muß. Diese Technik des Neu-in-Bezug-Setzens klebt ein neues Etikett mit der Aufschrift »Motivator« über das ursprüngliche Etikett mit der Aufschrift »Ärger«. Daher wird das Gefühl anders empfunden, aber generell fühlen Sie sich weder sich selbst, noch anderen eng verbunden. Der Vorgang, bei dem man sieht, daß alles aus Energie besteht, ist tatsächlich ein

Vorgang des *Ent-Etikettierens*: alles wird wieder neu in Bezug gesetzt, alle Etiketten werden abgenommen, und man sieht die Emotionen als Energie – die allem zugrundeliegende Substanz.

Im letzten Kapitel haben wir die wellenartige Funktion der Gedanken oder Gefühle erforscht; in diesem Kapitel werden wir David Bohms Energiefunktion erforschen: »Das Universum ist ein Entfalten und Einfalten von Energie, Raum, Masse und Zeit.« In den folgenden Kapiteln werden wir einen Blick auf die Aspekte von Raum, Masse und Zeit werfen. Jeder Bewußtseinsaspekt kann als »ein Ritual des Übergangs« betrachtet werden, denn wenn wir einen Bewußtseinsaspekt loslassen oder weniger starr in ihm verhaftet sind, werden wir frei, zum nächsten Bewußtseinsaspekt zu gehen.

Aber nun zuerst das Wichtigste: Während eines Seminars, das ich 1983 hielt, fragte mich ein Teilnehmer, wie ich zu dieser Philosophie käme. 1976 war ich 26 Jahre alt und inspiriert, nach Indien zu gehen und in einem Kloster zu leben, um meine innere Suche fortzusetzen. Unglücklicherweise war der Ort, den ich für mein Leben wählte, eine zölibatäre Gemeinschaft. Mit meinen 26 Jahren und voll-funktionierenden Hormonen glich ich dem Poster, das ich einmal von einem Yogi gesehen hatte. Der Yogi saß meditierend da und über seinem Kopf war eine Sprechblasenphantasie, in der er Sex mit einer Frau hatte. Wie schon Mark Twain sagte: »Die Ehe kennt viele Schmerzen, aber die Ehelosigkeit kennt keine Freuden.« Als geiler Zölibatär wurde mir sehr bald klar, daß Unterdrückung, die Wiederholung eines Mantras, körperliche Arbeit oder eine »Sex ist schlecht«-Haltung mir nicht nur nicht half, sondern die Situation noch verschlimmerte. Es war, als dürfe ich nicht an einen Affen denken. Wenn man jemanden anweist, an etwas nicht zu denken, muß man den Affen gegenwärtig haben, um zu wissen, an was man *nicht* denken soll.

Eines Tages jedoch erlebte ich eine sexuelle Phantasie. Mir wurde klar, daß all diese angenehmen Gefühle aus meinem Innern kamen, da niemand in meinem Zimmer war. Ich lenkte meine Aufmerksamkeit von der Phantasie weg und konzentrierte mich auf die Empfindungen selbst als Energie. Ein tiefgründiges Ereignis geschah – ich fiel in ein tiefes Gefühl des Friedens, des Wohlbehagens und des Entzückens. Das war ehrfurchterweckend, da ich in der Vergangenheit, wenn ich eine solche Phantasie hatte, ich ihr stets außerhalb meiner selbst nachgejagt war in der Meinung, sie könnte mir diese angenehmen Empfindungen oder Gefühle vermitteln. Die Erkenntnis, daß sie aus meinem Innern kamen und daß die Empfindungen mir gehörten wie auch die Fähigkeit, sie als Energie zu sehen, *verwandelte* meine gesamte Erfahrung. Später fand ich einen Abschnitt in einem uralten Text, dem *Vijnanabhairava*:

> *»Da das sexuelle Vergnügen nur durch die Erinnerung erlangt wird, sogar in Abwesenheit einer Frau, ist es offensichtlich, daß das Entzücken uns innewohnt. Es ist das Entzücken getrennt von einer Frau (von einem Mann), über das meditiert werden sollte.«* (Vijnanabhairava, 13)

Mehrere Tage später, etwa gegen 5 Uhr 30, sang ich Mantras in einem Tempel. Es war Mitte Mai in Indien und es war *heiß*!! Ich fühlte mich langsam wütend, und mein Unterbewußtsein spie Bilder dazu aus (kein Wortspiel beabsichtigt), warum ich mich wütend fühlte; zum Beispiel: »Es ist heiß, ich bin müde.« Plötzlich legte ich mein Gesangsbuch nieder und richtete meine Aufmerksamkeit wieder auf den Ärger selbst. Ich sah, daß der Ärger aus Energie bestand. Ganz plötzlich gab es eine Veränderung. Der Ärger war verwandelt. Ich begann, vor Entzücken zu pulsieren. Als ich 1983 darauf zurücksah, »wurde mir klar«, was Einstein damit gemeint hatte: »Alles ist Leere, und Form ist verdichtete Leere.« Ich erlebte in diesem Pulsieren oder in dieser Bewegung Ärger in seiner festesten, am leichtesten zu genießenden Form, zurückverwandelt in Energie und in Leere. Die Form des Ärgers (der Energie war) bewegte sich in die Leere zurück (keine Energie).

Später fand ich einen uralten Sanskrit-Text namens *Spanda Karikas*. »Spanda« bedeutet das göttliche Pulsieren, und »Karikas« wird mit Lektionen übersetzt, also *Lektionen im Göttlichen Pulsieren*. Umschrieben heißt es dort, wenn Sie sich im Augenblick extremen Ärgers, extremer Trauer oder extremer Freude oder wenn Sie um Ihr Leben laufen – wenn Sie sich in diesem Augenblick nach innen richten, dann erfahren Sie Spanda (das göttlichen

Pulsieren). Alles, was ich hinzufügte, um mich nach innen zu richten, war, meine Aufmerksamkeit vom Objekt meiner Emotionen weg zu lenken, weg von den Hintergründen oder den Ursachen, *dem Warum*, und mich auf die Gefühle in meinem Körper *als Energie* zu konzentrieren: dann erlebte ich dieses Pulsieren. Wie schon früher erwähnt, meint David Bohm, daß die Welt ein Entfalten und Einfalten von Energie, Raum, Masse und Zeit ist. Das Pulsieren war der Prozeß des Entfaltens und Einfaltens, den ich erlebte, als meine Emotionen auf rhythmische Weise vom Offenkundigen zum Verhüllten, vom Offenkundigen zum Verhüllten wechselten.

>*... also besteht unsere Wirklichkeit aus einem konstanten, schnellen Vor- und Zurückwechseln zwischen unserer eigenen, soliden Wirklichkeit und der äußeren Wirklichkeit, die wir mit allen anderen Menschen teilen. Ein erweiterter oder erhöhter Bewußtseinszustand impliziert eine Erweiterung unserer Psyche im Raum. Also kann man sagen, daß man in der schwingenden Bewegung eines Pendels eine Schwingung erhält von offenkundig/verhüllt, offenkundig/verhüllt, offenkundig/verhüllt, offenkundig/verhüllt, und das führt zu nichts/etwas, nichts/etwas, nichts/etwas, nichts/etwas. Und das kann in der klassischen Meditation als der Raum zwischen zwei Gedanken definiert werden, oder als der Raum zwischen zwei Atemzügen.*< (Bentov, 14)

Hier weist Bentov darauf hin, daß es, während wir >beobachten<, eine Schwingung gibt, die mit der Bewegung eines Pendels verglichen werden kann. Wenn Sie sich die Bewegung eines Pendels vorstellen, hält das Pendel an einem bestimmten Punkt an (Raum), bewegt sich in die andere Richtung und hält wieder. Dieser Haltepunkt ist derselbe wie der Raum zwischen zwei Gedanken, der im letzten Kapitel erwähnt wurde, oder eine der am häufigsten gebrauchten Meditationstechniken ... der Raum zwischen zwei Atemzügen. In meinem Emotions-Beispiel geschah das Pulsieren, das ich erlebte, als ich die *E*-motion als Energie ent-etikettierte und ihr erlaubte, mich in einer offenkundigen/verhüllten Weise zu durchqueren (denn es gab keinen Widerstand).

Quantenübung 8

**Konzentrieren Sie sich auf den Raum
zwischen zwei Atemzügen.**

Diese Übung ist wahrscheinlich die am häufigsten gebrauchte Meditationstechnik, die ich kenne. Obwohl sie für viele vielleicht schon »ein alter Hut« ist, werde ich sie hier vorstellen.

In dieser Übung beobachten Sie einfach Ihren Atem. Beobachten Sie, wie Ihr Atem aufsteigt, wenn Sie einatmen. Es wird einen *Raum* geben, bevor das Einatmen zum Ausatmen wird, und Sie werden ausatmen, und es wird einen *Raum* geben, bevor das Ausatmen zum Einatmen wird: einatmen ... *Raum* ...ausatmen ... *Raum* ... einatmen ... *Raum* ... ausatmen ... *Raum*. Es wird jedes Mal derselbe Raum sein.

Umwandlung oder Transformation
von E-motionen

Man kann »Umwandlung« als eine Zustandsveränderung oder eine Veränderung der Qualität bzw. der Geisteshaltung definieren. In diesem Fall verstehen wir darunter die Bewegung vom *dualen Bewußtsein* zum *Quantenbewußtsein*. Die bekannten Lehrer G. I. Gurdjieff und P. D. Ouspensky schlugen vor, diese Arbeit »Transformation« zu nennen.

> »*Dieses Konzept der Arbeit ist eine psychologische Transformation – die Transformation von uns selbst. Transformation bedeutet, eine Sache in eine andere Sache zu verwandeln.*«
> (Gurdjieff und Ouspensky, 15)

Für denjenigen, der sich selbst erforscht, für Therapeuten, spirituelle Anwärter oder für das Individuum, das das Bewußtsein untersucht, ist es absolut notwendig zu verstehen, warum E-motionen, Ereignisse oder Situationen so erfahren werden, wie sie erfahren werden. Ärger ohne ein Etikett ist eine andere Form der Energie als Trauer. Trauer ist eine andere Form der Energie als Haß. Sobald man diese Energie einmal ohne Etikett erfahren hat, wird das Urteil («Ich sollte keinen Ärger spüren»), die Bewertung («Ärger ist schlecht«) und die Bedeutung («Was sagt das Gefühl des Ärgers über mich aus« oder »Was werden die Leute denken, wenn ich ärgerlich bin?«) entfernt, und übrig bleibt für uns alle nur die Energie. Energie ohne Etikett ist kaum etwas, weswegen man sich schlecht fühlen sollte, und ein Workshop-Teilnehmer meinte einmal nach dieser Übung: »Es gibt keinen Grund, sich gegen die Erfahrung des Ärgers zu wehren, es ist einfach Energie, es ist einfach.

Dies ist ein Vorgang ohne Anstrengung. *Das Bewußtsein verwandelt sich selbst.* Es ist kein Vorgang, bei dem man sich anstrengen muß, eine Sache zu einer anderen Sache zu verwandeln, weil ein Individuum »sich vorstellt«, daß dieses oder jenes besser sei. Hier findet man die subtilen Urteile, die die Erfahrung in Raum und Zeit »einsperren«. Normalerweise läßt uns die Psychologie in der mißlichen Lage, die Gefühle, von denen wir gelernt haben, sie als schlecht oder ungewollt zu verurteilen, entweder auszudrücken oder zu unterdrücken. Verwandlung bietet die Gelegenheit, eine dritte Möglichkeit des Ausdrückens oder des Unterdrückens hinzuzufügen, nämlich die Transmutation. Wenn man E-motion als Energie sieht, so geschieht Transformation.

Wenn man E-motionen auch nur beobachtet oder ihnen zuschaut, wenn man Gedanken und Gefühle so sieht, wie sie sind (nämlich als Energie), verwandelt sich die »Erfahrung« selbst. In der Arbeit von Gurdjieff und Ouspensky bringt Selbstbeobachtung Transformation hervor. In meiner eigenen Erfahrung bringt Beobachtung nur weitere Beobachtung und tiefer verinnerlichte Zustände, die man beobachten kann, hervor.

Aus einer quantenpsychologischen Perspektive fügen wir der Beobachtung noch das Ent-Etikettieren hinzu, wir setzen das, was wir sehen, in neue Bezüge, wie es die E-motion als Energie erfordert. Damit etwas im physikalischen Universum existieren kann, muß es Energie haben.

QUANTENKONTEMPLATIONEN

Wenn Emotionen wie Ärger, Furcht, etc. keine Energie in sich tragen würden, wären Sie dann ein Problem?

Kann ein problematischer Zustand existieren, wenn er keine Energie in sich trägt?

Der »Quanten-Touch«

Diesen tiefschürfenden Lehren wird der »Quanten-Touch« hinzugefügt, nämlich das Beobachten der E-motionen als Energie. Dieses Ent-Etikettieren oder Neu-in-Bezug-Setzen verursacht eine Verwandlung in der Erfahrung der E-motionen, und genau da findet die Verwandlung statt. Der »Quanten-Touch« ist der Stein des Weisen. In der Alchemie verwandelt der Stein des Weisen Metall zu Gold (Ihr wahres Selbst). Genauso gleicht das Beobachten der E-motionen als Energie dem Stein des Weisen und verwandelt Sie in sich selbst zurück (*Das Gold*). Das ist Transformation. Der bekannte Psychiater Dr. med. Carl Jung hatte über den Gebrauch von Emotionen als Energie feste Vorstellungen. Jung schlug vor:

> *»In der Intensität der emotionalen Störung selbst liegt der Wert, die Energie, die ihm zutiefst zur Verfügung stehen sollte, um den Zustand reduzierter Adaptation zu heilen.* (Jung, 16)

Jetzt folgen die Schritte, mit denen man Gedanken, Gefühle, E-motionen, Empfindungen verwandeln kann. Sie als der Beobachter einer Erfahrung legen das Etikett fest. Die folgenden Quantenübungen können dazu verwendet werden, das Etikett abzunehmen und Erfahrungen so zu erfahren, wie sie sind. Die Übungen können in Gruppen, zu zweit oder allein durchgeführt werden. Zugrunde liegen E-motionen, die häufig von Menschen als Problemzustände definiert werden. Damit soll bezweckt werden, daß wir die Gelegenheit erhalten, die Übungen durchzuführen und dabei darauf zu achten, was geschieht. Bitte beachten Sie, daß die Quantenpsychologie kein Zuschauersport ist; es kommt entscheidend auf die Erfahrung an. Übung ist ganz wesentlich.

Die folgende Übung soll Ihnen helfen, Ihre Erfahrungen zu verwandeln, damit psycho-emotionale Energien als reine Energie erfahren werden können, die in verschiedenen Formen und Gestalten erscheint. Das erlaubt uns, uns zu einem tieferen Sinn für das Selbst vorwärtszubewegen, da psychische Energie nicht länger gegen den Widerstand eines selbst geschaffenen Etiketts abgezogen wird. Wenn ich, wie schon früher erwähnt, Energie als Ärger bezeichne, »der schlecht ist«, dann werde ich mich gegen mein künstliches Etikett wehren. In allen Quantenübungen dieser Gruppe sollen wir ent-etikettieren und E-motionen als Energie erfahren.

Quantenübung 9

Arbeiten Sie mit Ihrer Furcht

1. Schritt: Rufen Sie sich eine Sache oder eine Erinnerung ins Gedächtnis, bei der Sie sich ängstlich fühlten.
2. Schritt: Gestatten Sie der Furcht, sich zu manifestieren.
3. Schritt: Achten Sie darauf, wo in Ihrem Körper die Furcht auftritt.
4. Schritt: Ziehen Sie Ihre Aufmerksamkeit von der Ursache, wegen der Sie sich ängstlich fühlen, ab.
5. Schritt: Richten Sie Ihre ganze Aufmerksamkeit auf die Energie der Furcht.
6. Schritt: Wenn Sie mit einer Gruppe arbeiten, halten Sie Augenkontakt mit den verschiedenen Gruppenmitgliedern. Machen Sie sich klar, daß die anderen aus derselben Energie gemacht sind, wie die Energie in Ihnen selbst.

Wenn Sie sich ängstlich fühlen, wird Ihnen Ihr Verstand viele Gründe liefern, warum Sie Angst haben. Normalerweise richten Menschen ihre Aufmerksamkeit auf die Geschichte, die die Angst in ihnen hervorruft. In dieser Übung wenden Sie Ihre Aufmerksamkeit von der Geschichte ab und richten sie auf die Furcht selbst. Wo sitzt die Furcht in Ihrem Körper? Richten Sie Ihre Aufmerksamkeit auf die Furcht selbst.

Diese Übung kann so gestaltet werden, daß der wechselnde Gruppenleiter dies langsam vorliest.

Übung
Fangen Sie damit an, sich an ein vergangenes Ereignis zu erinnern oder an etwas, von dem Sie sich vorstellen, daß es in Zukunft geschehen könnte und das Sie mit Furcht in Verbindung bringen. Dieses Ereignis kann letzte Woche stattgefunden haben, letzten Monat gewesen sein oder letztes Jahr. Lassen Sie eine Erinnerung an etwas, vor dem Sie sich fürchten, in Ihr Bewußtsein treten. Achten Sie darauf, welche Kleidung Sie in der Geschichte tragen, welche Farben diese Kleidungsstücke haben. Achten Sie darauf, ob es in der Erinnerung oder in diesem Film vor Ihrem geistigen Auge andere Menschen gibt. Erfahren Sie alle Geräusche, die Sie in dem Film hören. Beobachten Sie die Gefühle der Furcht, die Sie haben, und wo diese Gefühle in Ihrem Körper sitzen. Lassen Sie den Film oder die Geschichte sich wirklich entwickeln. Dann lenken Sie ganz sanft Ihre Aufmerksamkeit von dem Film ab und richten Sie sie auf die Furcht selbst oder auf die Emotion selbst. Achten Sie darauf, wo in Ihrem Körper das Gefühl der Furcht sitzt. Richten Sie Ihre Aufmerksamkeit auf die Furcht in Ihrem Körper. Wo sitzt sie? Jedesmal, wenn Ihr Bewußtsein zu der Geschichte oder dem Film, aufgrund dessen Sie Angst haben, abwandern will, richten Sie es wieder sanft auf das Gefühl der Furcht selbst. Betrachten Sie diese Furcht einfach als Energie. *Fahren Sie fort, die Furcht als Energie zu sehen. Denken Sie daran*, daß Ihre Aufgabe darin liegt, es zu sehen, wie es ist, nicht es zu ändern, es zu bewegen oder es Gott zu übergeben. Sehen Sie es einfach als Energie. *Versuchen Sie NICHT, es zu ändern.*

Warum? *Wenn Sie versuchen, etwas loszuwerden oder etwas zu verändern, so wehren Sie sich dagegen.* In der Sufi-Tradition wird diese Energie als der Skorpion bezeichnet und das Etikett, das an der Energie haftet, als Parfüm. Der reinen Energie ein Etikett anzuheften ist so, als ob man Parfüm auf einen Skorpion sprüht. Warum? Weil Sie das Etikett bzw. das Parfüm wahrnehmen werden und nicht die zugrundeliegende Energie.

Daher heißt es:

»*Wer auch immer einen Skorpion parfümiert, wird seinem Stachel dadurch nicht entrinnen.*«   (Shah, 17)

Erlauben Sie darum der ent-etikettierten Energie, ihre nach außen gerichtete Bewegung zu entfalten, ohne daß Sie sie mit einem Urteil («Ich sollte das nicht haben.«), einer Bewertung («Es ist schlecht.«) oder einer Bedeutung («Was sagt das über mich?«) unterbrechen.

Indem Sie die natürliche, nach außen gerichtete Bewegung der Energie zulassen, geht die Energie genau durch Sie hindurch. Man kann im Grunde sagen: Treten Sie beiseite, und lassen Sie die Energie tun, was sie tut.

In den späten Sechzigern und frühen Siebzigern, der Blütezeit des »Human Potential Movement«, konnten Neurosen (selbst-zerstörerisches Verhalten) als Folge einer Unterbrechung der nach außen gerichteten Bewegung zusammengefaßt werden. Um dies zu verdeutlichen: Ein Kind fühlt, wie es von Energie durchströmt wird und fängt an, Lärm zu machen. Die Mutter oder der Vater sagt: »Sei nicht wütend.« Hier gibt es eine externe Unterbrechung der nach außen gerichteten Bewegung der Energie. Die Eltern haben dieses Geräusch als Schreien, Ärger, als schlecht etikettiert. Dieses Kind lernt, diese energievolle, nach außen gerichtete Bewegung als Ärger und als schlecht zu etikettieren und fängt an, seine eigene, nach außen gerichtete Bewegung zu unterbrechen. In vielen Schulen des »Human Potential Movement« (z.B. der Gestalttherapie, dem Psychodrama, der Bioenergetik, etc.) gründet sich die Therapie darauf, »Unerledigtes« zu vollenden oder zu beenden, indem die Gefühle »nicht unterbrochen« werden und man dadurch, daß man sie ausdrückt, »mit ihnen mitgeht«. Hier entfernen wir die Etiketten mit all ihren Bedeutungen von der E-motion, wir sehen die E-motion als Energie und erlauben dieser Energie, das zu tun, was sie tut. Das heißt, die Emotionen zu fühlen – was sich auf subtile Art davon unterscheidet, sie auszudrücken. Das erlaubt der Unterbrechung, auf-gelöst zu werden.

Vor Jahren nahm ich an einem Kurs in Feldenkrais – Bewußtsein durch Bewegung – teil, die Carl Ginsburg, ein Feldenkrais-Trainer hielt. Er sagte: »Lerne, Menschen absichtslos zu berühren.« Ich sagte: »Carl, das ist unmöglich. Wenn ich jemanden berühre, dann liegt schon im Berühren selbst eine Absicht.« Darauf antwortete er: »Es ist ein Koan« (Zen-Frage, die den Menschen zum Nachdenken und zu einem bestimmten Bewußtseinszustand führen soll). Ich habe damit einige Zeit verbracht und verstand schließlich, was Carl Ginsburg meinte. Ich wandte dies auf die Quantenpsychologie an: Sie beobachten die E-motionen als Energie, *nur um zu beobachten*, und achten darauf, was geschieht, ohne daß Sie die Absicht oder das Ziel im Sinn haben, die Emotionen zu verändern beziehungsweise sie loszuwerden. Sie betrachten die Emotionen als Energie. Tun Sie es einfach – *ohne irgendeine Absicht*!!!

Halten Sie bei allen Übungen danach Ausschau, was geschieht, wenn Sie die E-motionen als Formen von Energie beobachten.

Wenn Sie die E-motion beobachten, dann fangen Sie an, sie als Energie zu spüren. Betrachten Sie die Emotion als Energie, die sich durch Ihr System bewegt. Wenn die Emotion unangenehme Assoziationen hervorruft, so neigt die Energie dazu, immer stärker und stärker zu werden, weil sie auch stärker unterdrückt wurde. Langsam bewegt sich die Energie von selbst. Es dauert eventuell fünf oder zehn Minuten, vielleicht fünf Tage oder nur fünf Sekunden. *Es gibt keine Eile und kein Ziel*, ent-etikettieren Sie und betrachten die Emotionen nur als Energie.

Wenn Sie zum Beispiel mit sich selbst an einer tiefen emotionalen Erfahrung arbeiten, dann können Sie üben, diese Erfahrung als Energie zu sehen. Vielleicht müssen Sie es in Ihrer Freizeit tun. Aber bleiben Sie dabei, und schließlich wird etwas passieren.

Vor Jahren, als ich in Santa Cruz lebte, erhielt ich einen Telefonanruf, der mich sehr beunruhigte. Ich hatte noch nie einen Angstanfall erlebt, obwohl ich als Psychotherapeut Menschen mit diesem Problem oft geholfen hatte. Nach dem Telefonanruf erkaltete mein Körper, mein Herz schlug wie wild, und ich war gefühllos und in einem Schock. Ich wußte ehrlich nicht, was es war. Kristi, die eine gute Partnerin war, sagte: »Du hast einen Angstanfall.«

Ich brauche nicht erst zu sagen, daß ich dagegen ankämpfte, ich wehrte mich, hüllte mich in Decken ein. Es war schrecklich. Und um es noch schlimmer zu machen, ging ich hin und sah mir den Film *Die Verdammten des Krieges* an. Ich vermute, es verlangte mich unersättlich nach Bestrafung.

Später dachte ich: »Ich kann meinen nächsten Angstanfall kaum erwarten.« Warum? Weil darin so viel Energie lag, die man *verwenden* konnte. Und tatsächlich, etwa zwei Wochen später: PENG, Herzklopfen, trockener Mund, Körper vor Schreck wie gelähmt. Dieses Mal behielt ich jedoch eine gewisse »beobachtende Gegenwärtigkeit« bei, und mir wurde klar, was geschah. Ich legte mich auf den Boden und richtete meine Aufmerksamkeit auf meinen Körper, auf die Furcht, auf die Empfindungen als Energie. Meine Haltung war: »Nimm mich, wo immer du willst.« Nach kurzer Zeit spürte ich, wie sich mein Herz öffnete. Ich war verletzlich, sehr mit mir selbst verbunden und erlebte einen wunderbaren Zustand. Darin liegt die Möglichkeit bei dieser Art von Übung.

All diese Übungen sind dazu bestimmt, Ihr Bewußtsein zu verwandeln, weg von der Konzentration auf die *Geschichte des Warum* und hin zu der Konzentration auf die E-motion selbst, die aus Energie besteht – ob die Emotion nun angenehm oder unangenehm ist. Die grundlegende Annahme, die wir verwenden, besteht in dem Konzept, daß alles aus Energie besteht. Ihre E-motionen sind Energie – der Stuhl ist Energie, alles ist Energie in unterschiedlicher Gestalt und Form.

Ein Seminarteilnehmer in North Carolina berichtete: als er seine Aufmerksamkeit von den Hintergründen abzog und auf das Gefühl selbst richtete, sei die Energie seine Beine hinabgewandert und habe durch seine Füße den Körper verlassen. »Das Interessante daran war«, sagte er, »ich hätte das nicht planen oder es überhaupt als Möglichkeit in Betracht ziehen können.« Ich antwortete: »Das ist richtig, Sie beobachten *absichtslos* die E-motionen als Energie, einfach mit Interesse und Neugier. Achten Sie darauf, was geschieht.«

Ein Workshopteilnehmer meinte: »Es fühlt sich hart an, wie Arbeit.« Ich erwiderte: »Das ist Übungssache – Sie ändern das *gewohnheitsmäßige Verhaltensmuster*, bei dem Sie sich normalerweise auf die Geschichte, warum Sie fühlen, was Sie fühlen, konzentrieren und konzentrieren sich nun auf das Gefühl selbst. Sie ändern eine Gewohnheit.« Uns allen wurde beigebracht, uns auf die Hintergründe zu konzentrieren oder auf die Ursache, warum wir fühlen, was wir fühlen. Wenn Sie diese Übung durchführen, werden Sie sich allmählich ganz natürlich auf die Energie selbst konzentrieren. Das ist vergleichbar mit dem Erlernen einer Sportart. Zuerst fühlen Sie sich vielleicht sehr unbeholfen, aber nach einer Weile können Sie den Sport ausüben, ohne darüber nachzudenken. Es fängt an, in Ihnen und aus Ihnen heraus zu geschehen. Wenn Sie in einen Swimmingpool steigen, müssen Sie nicht über das Schwimmen nachdenken, Sie schwimmen. Sie müssen nicht daran denken, den Atem anzuhalten, wenn Sie untertauchen, Sie tun es. Wenn Sie üben, wird dies ganz natürlich.

Quantenübung 10

Arbeiten Sie mit Ihrer Trauer

In dieser Übung arbeiten wir mit dem Etikett und erforschen die Erfahrung der Trauer als Energie. Für diese Übung erinnern wir uns an eine vergangene Situation, in der Sie Trauer empfunden haben. Dann lenken Sie Ihre Aufmerksamkeit von den Hintergründen ab, aufgrund derer Sie sich traurig oder e-motional fühlen, und richten Sie auf die Energie der Trauer selbst.

1. Schritt: Rufen Sie sich eine Sache oder eine Erinnerung ins Gedächtnis, bei der Sie sich traurig fühlten.

2. Schritt: Gestatten Sie der Trauer, sich zu manifestieren.

3. Schritt: Achten Sie darauf, wo in Ihrem Körper die Trauer auftritt.

4. Schritt: Ziehen Sie Ihre Aufmerksamkeit von der Ursache, wegen der Sie sich traurig fühlen, ab.

5. Schritt: Richten Sie Ihre ganze Aufmerksamkeit auf die Trauer selbst als Energie.

6. Schritt: Wenn Sie mit einer Gruppe arbeiten, nehmen Sie Augenkontakt mit verschiedenen Gruppenmitgliedern auf, und nehmen Sie wahr, daß die Energie in ihnen aus derselben Energie gemacht ist wie die Energie in Ihnen selbst.

Der wechselnde Gruppenleiter kann den folgenden Text als Gestaltungsmöglichkeit in Betracht ziehen.

Übung

Setzen Sie sich etwa zehn Minuten hin. Fangen Sie damit an, Ihren Körper zu spüren, und wie er plaziert ist. Beobachten Sie, wie Ihr Atem steigt und fällt. Gestatten Sie einer Erinnerung, die mit Trauer verbunden ist, in Ihr Bewußtsein zu treten. Welche Menschen kommen in dieser Geschichte vor? Wo sind Sie in dieser Geschichte? Achten Sie darauf, ob es Geräusche gibt, Emotionen. Lassen Sie es einige Minuten zu, daß diese E-motion stärker und stärker wird. Achten Sie auf Ihre Gefühle in dieser Sache. Wenden Sie sanft Ihr Bewußtsein von den Hintergründen, den Ursachen oder den Menschen in Ihrer Geschichte ab und richten Sie es auf die E-motion selbst. Schauen Sie, wo das Gefühl in Ihrem Körper sitzt. Achten Sie auf seine Größe, Farbe und ob es ein Geräusch macht. Konzentrieren Sie Ihre ganze Aufmerksamkeit auf die E-motion, anstatt auf die Geschichte. Nehmen Sie die E-motion als Energie wahr.

Ein Workshopteilnehmer fragte mich: »Das scheint mir alles sehr gekünstelt. Wie wende ich das in meinen Alltagssituationen an?« Ich antwortete: » Im Kontext des Workshops ist es oft gekünstelt, weil Sie entweder fähig sind, Trauer zu erzeugen oder nicht.« Es geht dabei in erster Linie um die Übung, damit Sie, wenn Sie Ihr tägliches Leben leben und diese Dinge hochkommen, sie beobachten können und die Energie dessen, was immer hochkommt, als Brennstoff nützen können, um sich wieder mit sich selbst zu verbinden. Auf diese Weise wird jede Erfahrung zu Brennstoff oder Energie und zu einer Gelegenheit, sich zu verbinden, indem man die E-motion als Energie sieht und erfährt, anstatt als die gewöhnliche Erfahrung der Trennung und des Abgekoppeltseins, wenn wir uns wehren und die E-motion mit einem Etikett versehen.

Quantenübung 11

Arbeiten Sie mit Ihrem Ärger

1. Schritt: Rufen Sie sich eine Situation oder eine Erinnerung ins Gedächtnis, wo Sie wütend waren.
2. Schritt: Gestatten Sie der Energie, sich zu manifestieren.
3. Schritt: Achten Sie darauf, wo in Ihrem Körper der Ärger auftritt.
4. Schritt: Achten Sie auf die Größe und die Form des Ärgers.
5. Schritt: Wenden Sie Ihre Aufmerksamkeit von der Geschichte dessen ab, wegen der Sie wütend sind.
6. Schritt: Ent-etikettieren Sie den Ärger, sehen Sie ihn als Energie, und verschmelzen Sie mit ihm.

Bevor wir uns in die Erfahrung begeben und mit dem Ärger arbeiten, ist es mir wichtig, Ihnen zu erzählen, was mir in Indien passierte und warum ich diesem Prozeß einen weiteren Schritt hinzugefügt habe.

1979 lebte ich in einem Kloster in Indien und das Umfeld war derart gestaltet, daß es »die Energie erhöhte« – so wurden Gespräche und Sex vermieden, es gab nur wenig zu essen, etc. Es herrschte viel emotionaler Schmerz, da niemand die Möglichkeit zur Flucht hatte. Ich bin sicher, wir haben uns alle schon einmal wütend gefühlt und haben uns dann Schokolade geholt oder sind ins Kino gegangen oder hatten Sex, um mit diesem emotionalen Zustand fertig zu werden. Ohne Fluchtmöglichkeit spürte ich eines Tages so viel Ärger in mir, daß mein Körper sich anfühlte, als ob er in Flammen stünde und ich ein lebendes »Feuer« sei. Mein Freund Mark Mordin, der zwölf Jahre in Indien gelebt hatte, meinte: »Sei das Feuer, anstatt der Brennstoff.« Daraufhin wurde ich zum Feuer, anstatt zu dem, was verbrannt wurde. Sofort fühlte ich mich ruhig, entspannt und zentrierter. Seit damals schlage ich, wenn ich mit Patienten oder in Workshops arbeite, vor, daß sie bei Gefühlen des Ärgers oder der Beunruhigung oder was auch immer, und sie sich davon erdrückt fühlen, darauf achten sollen, wo in ihrem Körper sie diese Emotion erfahren. Sie sollen auf seine

88

Größe und seine Form achten, da Emotionen aus Energie in verschiedenen Größen und Formen bestehen. Wut nimmt beispielsweise eine ganz andere Form der Energie ein als Liebe. Das bedeutet, daß die Größe bzw. die Form, die die Wut einnimmt, aufgrund des Etiketts völlig anders ist als die der Liebe, obwohl sie aus derselben Energie wie die Liebe besteht. Schließlich fordere ich die Menschen auf, *ganz* die Emotion zu *sein*. Verschmelzen Sie mit der aus Energie bestehenden Emotion.

Die Ergebnisse waren erstaunlich machtvoll. Eine Patientin hatte unlängst Angstanfälle. Ich fragte sie: »Wo in Ihrem Körper erfahren Sie die Angst?« Sie erwiderte: »In meinem Brustkorb.« Ich sagte: »Achten Sie auf die Größe und die Dimensionen der Angst.« Sie antwortete: »Sie hat eine komische, beinahe ovale Form.« Darauf ich: »Seien Sie die Angst ganz und gar, anstatt diejenige zu sein, die sich ängstlich fühlt. Seien Sie die Angst als Energie.« Sie erwiderte: »Wow, ich fühle mich zentrierter, entspannter, mehr ich selbst.«

Diese Übung konzentriert sich auf den Ärger, aber wenn eine andere Emotion dazukommt, können Sie auch diese verwenden. Hier ein Vorschlag für die Gestaltung bei einer Gruppe mit wechselndem Gruppenleiter.

Mögliche Gestaltungsform für eine Gruppe mit wechselndem Gruppenleiter.

Übung

»Erinnern Sie sich an eine Szene. Es kann letztes Jahr gewesen sein, es kann vor fünf Jahren gewesen sein, es kann vor zehn Jahren gewesen sein. Lassen Sie die E-motion namens Ärger in Ihr Bewußtsein treten. Wenn Sie diese Szene beobachten und sich selbst darin sehen, schauen Sie sich um, und achten Sie auf die anderen Menschen und auf die Geräusche. Achten Sie auf das Gefühl oder die Empfindung in Ihrem Körper. Ihr Bewußtsein wird vielleicht ein wenig durch die Geräusche um Sie herum abgelenkt, aber konzentrieren Sie sich wieder auf den Film, auf die Geschichte. Lassen Sie das Gefühl oder die Empfindung des Ärgers langsam auftauchen und an die Oberfläche gelangen, während Sie die erinnerte Erfahrung beobachten. Achten Sie darauf, wo in Ihrem Körper all dies stattfindet: in Ihrem Brustkasten oder wo immer es sein mag. Achten Sie auf Form und Größe. Wenden Sie jetzt Ihre Aufmerksamkeit von der Geschichte ab und richten Sie sie auf den Ärger selbst, der aus Energie besteht.

Konzentrieren Sie nun Ihr Bewußtsein auf diesen Ärger, anstatt auf die Geschichte und die Ursachen, die Sie wütend machen. *Konzentrieren Sie sich auf den Ärger selbst.* Wenn Sie den Ärger beobachten, werden Sie bemerken, daß Sie ihn allmählich als Energie in verdichteter Form sehen. Achten Sie auf seine Größe und wie er sich bewegt oder nicht bewegt. Zuerst wird der Ärger vielleicht stärker, aber beobachten Sie ihn weiterhin als Energie in verdichteter Form. Achten Sie darauf, was *geschieht*. Jetzt verschmelzen Sie mit dem Ärger, *seien* Sie der Ärger als Energie, anstatt derjenige zu sein, der wütend ist. Konzentrieren Sie sich auf diese Energie, die Sie sind.

Wenn Sie fertig sind, gestatten Sie es sich ganz sanft, wieder in dieses Zimmer zurückzukehren.

Einer meiner Schüler berichtete einmal: »Mein Ärger war rechteckig, und auf beiden Seiten gab es zwei Löcher.« Ich erwiderte: »Wenn Ihr Ärger eine besondere Form oder Farbe hat, konzentrieren Sie sich darauf, und *seien* Sie der Ärger als Energie; achten Sie darauf, was geschieht.« Dr. med. Carl Jung betrachtete emotionale Zustände als Pfade.

> *»Der ganze Prozeß ist eine Art Bereicherung und Klärung des Affektes, wobei der Affekt und der Inhalt dem Bewußtsein näher gebracht werden ... Man kann auch auf andere Weise mit der emotionalen Störung umgehen, indem man sie nicht intellektuell klärt, sondern ihr eine sichtbare Form verleiht.«*
>
> (Rossi, 18)

Quantenübung 12

Arbeiten Sie mit Ihrer Eifersucht

1. Schritt: Rufen Sie sich eine Situation oder eine Erinnerung ins Gedächtnis, in der Sie eifersüchtig waren.
2. Schritt: Gestatten Sie der Energie, sich zu manifestieren.
3. Schritt: Achten Sie darauf, wo in Ihrem Körper die Eifersucht auftritt.
4. Schritt: Achten Sie auf die Größe und die Form der Eifersucht.
5. Schritt: Wenden Sie Ihre Aufmerksamkeit von der Ursache Ihrer Eifersucht ab.
6. Schritt: Ent-etikettieren Sie die Eifersucht, und sehen Sie sie als Energie. Falls irgendwelche Gedanken, Eindrücke, Assoziationen oder die Geschichte auftauchen – sehen Sie es als Energie.

Hier bleibt die Arbeit dieselbe. Konzentrieren Sie Ihre Aufmerksamkeit weiterhin auf die *E*-motion, anstatt auf die Hintergründe, warum die *E*-motion da ist. Wie nehmen wieder an, daß alle Gedanken und *E*-motionen Energie in verschiedenen Formen sind. Zuerst besinnen wir uns auf eine Geschichte der Eifersucht. Dann bewegen wir uns von diesem Film weg und richten unsere Aufmerksamkeit auf das Gefühl der Eifersucht. Wenn Sie Eifersucht nicht bewußt fühlen, so verwenden Sie eine andere *E*-motion.

Wir pflanzen Samen, damit Sie, wenn Sie in einer Woche oder in zwei Jahren eifersüchtig sind, Ihre Aufmerksamkeit auf die Emotion selbst lenken können. Sobald dies einmal für Sie geschehen ist, wird es eine ganze Kette an Ereignissen auslösen.

Vor eineinhalb Monaten war ich wegen einiger Leute wirklich verstimmt. Ein Freund sagte zu mir: »Warum konzentrierst Du Dich auf die Menschen? Warum konzentrierst Du Dich nicht auf die Gefühle?« Das tat ich und durchlief die oben genannten Schritte; und wieder einmal transformierte (verwandelte) sich die Energie selbst.

Mögliche Gestaltungsform für eine Gruppe mit wechselndem Gruppenleiter.

Übung

Erinnern Sie sich an eine Szene, in der Sie das Gefühl hatten, Sie wären berechtigt, eifersüchtig zu sein. Achten Sie darauf, wer in der Szene, die Sie beobachten, vorkommt. Achten Sie auf die Temperatur in dieser Szene Ihrer Erinnerung, oder ob Sie irgendwelche Stimmen oder Geräusche erfahren können. Lassen Sie den Film abrollen. Achten Sie auf die Gefühle, die auftauchen, während Sie den Film beobachten. Beobachten Sie den Film und die Geschichte namens Eifersucht. Achten Sie auf alle Empfindungen.

Lenken Sie ganz sanft Ihr Bewußtsein von dem Film weg. Sehen Sie, ob Sie die Stelle in Ihrem Körper finden können, an der Sie die Gefühle namens Eifersucht erfahren. Achten Sie auf die Größe und die Form der Emotion. Fangen Sie damit an, Zeuge von der Eifersucht als Energie in einer anderen Form zu sein. Tun Sie dies dann mit einem Stuhl oder Ihrem Arm. Schauen Sie, ob diese Energie eine Farbe oder eine Temperatur hat. Betrachten Sie sie als Energie, lauschen Sie ihrem Klang, beobachten Sie sie. Beobachten Sie weiterhin, welche Gefühle in Ihnen ablaufen und versuchen Sie, sie als Energie zu sehen. Achten Sie auf ihre Dimensionen, ihre Form. Verschmelzen Sie damit, und seien Sie die Emotion als Energie.

Ich habe herausgefunden, wie überraschend schwierig es ist, seine Aufmerksamkeit von der Geschichte abzuziehen und sich auf die Gefühle zu konzentrieren, weil man sich so im Recht fühlt. Manchmal hatten meine Schüler das Gefühl, sie würden an einer Stelle in diesem Vorgang »feststecken«. Wenn dies geschieht, schlage ich vor, daß Sie damit fortfahren, sich auf dieses »Feststecken«, das aus Energie besteht, zu konzentrieren.

Häufig haben mich Seminarteilnehmer über das Unterdrücken von Emotionen im Gegensatz zum Ausdrücken der Emotionen befragt. Es gibt ein Unterdrücken, bei dem Sie auf Ihrer Eifersucht oder Ihrem Ärger sitzen, und es gibt ein Ausdrücken: die zwei Seiten derselben Medaille. Dann gibt es die Verwandlung, bei der man der Energie gestattet, zu sein. Der Quantenansatz gibt uns die dritte Option: das Bewußtsein, daß das, was Sie erfahren, Energie ist.

Ein Workshopteilnehmer meinte: »Wenn ich wirklich wütend bin, denke ich nicht nach. Ich weiß, ich bin wütend, aber der Gedanke, daß ich etwas tun könnte, anstatt diesen Film stundenlang durch meinen Kopf laufen zu lassen, kommt mir gar nicht erst.« Ich antwortete: »*Das ist eine Übung.*« Gerade jetzt läuft dieser Film und läuft und läuft und läuft. Hoffentlich wird er in zwei Wochen immer noch vor sich hin laufen. Und weiter laufen. Mit anderen Worten, wir wollen sein Schema erkennen, und sein Schema zunehmend früher abfangen.

Nehmen wir an, Sie gehen immer lausige Beziehungen ein. Plötzlich, zehn Jahre später, sagen Sie: »Verdammt, ich hab's schon wieder getan.« Und fünf Jahre darauf gehen Sie wieder so eine Beziehung ein. Dann gehen Sie zwei Jahre später erneut eine derartige Beziehung ein, und dann nochmal ein Jahr später. Hoffenlich bekommen Sie es in den Griff, bevor Sie sterben! Dasselbe gilt für das Umgehen mit Emotionen; je mehr Sie die innere Verwandlung üben, desto leichter wird es und desto einfacher können Sie Ihre Aufmerksamkeit ablenken.

Ein Student brachte seine Erfahrung mit den Lehren von G. I. Gurdjieff ein, wie man versucht, wach zu sein und ständig zu beobachten, was man tut. »Wenn das Gefühl des Ärgers hochkam oder was auch immer hochkam,« sagte er, »gaben wir ihm einen Namen, zum Beispiel John. Wenn es später hochkam, konnten wir sagen: ›Da kommt John schon wieder.‹«

Dazu meinte ich: »In der Psychosynthese nennt man das den Gebrauch von Teilpersönlichkeiten. Oh, da ist John. John zieht schon wieder sein Show ab. Und da ist Fred.« Es gibt sogar eine Therapie, die ›Name Therapy‹ heißt und eine namens ›Voice Dialogue‹. Sie können all den verschiedenen Aspekten Ihrer Persönlichkeit Namen geben und dann beobachten, wie sie ihre Rolle spielen oder sich sogar mit Ihnen unterhalten. Der Gebrauch dieser Technik hilft, sich Distanz dazu zu verschaffen. Es gibt jedoch noch eine weitere Ebene, denn Sie befinden sich jenseits dieser

Teilpersönlichkeiten. Wie wir im nächsten Kapitel sehen werden, sind Sie auch der Schöpfer der Teilpersönlichkeiten.

Der Gebrauch von Namen ist eine Methode der Psychosynthese, um mit Gefühlen zu arbeiten. Sie könnten auch ein Bild von Ihren Gefühlen malen und dieses Bild an die Wand hängen, um damit in Kontakt zu treten und zu erfahren, warum diese Teilpersönlichkeiten auftreten, warum sie die Kontrolle übernehmen. In der Quantenpsychologie arbeiten wir mit der Basissubstanz, der Energie, anstatt uns auf den Unteraspekt, die Teilpersönlichkeit, die Identität oder das falsche Selbst zu konzentrieren. Wir konzentrieren uns auf das, aus dem die Emotion besteht, auf ihre Zusammensetzung: Energie. An diesem Punkt reicht die Quantenpsychologie der Psychologie, den östlichen Traditionen und der Quantenphysik die Hand. Bei diesem Ansatz bringen wir den Osten, den Mittleren Osten und den Westen zusammen – auf dieser Reise, die wir unternehmen, um zu entdecken, wer wir sind.

Quantenübung 13

Arbeiten Sie mit Ihrer Sexualität

1. Schritt: Rufen Sie sich eine Situation oder eine Phantasie ins Gedächtnis, bei der Sie sich sexuell erregt fühlten.
2. Schritt: Gestatten Sie der Energie, sich zu manifestieren.
3. Schritt: Achten Sie darauf, an welcher Stelle Ihres Körpers die Sexualität auftritt.
4. Schritt: Achten Sie auf die Größe und die Form der sexuellen Energie.
5. Schritt: Wenden Sie Ihre Aufmerksamkeit von der Ursache ab, wegen der Sie sexuell erregt sind.
6. Schritt: Ent-etikettieren Sie die sexuelle Energie – und sehen Sie sie als Energie. Falls irgendwelche Gedanken, Eindrücke, Assoziationen oder Phantasien auftauchen – sehen Sie sie als Energie.

In dieser Übung werden wir eines unserer Lieblingsthemen näher betrachten: Sex. Um dieses Thema zu erforschen, wird es Zeit, unserem Quantenansatz einen weiteren Bestandteil hinzuzufügen. Bei diesem Schritt werden wir allmählich erkennen, daß nicht nur E-motion und Empfindung aus Energie bestehen, sondern auch die Geschichte oder Phantasie in unserem Kopf.

»Dies ist der erste bewußte Schock, und er wird allgemein als Erinnerung an sich selbst beschrieben. Dieser Bewußtseinszustand führt zur Transformation von Eindrücken. Jeder wird durch seinen eigene Kollektion an Reaktionen auf Eindrücke beherrscht.« (Nicoll, 19)

Gurdjieff und Ouspensky sagen, daß wir uns auf unsere Eindrücke vom Leben konzentrieren und niemals das Leben selbst sehen. Wir sehen nur unsere Eindrücke. In dieser Übung werden wir sehen, daß unsere Geschichte (Eindrücke) aus Energie besteht, und dies wird zum Mittel der Transformation.

Um dies jedoch noch zu vertiefen, werden wir erforschen, daß die Grenzen unserer Haut, ebenso wie der Stuhl, aus Energie bestehen, und wir werden diese Erforschung auf das gesamte Universum erweitern.

Bevor wir uns auf dieses Thema einlassen, das uns durch so viele Gefühle und Erinnerungen führt, lassen Sie uns aus verschiedenen Perspektiven einen Blick darauf werfen.

Die psychologische Sicht

Dr. Wilhelm Reich, Schöpfer der Reichschen Therapie und Vater der Körperarbeit, veröffentlichte schon in den frühen 40er Jahren eine Theorie zur Sexualität, die den Test der Zeit bestand. Reich zeigte, daß Sex oder der Orgasmus einem Zyklus unterworfen ist, nämlich: Spannung, Aufladung, Entladung, Entspannung. Dies sehen wir am besten in folgender Illustration:

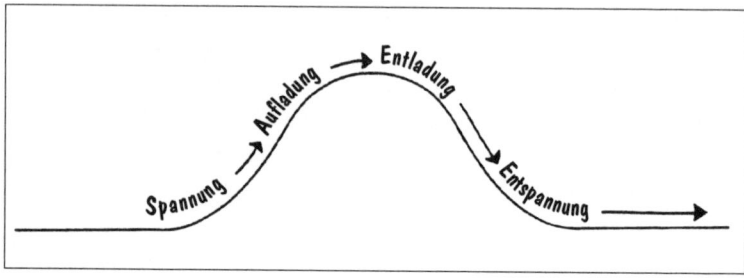

ABBILDUNG 3

Das kann man auch mit einem emotionalen Zyklus vergleichen sowie mit dem Gedankenzyklus, der in Kapitel 3 vorgestellt wurde, bei dem wir Ärger verspüren, »geladen« sind, schreien und uns dann entspannt fühlen. Reich glaubte, daß das wesentlich sei für die Erhaltung der Gesundheit des Individuums und des Körpers. Man sollte noch anmerken, daß Reich eine derart hitzige Kontroverse entfachte, daß seine Bücher Mitte bis Ende der fünfziger Jahre in New York von der »Federal Food and Drug Administration«* verbrannt wurden. Reich wurde ins Leavenworth Gefängnis eingewiesen. Wilhelm Reich starb im Gefängnis. Dies zeigt, wie kontrovers und höchst beladen das Thema Sexualität immer noch ist.

Die östliche Perspektive

In Indien – und in den letzten fünfundzwanzig Jahren besonders im Westen – wurde der tantrische Yoga zu einem bekannten Begriff bei der Arbeit mit sexueller Energie. Man muß jedoch anmerken, daß es 112 Yoga-Tantras oder -Techniken gibt, um den Ausübenden zu einer größeren »Wissenserweiterung« zu führen. Ich sage das hier, weil weniger als 1 % des tantrischen Yoga sich um Sex dreht. Doch die Frage der Sexualität ist derart hoch belastet, daß tantrischer Yoga im Westen gleichbedeutend mit Sex verkauft

---

* Amerikanische Lebensmittelbehörde

wird, obwohl Sex weniger als 1% seiner tatsächlichen Übungen ausmacht. Außerdem ist die Werbung mit Sex als Tantra ein beliebter Marketingansatz von indischen »Gurus«.

Bei der Arbeit mit sexueller Energie und tantrischem Yoga in seiner reinsten Form wird jedoch die sexuelle Energie nicht anders behandelt als irgendeine andere Form von Energie. Auf diese Weise wird »sexuelle Energie« nicht als schlecht oder ruchlos angesehen oder gar als etwas, das unterdrückt werden sollte. Auf der anderen Seite wird »sexuelle Energie« auch nicht als etwas gesehen, das notwendigerweise ausgedrückt werden muß. Wir haben normalerweise, wie schon zuvor erwähnt, nur eine Wahl: die Polarität auszudrücken (ich will, ich sollte) und zu unterdrücken (ich darf nicht, ich sollte nicht). Wie wir alle wissen, verursacht diese Polarität einen Konflikt, der uns alle schon einmal berührt hat. In diesem Ansatz wird »sexuelle« Energie jedoch zugelassen, anerkannt und beobachtet als das, was es ist: Energie in einer anderen Form als die Energie von Ärger oder Trauer oder gar eines physischen Objektes (später mehr darüber).

Tantrischer Sex hat nicht eine bestimmte Anzahl von Orgasmen zum Ziel. Es geht um das, was die Definition des Tantra ist: »Erweiterung des Wissens«.

In Reichs Orgasmus-Zyklus wird die Energie entladen.

Im tantrischen Sex gibt es dagegen Spannung und Aufladung; Ihre Aufmerksamkeit wird umgekehrt, und die Empfindungen werden als Energie betrachtet. Beachten Sie, was geschieht. Visuell kann es wie in der folgenden Abbildung dargestellt werden:

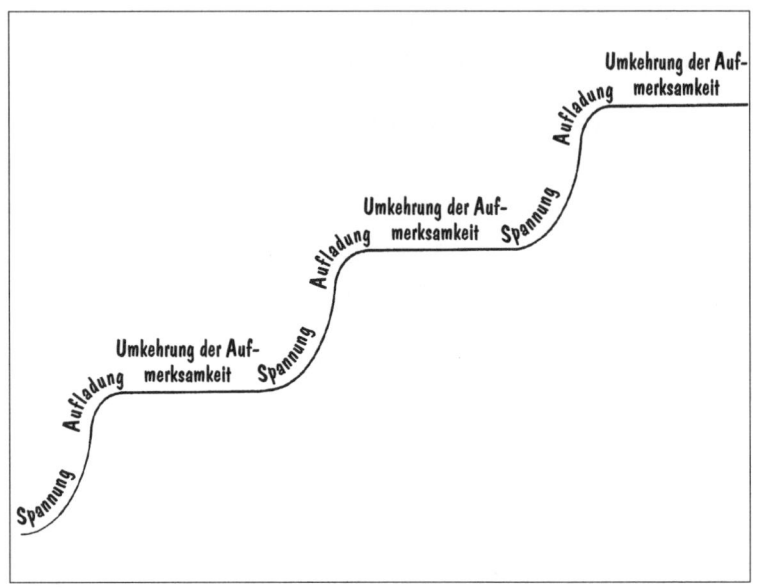

ABBILDUNG 4

Wenn Sie sexuelle Empfindung als Energie sehen, wird ein Plateau erreicht. Dann erfolgt durch sexuelle Aktivität immer neue Aufladung, und im Augenblick der Aufladung richten Sie Ihre Aufmerksamkeit auf die Empfindungen als Energie, ein weiteres Plateau. Sich auf immer höhere Plateaus zu arbeiten, ohne die Energie zu entladen, verursacht eine »Erweiterung des Wissens«, und das ist Tantra.

Über dieses Thema sind viele Bücher geschrieben worden. Ich kann nichts darüber sagen, was bei einer Frau geschieht. Ein Mann wird jedoch, wenn er die »sexuelle Energie« als Energie und als Plateau sieht, im allgemeinen seine Erektion verlieren. Dann muß der sexuelle Prozeß fortgesetzt werden, um Aufladung aufzubauen. Der Zweck der Wissenserweiterung muß klar sein, sonst wird es bereits in einem frühen Stadium eine Entladung (Orgasmus) geben.

Es gibt einen wundervollen Satz aus einem alten Yoga-Text, der zusammengefaßt lautet: »Wenn man sich im Augenblick des

Orgasmus nach innen richtet (und die Empfindungen als Energie sieht), kann man das göttliche Pulsieren erfahren.« Der Gedanke, der ausgelassen wurde, lautet: »Wenn *Sie* sich im Augenblick des Orgasmus *erinnern könnten.*«

Die Quantensicht

Hier wollen wir, wie am Anfang des Kapitels angekündigt, einige Schritte hinzufügen. Der Physiker David Bohm sagt: »Alles durch*dringt* alles.« (Kein Wortspiel beabsichtigt.) Das bedeutet mit Blick auf E-motionen sowie die angenehmen Empfindungen beim Sex, daß nicht nur die »sexuelle« Energie, wenn sie ent-eti-kettiert und als Energie gesehen wird, reine Energie ist, sondern auch die Haut um unseren Körper, die Haut an sich, unser Partner und das, was wir »Ich« nennen. Die Quantenpsychologie führt über Wilhelm Reich und über das Tantra hinaus – sie sieht nicht nur die sexuellen Empfindungen als Energie, sondern auch Ihre Gedanken, Ihre geistigen Phantasien, Ihre äußere Hülle, die Welt, die das »Ich« umgibt, und schließlich das »Ich«, das beobachtet. Auf diese Weise beginnt unsere »Individualität« sich zu erweitern und schließt alles andere mit ein.

So können Sie Ihre äußere Hülle als Energie erfahren, Sie können die Luft, die Wände, Ihren Partner als Energie erfahren, Deutschland oder jeden Zustand, in dem Sie sich befinden, und so weiter.

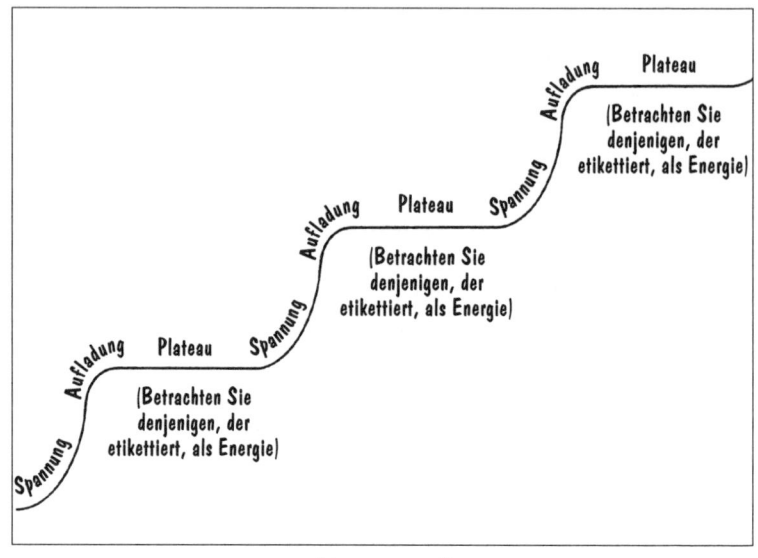

ABBILDUNG 5

Bis jetzt haben wir uns mit dem Hintergrund bzw. dem Kontext bei der Arbeit mit Sex beschäftigt. Nun folgt der vergnügliche Teil, das Üben. Teil 1 behandelt Phantasien. In Teil 2 geht es um Übungen mit einem Sexualpartner.

Quantenübung 14

Teil 1: Sexuelle Übung für Individuen mit Phantasien oder als angeleitete Übung für Paare bzw. in einer Gruppe.
(Singh, 20)

1. Schritt: Erinnern Sie sich an eine Situation in der Vergangenheit, verwenden Sie eine sexuelle Erfahrung der Gegenwart oder erschaffen Sie eine sexuelle Phantasie.
2. Schritt: Wenden Sie Ihre Aufmerksamkeit von der sexuellen Phantasie ab, und achten Sie darauf, wo in Ihrem Körper Sie sexuelle Empfindungen erfahren.
3. Schritt: Erfahren Sie die Größe und Form der sexuellen Gefühle.

4. Schritt: Ent-etikettieren Sie die sexuelle Energie, indem Sie sie als Energie ansehen, und verschmelzen Sie mit ihr.

5. Schritt: Fühlen Sie, daß Ihre äußere Hülle aus derselben Energie besteht wie die »sexuelle« Energie.

6. Schritt: Erfahren Sie, daß die Luft, das Zimmer, der Boden, Ihr Stuhl, der Rest des Universums, Ihre Gedanken eingeschlossen, aus derselben Energie bestehen.

Wenn Sie sexuelle Phantasien haben (Ich weiß, keiner von Ihnen hat sexuelle Phantasien, aber angenommen, Sie hätten welche.) und Sie Ihre Aufmerksamkeit auf diese sexuelle Phantasien oder auf die Geschichte oder das Objekt Ihrer sexuellen Phantasie richten, dann erschafft Ihr Unterbewußtsein Eindrücke der sexuellen Phantasie in der einen oder anderen Form.

Ich lebte fünf Jahre lang zölibatär. Mir fiel in dieser Zeit auf, daß ich während der ersten drei Jahre ungeheure Phantasien durchlief. Da die Phantasien noch da waren, waren es auch die körperlichen Empfindungen, und daher durchlebte ich drei Jahre lang eine schwierige Zeit. Plötzlich fing ich an zu üben, und das Üben veränderte meinen Fokus; ich richtete mein Bewußtsein nicht länger auf die Phantasie, sondern auf die Energie selbst. Wo fühle ich sie? Es ist exakt dasselbe wie bei allen e-motionalen Fragen, außer daß wir uns nun einer »angenehmeren« Frage widmen.

Anstatt sich auf die Geschichte zu konzentrieren und zu versuchen, sie außerhalb Ihrer selbst zu verwirklichen, fangen Sie an, diese Energie zu beobachten, was wieder einfach bedeutet, Ihre Aufmerksamkeit von der Phantasie abzuwenden und auf die Energie selbst zu richten. Es handelt sich um Energie. Energie ist weder gut noch schlecht, weder richtig noch falsch. Energie ist Energie.

Ich erinnere mich, wie ich einem indischen Lehrer erzählte, daß ich Probleme mit meinem zweiten Chakra habe (das normalerweise als das sexuelle Zentrum des Körpers beschrieben wird). Er sagte: »Nur ein Chakra: Energie.« Alles ist Energie, nur das Unterbewußtsein will die Chakras in Schubladen pressen und sie als höhere und niedere Chakras etikettieren.

Mögliche Gestaltungsform zum Vorlesen vor einer Gruppe mit wechselndem Gruppenleiter.

Übung

Lassen Sie Ihre Augen zufallen, und machen Sie es sich wieder bequem. Ich möchte, daß Sie jetzt eine sexuelle Phantasie entwickkeln. Sie können damit beginnen, daß Sie sich jemanden aussuchen, mit dem Sie gern zusammen wären. Achten Sie darauf, wie Sie aussehen, ob es irgendwelche Geräusche gibt. Lassen Sie sich selbst Ihre sexuelle Phantasie beobachten. Achten Sie darauf, ob es irgendwelche Gerüche gibt, irgendeinen Geschmack, irgendwelche Empfindungen. Lassen Sie der Phantasie eine Weile ihren Lauf.

Jetzt wenden Sie Ihre Aufmerksamkeit von dem Film über Ihre sexuelle Phantasie ab, und richten Sie sie auf die Energie selbst. Fangen Sie damit an, auf die Stelle in Ihrem Körper zu achten, an der Sie diese Energie spüren, wo diese Empfindungen und Gefühle sitzen. Halten Sie Ihre Aufmerksamkeit auf die Energie selbst gerichtet. Wo fühlen Sie sie, wie fühlen Sie sie? Hat sie eine Farbe oder eine Gestalt oder einen Klang? Halten Sie Ihre Aufmerksamkeit auf die Energie selbst gerichtet. Wenn Ihre Aufmerksamkeit zu der Geschichte abwandert, holen Sie sie wieder zurück, und beobachten Sie die Energie.

Achten Sie auf die Größe und die Gestalt der Energie. *Seien* Sie die Energie in dieser Gestalt. Erleben Sie nun Ihre äußere Hülle – sie besteht aus derselben Substanz, aus der auch diese Gestalt besteht. Erleben Sie die Luft um sich herum, den Stuhl oder den Bewußtseinszustand, der als Energie »auftaucht«. Achten Sie darauf, daß selbst das »Ich«, das beobachtet, sowie die E-motionen aus Energie bestehen.

Quantenübung 14

Teil 2: Quantenübung mit einem Sexualpartner

1. Schritt: Nehmen Sie Ihre gegenwärtige sexuelle Erfahrung wahr.
2. Schritt: Beachten Sie, daß ein Teil Ihrer Aufmerksamkeit auf Ihren Sexualpartner gerichtet ist.

3. Schritt: Wenn die Energie ihrem Höhepunkt entgegenstrebt, wenden Sie Ihre Aufmerksamkeit von Ihrem Sex-Partner ab, und achten Sie darauf, an welcher Stelle in Ihrem Körper Sie sexuelle Empfindungen verspüren.

4. Schritt: Erfahren Sie die Größe und die Form der sexuellen Gefühle, während Sie es zulassen, daß die Empfindungen zunehmen.

5. Schritt: Verschmelzen Sie mit den Empfindungen aus Energie, *seien* Sie diese Empfindungen.

6. Schritt: Spüren Sie, daß die Grenzen Ihrer Haut aus derselben Energie bestehen wie die sexuelle Energie.

7. Schritt: Erfahren Sie, daß die Luft, das Zimmer, der Boden, Ihr Stuhl, der Rest des Universums, Ihre Gedanken eingeschlossen, aus derselben Energie bestehen.

Übung

Wenn Sie dann mit einem Partner zusammen sind, konzentrieren Sie sich auf Ihre Empfindungen, etc. (als ob Sie das nicht sowieso täten). Wenn die Energie ihren Höhepunkt erreicht, schauen Sie auf die Größe und Form der Energie, wo sie sich in Ihrem Körper befindet, d.h. Mund, Genitalien, Brüste, etc. Verschmelzen Sie mit der Energie und erfahren Sie, daß Ihre äußere Hülle, das Bett, der Boden, die Luft, alle Gedanken, das Zimmer und der Rest des Universums aus Energie bestehen. Wenn Sie das Plateau erreichen, freuen Sie sich einfach an der Erfahrung. Der Vorgang kann nochmals mit »regulärem« sexuellen Kontakt wiederholt werden, bis die Energie aufgebaut ist.

Wiederholen Sie dann die Schritte; konzentrieren Sie sich auf die Energie, ihre Größe und ihre Form, verschmelzen Sie mit ihr, und erfahren Sie die Haut und die Luft etc. als Energie.

Vor kurzem hatte ich einen Patienten, der über vorzeitige Ejakulation klagte. Er hatte seine gesamte An-Spannung auf die Spitze des Penis fixiert. Durch meine Suggestionen und durch die Geduld seiner liebevollen Partnerin begann er, die Empfindungen in seinem Penis als *Energie* zu sehen. Das bot ihm eine immer größere

Fähigkeit, die Energie und das Vergnügen zu *genießen*, ganz zu schweigen von seiner Partnerin. Als er geübter darin wurde, auf diese Weise mit sich selbst zu arbeiten, war er allmählich in der Lage, den Zeitpunkt seiner Ejakulation selbst zu wählen und sie auf einem höheren Bewußtseinsplateau geschehen zu lassen.

In den frühen 70er Jahren klagte eine Patientin in Los Angeles, daß sie zwar multiple Orgasmen haben konnte, sich dabei aber nicht befriedigt fühlte. Wieder einmal schlug ich vor, sie solle Energie »aufbauen« und dann Ihre Aufmerksamkeit abwenden und die »sexuelle Energie« einfach als Energie sehen. Sie übte auch mit ihrem Partner und lud sich selbst immer mehr auf, bis, in ihren Worten, »ich mich fühlte, als ob ich platzen würde«. Dann erreichte sie ihren Höhepunkt auf einer anderen Bewußtseinsebene. Ich schlage nicht vor, Orgasmus generell zu eliminieren, sondern vielmehr den Orgasmus auf einem höheren Bewußtseinsplateau zu erreichen. Das vertieft den Orgasmus und verstärkt auch das gesamte Gefühl der Verbundenheit mit dem Partner und mit der Welt.

Die Erfahrung abschließen

Wenn sowohl Sie als auch Ihr Partner fertig sind oder sich fertig fühlen und Sie mehrere Plateaus durchlaufen haben, ist es oft angenehm, sich zusammen in bequemer Position hinzulegen. An diesem Punkt könnte der körperliche Kontakt ohne eine Bewegung erfolgen: Normalerweise ist die Zunge Ihres Partners in Ihrem Mund, während Sie sich küssen, und berührt Ihre Zunge. Obwohl sich hier jedoch die Zungen berühren, gibt es in Wirklichkeit keine Bewegung, und die Aufmerksamkeit ist auf den Atem gerichtet. Das kann bisweilen einen größeren Energieaufbau verursachen. Wenn dies geschieht, so wiederholen Sie den Zyklus. Wenn nicht, *seien* Sie einfach, halten Sie Ihre Aufmerksamkeit auf sich als Energie gerichtet.

Und bitte denken Sie daran, daß das ein tiefer Prozeß ist, der nicht den Orgasmus zum Ziel hat. Es geht um die Erfahrung einer tieferen Verbindung zu allem. Indem Sie Aufladung aufbauen und

Plateaus erklimmen, können Sie sowohl eine interpersonelle Verbindung als auch einen persönlichen Orgasmus erreichen. Ihre Absicht muß eindeutig sein – das ist der Quantenansatz.

Quantenübung 15

Konzentrieren Sie sich auf das Verlangen in Ihrem Körper als Energie, anstatt auf das Objekt Ihrer Begierde

1. Schritt: Erinnern Sie sich entweder an ein früheres Erlebnis von Verlangen, oder achten Sie auf Ihr gegenwärtiges Verlangen.

2. Schritt: Wenden Sie Ihre Aufmerksamkeit von der Phantasie ab, und achten Sie darauf, an welcher Stelle in Ihrem Körper Sie Verlangen verspüren.

3. Schritt: Erfahren Sie die Größe und die Form der Gefühle, die mit dem Verlangen verbunden sind.

4. Schritt: Ent-etikettieren Sie das Verlangen. Verschmelzen Sie mit den Empfindungen aus Energie, *seien* Sie das Verlangen.

5. Schritt: Spüren Sie, daß Ihre äußere Hülle aus derselben Energie besteht wie die Energie des Verlangens.

6. Schritt: Erfahren Sie, daß die Luft, das Zimmer, der Boden, Ihr Stuhl, der Rest des Universums, Ihre Gedanken eingeschlossen, aus derselben Energie bestehen.

7. Schritt: Nehmen Sie Augenkontakt zu den anderen Mitgliedern der Gruppe auf, und sehen Sie, daß sie aus derselben Energie gemacht sind wie Sie selbst.

Der Zweck dieser Übung ist derselbe wie der Zweck der anderen Übungen dieser Reihe, d.h. unsere Aufmerksamkeit von der Geschichte, den Eindrücken, der Phantasie oder den Bildern abzuwenden und darauf zu richten, daß die herrlichen Gefühle aus Energie bestehen. Einfach gesagt, wenden Sie Ihre Aufmerksamkeit und Ihre Energie von dem Objekt Ihrer Begierde ab, und richten Sie sie auf das Gefühl des Verlangens selbst; fangen Sie an, das Verlangen als Energie zu sehen. In vielen spirituellen Kreisen wird das Verlangen häufig »herabgesetzt«. Man kann ein Verlangen jedoch auf zweierlei Weise betrachten: 1. als Energie, die man einsetzen kann, oder 2. als Widerstand gegen Ablehnung oder Versagen. Wenn Sie ein Verlangen verspüren, so fragen Sie sich im letzteren Fall: »Gegen welche Erfahrung wehre ich mich mit diesem Verlangen?« Wenn Sie herausfinden, daß Sie sich gegen ein Gefühl wie Ablehnung oder Versagen wehren, dann wenden Sie die obigen Quantenübungen an. Auf diese Weise können Sie sehen, daß die Gefühle, die Sie nicht wollen oder gegen die Sie sich wehren, aus Energie bestehen. Sie können mit dieser Energie ohne Widerstand oder Absicht verschmelzen.

Mögliche Gestaltungsform für Gruppen mit wechselndem Gruppenleiter.

Übung

Ich möchte, daß Sie sich jetzt fünf bis zehn Minuten hinsetzen. Spüren Sie, wie Ihr Körper physisch unterstützt wird, und konzentrieren Sie sich auf Ihren Atem. Fangen Sie an, eine sexuelle Phantasie zu entwickeln. Anstatt ein kleines Sie auf einer Leinwand zu sehen, schlüpfen Sie in die Person in Ihrer Vorstellung hinein, damit Sie diese Phantasie von einem Punkt hinter Ihren eigenen Augen aus sehen können, anstatt aus der Distanz. Achten Sie von dieser Stelle hinter Ihren eigenen Augen aus darauf, mit wem Sie zusammen sind und wie die Situation sich gestaltet. Achten Sie darauf, ob Sie irgendwelche Geräusche hören können, ob es irgendeinen bestimmten Geruch oder Geschmack gibt. Erfahren Sie die Empfindungen. Lassen Sie es zu, daß die Phantasie stärker und stärker wird, und erfahren Sie die Empfindungen, Gerüche, Geräusche und den Geschmack. Fahren Sie fort, die Vertiefung dieser Erfahrung zuzulassen.
Jetzt wenden Sie Ihre Aufmerksamkeit von der Phantasie ab, und richten Sie Ihre Aufmerksamkeit auf Ihren eigenen Körper. Fangen Sie an, das Verlangen zu beobachten: die Gefühle und Empfindungen innerhalb Ihres Körpers, während Sie Ihre Aufmerksamkeit auf die Gefühle und Empfindungen Ihres Verlangens richten.

Bezeugen Sie die Gefühle und Empfindungen als Energie. Konzentrieren Sie Ihre Aufmerksamkeit auf die Energie anstatt auf die Phantasie.

Fahren Sie fort, diese Empfindungen als Energie zu beobachten. Spüren Sie, wie sich Ihr Körper gegen den Boden und den Stuhl oder die Couch preßt, und achten Sie darauf, wie Ihr Körper physisch unterstützt wird. Achten Sie auch auf Ihren Atem. Öffnen Sie ganz sanft Ihre Augen, und kommen Sie in dieses Zimmer zurück.

An dieser Stelle ist es gut, wenn der Gruppenleiter um ein Feedback bittet. Vor kurzem fragte mich ein Teilnehmer an einem Workshop: »Warum sollte ich mein Verlangen loswerden wollen?« Ich antwortete, daß viele östliche spirituelle Disziplinen vorschlagen oder anraten, wunschlos zu sein. Ich tue das nicht. Mein Vorschlag lautet vielmehr, sich nicht zur Verfolgung eines Verlangens aufzumachen und dabei dieses vorgestellte Verlangen ständig im Sinn zu haben, sondern sich in die Verantwortung zu begeben und derjenige zu sein, hinter dem Sie herrennen. Achten Sie darauf, daß die in Verbindung mit Ihrem Verlangen auftretenden angenehmen Empfindungen aus Ihrem Innern kommen. Wenn Sie erkennen, daß das Verlangen und die angenehmen Empfindungen sowie die Vorstellung dessen, nach dem Sie verlangen, aus Energie bestehen, so bringt Sie das zu sich selbst zurück. Das fügt der Erfahrung die Möglichkeit der *Wahl* hinzu. Das funktioniert ausgezeichnet bei Menschen, die nach Anerkennung und Bestätigung streben oder bei Workaholics. Jeder denkt: »Wenn ich X bekomme«, oder »Wenn ich X habe, dann wird es mir gutgehen.« Sie jagen einer Vorstellung nach, die sie selbst geschaffen haben. Der Quantenansatz fügt wiederum Verantwortung und die Möglichkeit der Wahl hinzu.

Quantenübung 16

Nahrung

1. Schritt: Konzentrieren Sie Ihre Aufmerksamkeit darauf, an welcher Stelle in Ihrem Körper Sie ein Verlangen nach Nahrung verspüren, anstatt auf die Vorstellung von Nahrung.

2. Schritt: Seien Sie Zeuge davon, daß dieses Verlangen aus Energie besteht.

Diese Übung wird einen Samen für Sie säen. Die Methode bei dieser Übung ist dieselbe wie bei den anderen. Lassen Sie uns vorstellen, Sie sitzen bei der Arbeit an Ihrem Schreibtisch, und ganz plötzlich kommt Ihnen der Gedanke: »Ich möchte ein Schinkenbrötchen« (oder was immer Sie sich in Ihrer Phantasie vorstellen). Ihr Unterbewußtsein fährt darauf ab, und Sie reagieren darauf. Übrigens: Wenn Sie fasten oder wenn Sie Gewicht verlieren wollen, können Sie diese Übung immer dann anwenden, wenn Sie hungrig sind. Konzentrieren Sie sich auf den Hunger, auf das Verlangen nach Nahrung, anstatt auf die Nahrung selbst, und achten Sie darauf, was geschieht.

Ich weiß aus eigener Erfahrung und sicherlich auch durch die Patienten, mit denen ich gearbeitet habe, daß Essen ein wichtiger Punkt ist. Besonders in anstrengenden Zeiten wollen wir alle nach etwas greifen, um es uns hineinzustopfen, zum Beispiel nach Schokolade. Kürzlich sah ich einen Humoristen, der sagte: »Schokolade ist der Beweis, daß Gott existiert.« Hier ist die Methode dieselbe wie bei all den vorigen Übungen: *Konzentrieren Sie sich darauf, daß die Empfindungen und Gefühle des Hungers oder das Verlangen nach Nahrung aus Energie bestehen.* Noch einmal: Indem Sie Ihre Aufmerksamkeit von der Vorstellung von Essen abwenden, konzentrieren Sie sich auf die Energie selbst.

Mögliche Gestaltungsform für eine Gruppe mit wechselndem Gruppenleiter.

Übung 1

Lassen Sie zu, daß die Vorstellung von einem Nahrungsmittel (Schokolade, Eis, etc.) in Ihr Bewußtsein tritt. Achten Sie darauf, an welcher Stelle in Ihrem Körper, Ihrem Mund, Ihrem Magen, usw. Sie das Verlangen bzw. die herrlichen Empfindungen verspüren. Dann bezeugen Sie, daß diese Empfindungen aus Energie bestehen.

Mögliche Gestaltungsform für eine Gruppe mit wechselndem Gruppenleiter.

Übung 2

Mit geschlossenen Augen. Nehmen Sie ein kleines Stück Schokolade oder Kuchen oder was auch immer, und legen Sie es in Ihren Mund. Konzentrieren Sie mit geschlossenen Augen Ihre Aufmerksamkeit auf die Empfindungen des Entzückens, d. h. wie Ihr Mund wässrig wird etc., anstatt auf das Nahrungsmittel selbst. Während Sie das kleine Stück Nahrung in Ihrem Mund halten, erfahren Sie die herrlichen Empfindungen als Energie.

Ein Schüler bemerkte: »Ich habe aufgehört zu rauchen, ich habe aufgehört zu trinken, und jetzt soll ich aufhören zu essen?« »Nein«, antwortete ich ihm, »das sage ich nicht.« Es geht darum, die Möglichkeit der *Wahl* zu haben. Ein anderer Schüler faßte seine Reaktionen folgendermaßen zusammen: »Das scheint ein wirklich schwerer Problembereich zu sein.« »Ja«, sagte ich, »er reicht viel tiefer als Sex.« Sie können ohne Sex leben, obwohl das nicht viel Spaß macht, aber Sie können nicht ohne Nahrung leben. Hier liegt der Zweck in der Möglichkeit der Wahl und darin, die Fähigkeit zu entwickeln, alle Gedanken, Gefühle, Emotionen, Empfindungen als Brennstoff zu verwenden, um Sie zu einem klaren, zentrierten Zustand zurückzuführen.

Quantenübung 17

Freude

1. Schritt: Finden Sie die Quelle Ihrer Freude.

Ich möchte diese Übung aufnehmen, weil das Unterbewußtsein über freudige Ereignisse phantasiert. Sie können beginnen, herauszufinden, wer Sie bezüglich der Erfahrung von Freude sind.

Mögliche Gestaltungsform für Gruppen mit wechselndem Gruppenleiter.

Übung

Achten Sie darauf, wo und wie Sie sitzen, und stellen Sie sich eine überaus freudige Phantasie oder eine überaus freudige Erfahrung vor. Während sich das langsam entwickelt, achten Sie auf die herrlichen Gefühle in sich. Anstatt ein kleines Sie im Film Ihres Verstandes zu beobachten, erfahren Sie diese Freude: Stellen Sie sich vor, sie würden die Haut dieses kleinen Menschen wie mit einem Reißverschluß öffnen und hineinschlüpfen, damit Sie diese Freude erleben können. Gehen Sie hinein, und finden Sie den Raum, aus dem heraus diese Freude auftaucht. Finden Sie die Quelle dieser Freude.

Wann immer Sie bereit sind, holen Sie Ihr Bewußtsein zurück, öffnen Sie Ihre Augen und kommen Sie zurück.

Hier die Bemerkung eines Schülers: »Als ich mich von der Erfahrung zu dem inneren Ort begab, fand ich ich mich in meinem Herzen wieder; es war wie ein Licht. Ich hatte Mühe, es aufrechtzuerhalten. Es wollte verlöschen, dann wieder hell aufleuchten. Ich fand heraus, daß ich es durch mein Einatmen kontrollieren und vergrößern konnte. Es war, als ob ich damit spielte, aber ich konnte es trotzdem nicht aufrechterhalten.«

Ich fragte ihn: »Waren Sie in der Lage, den Raum jenseits des Lichtes zu finden?« »Wie gelangt man jenseits des Lichtes?« fragte er. Ich antwortete: »Sie verfolgen es zurück und konzentrieren sich auf den Zeugen des Atmens. Wer beobachtet die Freude? Ihre

Erfahrung war, daß die Freude kommt und geht. Sie versuchten, sie zu kontrollieren – auch das war Ihre Erfahrung. Wer ist Zeuge sowohl des Kommens und Gehens der Freude als auch des Versuches, das Kommen und Gehen zu kontrollieren?«

Es ist sehr wichtig, daß wir uns alle auf etwas »außerhalb« unserer selbst konzentrieren, »als ob« es für unsere innere Erfahrung verantwortlich wäre. Im psychotherapeutischen Zusammenhang treffe ich beispielsweise häufig Menschen, die buchstäblich einem anderen Menschen hörig sind. In der Literatur nennt man sie »Sklaven der Liebe«.

In dieser Situation ist der andere Mensch ein Objekt, von dem der Sklave der Liebe glaubt, es sei für seine Erfahrung verantwortlich. Der Liebessklave glaubt von ganzem Herzen, daß die Substanz, d. h. der Mensch, das Einzige ist, was ihm diese Gefühle gibt.

Im therapeutischen Prozeß ist es ein wichtiger Schritt vorzuschlagen, daß die herrlichen Empfindungen, die diese Menschen als Liebe etikettieren, aus ihrem Inneren kommen; sie gehören ihnen. Wie bei allen Übungen in diesem Abschnitt müssen wir uns dauernd auf die Gefühle, die aus Energie bestehen, konzentrieren, nicht auf die Objekte der Gefühle. Wenn wir das tun, gehört unsere Erfahrung uns: Das ist ein wichtiger Wendepunkt in unserer Macht. Normalerweise verleihen wir anderen die Macht über unsere Erfahrungen, geben anderen dafür die Schuld oder sprechen ihnen den Verdienst für unsere Erfahrung zu. Wir verleihen ihnen Macht, weil wir denken, sie seien die Quelle unserer Erfahrung. Die Übungen führen uns zu der »Erkenntnis«, daß unsere Erfahrung uns gehört.

Oftmals fühlen wir uns innerlich voller Freude, auch wenn unsere äußeren Umstände anscheinend eine andere Reaktion gebieten. Manchmal fühlen wir uns auch enttäuscht oder niedergeschlagen, wenn wir uns aufgrund unseres äußerlichen Lebens eigentlich großartig fühlen »sollten«. Es kam vor, daß einige meiner Patienten tatsächlich das Gefühl hatten, ihre inneren Reaktionen seien unangemessen, als ob es irgendeine Norm gäbe, welche Reaktion für eine bestimmte Situation angemessen ist. Diese Reaktionsnormen begrenzen uns nicht nur, sondern ermöglichen auch ein tiefes Gefühl von Selbstverurteilung oder Selbstkritik. Die Menschen etikettieren sich manchmal selbst als »unangemessen« oder werden von anderen so etikettiert – gemessen an irgendeiner Norm der Gesellschaft. Wenn wir Reaktionen als Energie betrachten und sie auf diese Weise beobachten, verschwindet dieses Urteil. Wir sind in der Lage, das zu fühlen, was in unseren Körpern ist.

> *»Jeder kann seine Eindrücke verändern ... es ist notwendig, in dem Augenblick, in dem wir einen Eindruck aufnehmen, eine verändernde Wirkung zu schaffen ... darin liegt die Bedeutung der psychologischen Transformation.«*   (Nicoll, 21)

In all diesen Übungen ging es uns um die Transformation psycho-emotionaler Zustände. Gurdjieff schlägt vor, daß die Selbst-Beobachtung die verändernde Wirkung ausmacht. In der Quantenpsychologie haben auf dieser Ebene die Beobachtung und die Erkenntnis, daß das, was wir beobachten, aus Energie besteht, die verändernde Wirkung. Die Absicht der Übungen ist es, Sie als Quelle Ihrer Erfahrung wiederherzustellen. Sie könnten auch sagen, »bei der Ausarbeitung dieser Übungen hatte man Ihren Verstand im Sinn.«

Zusammenfassung

Beim Verlassen der 2. Ebene ist es wichtig, noch einmal den Weg, den wir beschritten haben, zu überdenken. Auf Ebene 1 haben wir den Raum zwischen den Gedanken als Wellenfunktion erforscht und haben außerdem die Kunst des Beobachtens dieser Wellenfunktion betrachtet, während sie in diesem Raum auftrat und abklang.

Auf Ebene 2 sollten wir die Dinge mehr aus einer Quantenperspektive sehen und die Natur unserer Erfahrung in Begriffen des Energie-Aspektes erforschen. Wir haben bemerkt, daß E-motionen und Gefühle aus Energie bestehen und daß Sie den Raum, den diese E-motionen und Gefühle besetzen, spüren können, wenn Sie Ihren Körper betrachten.

Eine Schülerin sagte: »Mein Ärger war rechteckig.« Ich erklärte der Gruppe, daß sie die Form und die Grenzen des Ärgers sah und daß sie durch das Etikettieren dieser Erfahrung mit dem Begriff Ärger Grenzen errichtete. Als sie den Ärger als begrenzte Energie sah, wurden die Grenzen diffuser. Um dies zu verstehen, ist es wichtig, daß der Beobachter das Etikett an die Erfahrung heftet und, indem er das tut, Energie zu einem Teil-(chen) zusammenzieht. Dieses Teil-(chen) hat eine Festigkeit an sich (Masse), nimmt einen Raum ein und existiert in der Zeit, wie David Bohm feststellte.

In Kapitel 3 sprachen wir über den Beobachter, in diesem Kapitel über die Funktion der Energie. Im nächsten Kapitel, »Zurück auf Null«, werden wir uns die Funktion der Masse ansehen und wie die Energie, wenn sie zusammengezogen und etikettiert ist, als Teil-(chen) erfahren wird, das seine Verbindung zum Ganzen verliert. In diesem Abschnitt haben wir entdeckt, wie der Akt des Etikettierens Energie zu Teil-(chen) verfestigt, wie dieses Teil-(chen) jedoch diffus wird und wie es sich selbst verwandelt, wenn das Etikett abgenommen wird.

Warum betone ich das Wort »Teil-(chen)«? Wenn wir undifferenzierte Energie etikettieren, machen wir sie zu einem *Teil*, getrennt vom Ganzen, daher *Teil*-(chen). Im nächsten Kapitel werden wir sehen, wie wir nicht nur unsere eigene Macht oder Energie schaffen können, sondern wie wir auch unsere Erfahrung dieser Energie erschaffen. Das wird uns zu Werner Heisenbergs Unschärferelation, »daß Wirklichkeit beobachter-geschaffen ist«, führen und dahin, wie wir – in Begriffen der Quantenpsychologie – durch unsere Erfahrung und Interpretation unsere eigene *subjektive* Wirklichkeit schaffen.

KAPITEL 5

Zurück auf Null

»Null gibt der Existenz die Erlaubnis, zu sein.«
Tarthang Tulku

»Wenn man die Vorbereitung der Messungen abändert,
werden sich die Eigenschaften der Partikel ändern.«
Fritjof Capra

Wahrscheinlich eine der aufregendsten und *provokativsten* Theorien der Quantenphysik ist Werner Heisenbergs Unschärferelation. Heisenberg konnte Mitte der zwanziger Jahre demonstrieren, daß der Beobachter durch die Wahl, die er oder sie traf, das Ergebnis eines physikalischen Experiments beeinflußte. Zum ersten Mal wurden wir, die Beobachter des Lebens, als untrennbar vom Leben gesehen. Der Beobachter betrachtete nicht einfach nur die Welt »da draußen«, wie die Newtonschen Physik behauptet hatte, sondern veränderte, beeinflußte und, wie einige Physiker behaupten würden, schuf durch den Akt des Beobachtens das, was er sah.

»Was da draußen ist, hängt offensichtlich, in einem rigorosen mathematischen Sinne wie auch in einem philosophischen Sinne, davon ab, was wir hier drinnen entscheiden. Die neue Physik sagt uns, daß ein Beobachter nicht beobachten kann, ohne das, was er sieht, zu verändern.« (G. Zukov, 22)

Ebene 3
Der Beobachter ist der Schöpfer
sowohl des Teil-(chen)-,
als auch des Masse-Aspekts des Universums.

Diese Theorie wird ein wichtiger »Quantensprung«, der der Quantenpsychologie hilft, das Verständnis menschlicher Problemzustände zu entwickeln.

PRINZIP: Der Beobachter schafft durch den Akt des Beobachtens sein subjektives inneres Reaktionsschema, d. h. die Erfahrung.

> *»Das bedeutet, daß die Art und Weise, wie wir Ereignisse, Interaktionen und unser inneres Selbst subjektiv erfahren, beobachter-geschaffen ist ... geschaffen von uns. Diese Wirklichkeit läßt auf eine weitere schließen: daß wir, als Beobachter unserer Erfahrung, uns dafür entscheiden, wie eine Erfahrung erfahren wird. Wenn ich beispielsweise sage »Ich mag Sie«, können Sie eine Reihe von Reaktionen schaffen: 1. »Wie nett«, 2. »Das hat er gar nicht so gemeint«, 3. »Wenn er wüßte, wie ich wirklich bin, würde er das nie so empfinden«, 4. »Ich frage mich, was er von mir will.«* (Wolinsky, 23)

Dieses Prinzip begleitet uns durch Kapitel 5. Der anerkannte Physiker Fred Wolf spekuliert: »Wie kann es da draußen ein mechanisches Universum geben, wenn das Universum sich (hier drinnen) jedes Mal verändert, wenn wir die Art und Weise, wie wir es beobachten, verändern?«

Wegen des aktiven Einflusses, den der Beobachter ausübt, hat der Quantentheoretiker John Wheeler eine bedeutende Weiterentwicklung hinzugeführt, indem er das Wort Beobachter in das Wort *Teilnehmer* änderte.

Der »Nullpunkt« ist ein Begriff, den wir gebrauchen. Er umfaßt den Beobachter sowie die Fähigkeit, die der Beobachter besitzt, subjektive Wirklichkeit durch den Akt des Beobachtens zu erschaffen und zu konstruieren. Man kann daher den Nullpunkt als den Punkt außerhalb des Bewußtseins bezeichnen, der die subjektive Erfahrung der Wirklichkeit beobachtet und daher erschafft und konstruiert.

In den frühen dreißiger Jahren fanden die mittlerweile berühmten Kopenhagener Gespräche statt. Man versuchte, die Natur der Wirklichkeit mit Blick auf die neuentwickelte Quantenphysik auszuloten. Die Natur der wahrgenommenen subjektiven Wirklichkeiten spielt für unsere Erforschung des »Nullpunktes« eine zentrale Rolle.

»Die Kopenhagener Interpretation besteht strenggenommen aus zwei verschiedenen Teilen: 1. Es gibt keine Wirklichkeit ohne Beobachtung; 2. Beobachtung schafft Wirklichkeit. ›Sie schaffen Ihre eigene Wirklichkeit‹, so lautet das Thema von Fred Wolfs Taking the Quantum Leap.« In diesem Kapitel werden wir uns auf den zweiten Punkt konzentrieren: ›Beobachtung schafft Wirklichkeit‹. In Kapitel 9 und 10 werden wir uns auf den ersten Punkt konzentrieren: ›Es gibt keine Wirklichkeit ohne Beobachtung.‹« (Herbert, 24)

Die Erforschung des »Nullpunkts« ist eine kritische Schwelle in der Betrachtung dessen, wie wir fortwährend unsere subjektive Erfahrung der Wirklichkeit erschaffen. Unseren eigenen persönlichen Aspekt der »beobachter-geschaffenen« Wirklichkeit zu verstehen und zu demontieren ist das Thema dieses Kapitels.

Die Wirklichkeiten, die wir als objektiv interpretieren, können wir dann allmählich als subjektiv erkennen. Gerade unser Beobachten erschafft unsere Wirklichkeiten, wie in der Kopenhagener Interpretation festgestellt wurde. Das Bewußtsein zu dieser Bewußtseinsebene zu transferieren ist der Mittelpunkt des Nullpunkt-Kapitels und der Nullpunkt-Übungen. Der Punkt der Beobachtung wird hier »Nullpunkt« genannt. In meinen Workshops bitte ich die Teilnehmer oft, »in der Mitte des Zimmers das Bild eines Hirsches zu erschaffen«. Dann fordere ich sie auf, Ihre Aufmerksamkeit (Beobachtung) davon abzuwenden und das Bild verschwinden zu lassen – was es tut – und dann zu schauen, ob es immer noch da ist. Es taucht wieder auf. Warum? Weil der Akt des Beobachtens das, was beobachtet wird, erschafft. In diesem Fall erschafft der Akt des Beobachtens erneut das Bild des Hirsches.

Quantenübung 18

Beobachtung erschafft Wirklichkeit

1. Schritt: Erschaffen Sie das Bild eines Hirsches mitten in Ihrem Zimmer.
2. Schritt: Hören Sie auf, dieses Bild zu beobachten, und erlauben Sie ihm, zu verschwinden.
3. Schritt: Prüfen Sie, ob es das Bild immer noch da ist.

Im allgemeinen erschafft sich das Bild neu durch den Akt des »Danach-Ausschau-haltens«. Manchmal kann ein Seminarteilnehmer »den Hirsch nicht loswerden«. Warum? Weil er immer nachsieht, ob der Hirsch schon verschwunden ist. Dieses Ausschauhalten erschafft die imaginäre Gegenwart des Hirsches. Dieses Phänomen tritt auch in unserer persönlichen Psychologie auf. Durch unsere Aufmerksamkeit erschaffen wir eine bestimmte Sache (Gedanke, etc.) und beobachten, wie sie auftaucht. Wenn wir unsere Aufmerksamkeit abziehen, verschwindet diese Sache.

Den »kreativen Aspekt des Beobachters« erforschen

In diesem Abschnitt werden – wie in den vergangenen Abschnitten auch – östliche Philosophie, Psychologie und Quantenphysik verbunden. Diese Bereiche werden aus theoretischen und auf Erfahrung beruhenden Gesichtspunkten erforscht. Das wird es dem Leser ermöglichen, den »kreativen Aspekt des Beobachters« zu erfahren. Wir werden die Ansicht vertreten, daß wir zu dem, was wir sind, »zurückkehren«, indem wir verschiedene alte erschaffene Teile innerhalb unserer Wahrnehmung, die nicht länger von Wert sind, wieder zerlegen.

Zum Beispiel kann der Beobachter durch Beobachtung die subjektive Erfahrung der Hoffnungslosigkeit erschaffen. Unglücklicherweise verschmilzt der Beobachter damit, wie wir später zeigen werden, und wird dadurch erfahrungsgemäß zu dieser Hoffnungslosigkeit. Er denkt, er sei diese Hoffnungslosigkeit. Ein Lehrer in Indien sagte einmal:»Persönlichkeit ist falsch verstan-

117

dene Identität.« Wenn wir uns mit diesen selbst erschaffenen Aspekten identifizieren, dann schließen wir daraus, wir wären eben diese Aspekte, anstatt zu erkennen, daß dies ein Weg ist, den wir uns selbst für unsere eigene Wahrnehmung konstruiert haben. Man kann es auch anders sagen: Das ist eine Linse, die ich geschaffen habe, durch die ich mich selbst betrachte und durch die ich mich selbst und meine Welt definiere.

Praktizierte Wirklichkeiten – eine innere Forschungsreise

Lassen Sie uns mit der Physik als Ausgangspunkt beginnen. In der Physik gibt es eine zentrale Frage, die sich auf das Wesen der Materie bezieht. Diese Frage ist für das Experiment und für den Beobachter des Experiments wesentlich – ein kritischer Punkt. Die Frage lautet: »Ist das Wesen der Materie eine Welle oder ein Teilchen?« Wir werden die sich verändernde Natur der Teilchen erforschen und wie diese Natur innere, subjektive Wirklichkeiten beeinflußt.

In den letzten beiden Kapiteln erforschten wir die wellenförmige Funktion der inneren Wirklichkeit und ihre Funktion als Energie. In diesem Kapitel werden wir uns auf die Realität als Funktion von Teil-(chen) und Masse konzentrieren. Ebenso untersuchen wir, wie Aspekte oder Teile von uns selbst durch uns als Beobachter in frühen Jahren geschaffen wurden und nun als automatische Verhaltensweisen und als Linse, durch die wir uns selbst betrachten, wirken.

In der Psychologie bezieht sich der Begriff »Teil« auf einen Aspekt unserer individuellen Persönlichkeit. Der Gebrauch dieser Terminologie sowie die Verbindung mit der Quantenphysik verhilft dazu, das Konzept des Teil-(chens) einzuführen. Ein Teil-(chen) ist ein Teil der »ungebrochenen Ganzheit der Quantenwelt«. Wie ein Teil eines Menschen ist auch das Teil-(chen) Teil des Ganzen. Wenn die ganze oder undifferenzierte Energie, die in unserem letzten Kapitel vorgestellt wurde, durch Etikettierung heruntergebrochen wird, wird das Ganze zu einer festen, masse-ähnlichen Struktur namens Teil-(chen), in diesem Fall ein Teil unserer Persönlichkeit. Sobald wir uns mit einem Teil identifizieren, werden wir begrenzt und abgeschnitten vom Ganzen, fühlen uns schwer, fest und massiv. Wir verlieren die Leichtigkeit, die wir suchen, aufgrund der Rigidität der Grenzen und des Prozesses der Verschmelzung und Identifikation.

In der folgenden Untersuchung des Bewußtseins werden wir unsere innere Welt im Kontext der Natur der Masse und der Teil-(chen) betrachten. In früheren Übungen wurden wir aufgefordert zu beobachten, wie Gedanken kommen und gehen und wie Gefühle kommen und gehen. Wir haben das Zeugesein von einem urteils-freien Ort der Beobachtung aus erforscht, wo das Phänomen dieser flüchtigen Zustände, die vorbeischweben, wahrgenommen wird. Wir haben auch bemerkt, daß all das, was oben gesagt wurde, eine besondere Energie besitzt, die verwandelt und transformiert werden kann, wie wir es bei den Übungen erlebt haben, bei denen man bestimmte Gefühle, Gedanken und Körperempfindungen als Energie sieht. Jetzt können wir mit der Untersuchung beginnen, wie Überzeugungen und Erfahrungen als Teil-(chen) gesehen werden können. Die folgende Übung soll unser Verständnis dafür erweitern, wie Wirklichkeit durch unsere subjektive Beobachtung und automatische Reaktionen geschaffen wird.

Quantenübung 19

Etiketten erschaffen Teil-(chen)

1. Schritt: Suchen Sie eine Emotion, die Sie beunruhigt hat (z. B. Trauer, Ärger, Schmerz).
2. Schritt: Entscheiden Sie, daß diese Emotion »schlecht oder ungewollt« ist. Achten Sie darauf, wie sich Ihre innere Erfahrung anfühlt.
3. Schritt: Ent-etikettieren Sie die Emotion; sehen Sie, daß die Emotion aus Energie besteht, und *beobachten* Sie.

Normalerweise bemerken Menschen, daß ihre Etikettierungen filtern und beeinflussen, wie sie eine Emotion erfahren. Wie wir uns entscheiden, eine Emotion oder einen Gedanken zu etikettieren, beeinflußt unsere innere, subjektive Erfahrung. Eine frühere Entscheidung hinsichtlich einer Erfahrung, eine frühere Überzeugung hinsichtlich der Welt, hält uns davon ab, neue Informationen zuzulassen. Daher entstehen unsere Erfahrungen durch unser Etikett, und wir komprimieren eine Emotion zu einem Teil-(chen), das aus verdichteter Energie besteht. Aufgrund der fixierten Natur unserer Gedanken oder Überzeugungen wird die verdichtete Energie, die zum Teil-(chen) wurde, langsam zu einer immer dichteren Energie oder Masse. (Siehe Abbildungen 6 und 7)

Je mehr das Teil-(chen) durch Etikettierung und verstärkend wirkende Erfahrungen verstärkt wird, desto mehr wird seine Form im Bewußtsein fixiert. Die Energie verdichtet sich immer mehr, da die Menschen eine Reihe fixer Überzeugungen um sie herum aufgebaut haben. Andersartige oder neue Informationen können nicht hinein- oder herausfließen (siehe Abbildung 8).

Hier haben wir undifferenzierte Energie, bevor das Etikett »Furcht« festgemacht wird.

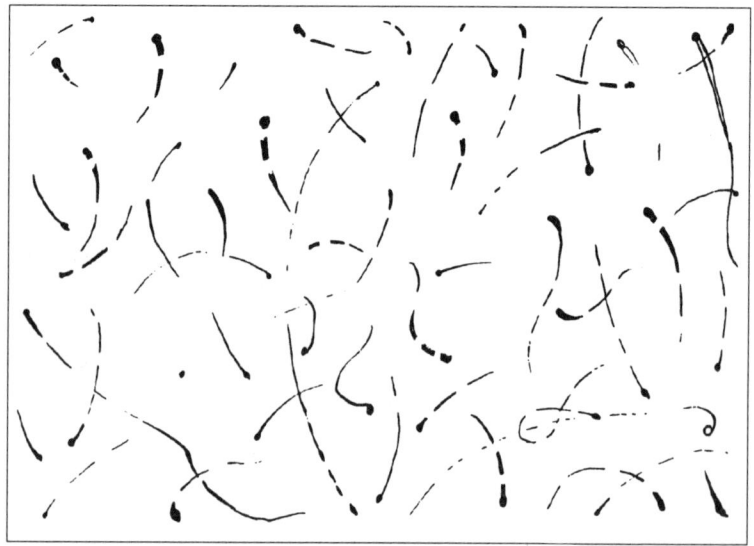

ABBILDUNG 6

Nachfolgend wird gezeigt, was geschieht, wenn undifferenzierte Energie als »Furcht« etikettiert wird. Die Energie wird zu einem festen Teilchen mit Masse.

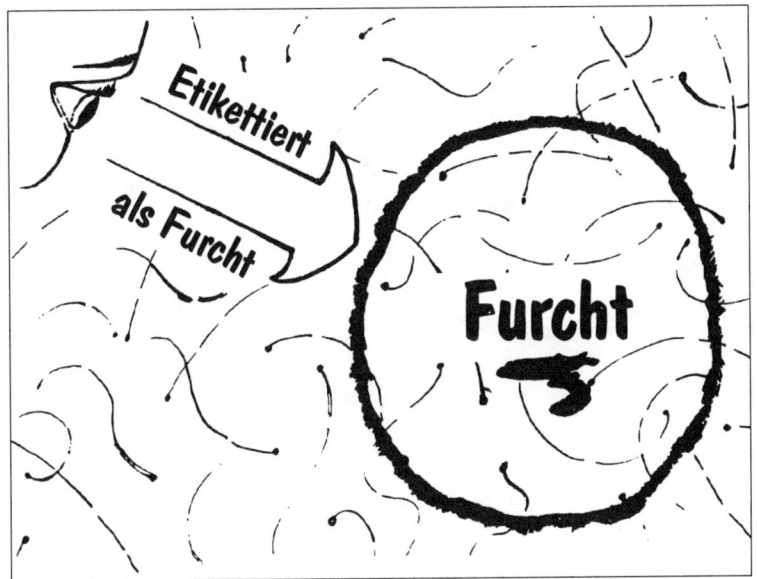

ABBILDUNG 7

Unten sehen wir verdichtete Energie, fest durch Masse und Begrenzungen. Hier sagt ein Individuum »Ich mag dich«, aber die eingegrenzte Energie, mit der Bezeichnung Furcht versehen, kann es nicht einlassen. Einfach gesagt, sobald die Energie einmal etikettiert und zu Teilchen oder Masse gemacht wurde – kann nichts hineingelangen und nichts herauskommen.

ABBILDUNG 8

Das Bewußtsein wird für diese Menschen zu etwas Statischem, sie erfahren ihre Entscheidungsfreiheit als weniger ausgedehnt, als komprimierter und schwerer (Masse). Sie verlieren vielleicht sogar die Fähigkeit, das Teil-(chen) selbst als Überzeugung wahrzunehmen. Statt dessen sehen sie sich selbst als eine bestimmte Überzeugung, und sie haben kaum eine Wahl hinsichtlich ihrer Erfahrung. Kurz gesagt, der Beobachter verschmilzt mit und wird zu seinen Überzeugungen. Er vergißt, daß er der Beobachter ist, derjenige, der diese neutrale Energie erschafft und sie etikettiert. Das geschieht durch den Prozeß der Entscheidung. Der bekannte buddhistische Lehrer Tharthang Tulku drückt es folgendermaßen aus:

> *»In jedem Akt des stellungsbezogenen Wissens gibt es einen ›Punkt der Entscheidung‹, einen lebendigen ›Nullpunkt‹, ›bevor‹ das Wissen vollendet ist.«* (Tulku, 25)

Hier schlägt Tarthang Tulku vor, daß der Nullpunkt vor dem Wissen kommt und vor der Verschmelzung mit dem, was man weiß.

Der Nullpunkt ist in der Quantenpsychologie der Wissende und der Beobachter und existiert auf dieser Ebene *vor* dem, was man weiß. In Begriffen der Quantenphysik schafft der Wissende durch den Akt der Beobachtung das, was man weiß. In Begriffen der Psychologie schafft der Beobachter seine Erfahrung durch den kreativen Akt des Beobachtens. Achten Sie darauf, wie sich Buddhismus, Psychologie und Physik in der Quantenpsychologie überlappen, um zum Verständnis zu verhelfen, wie subjektiv die Wirklichkeit konstruiert ist.

Sobald der Beobachter einen Gedanken erschafft und mit ihm verschmilzt, kann er nicht länger sehen, daß der »Teil-(chen)«-Glaube eine Grenze hat. Durch die Identifikation mit der etikettierten Energie fühlt er sich von seiner selbst-erschaffenen Wirklichkeit begrenzt, beschränkt und limitiert. Diese Erfahrung ist nur eine Erweiterung seines eigenen kreativen Glaubenssystems.

Wir werden als nächstes erforschen, wie man mit diesen wahrgenommenen Teil-(chen) auf einer emotionalen Ebene und auf der Überzeugungsebene arbeitet, und wir werden lernen, einerseits die begrenzten Erfahrungen und andererseits die ausgedehnten grenzenlosen Erfahrungen, die mehr der subatomaren Welt der Quantenphysik gleichen, zu identifizieren. Wir erkennen die begrenzte Welt an, aber wir entscheiden uns dafür, die Ausdehnung der grenzenlosen Existenz zu erforschen, einen größeren Kontext zu schaffen, in dem wir uns selbst erfahren können.

Bei der Betrachtung unserer eigenen Erfahrung werden wir folgendes feststellen: Wenn wir *glauben*, etwas sei wahr, dann *fühlen* wir auch, es sei wahr, und es wird subjektiv wahr für uns. Wenn dann Ereignisse in der Welt uns anscheinend »geschehen«, so werden sie durch dieses Glaubenssystems geschleust und interpretiert. Das verstärkt den Maßstab, den wir von der Welt und von uns selbst haben. Indem wir unsere Erfahrung als gut, schlecht oder neutral beurteilen, festigen wir unsere eigenen »wahrgenommenen« Wirklichkeiten. Je länger wir diese Wirklichkeit einschätzen und etikettieren, desto mehr Dichte und Masse erschaffen wir in unseren Gedanken und in unseren emotionalen Schemata. So wird die Energie weniger flüssig und immer dichter. Das geschieht in unserer subjektiven Wahrnehmung, nicht in der äußeren Wirk-

lichkeit. Wie David Bohm sagte: »Alles durchdringt alles andere.«
Um in der Welt zu funktionieren, kategorisieren wir unsere Erfahrung, und das bricht die flüssige Natur des Bewußtseins auf. Wir glauben, die Wirklichkeit, die wir schaffen, sei die *wahre* Wirklichkeit. Wenn diese Energie immer weiter etikettiert wird, festigt sich diese Überzeugung und ihr *wahrgenommenes* Wesen wird gestärkt.

Eine alte Freundin von mir sagte einmal: »Stephen, ich habe das Gefühl, du bist soundso.« Ich antwortete: »Das bin ich nicht.« Sie erwiderte: »Aber ich habe das Gefühl, daß du es bist.« Sie hatte mich auf diese bestimmte Art und Weise etikettiert und konnte und wollte über ihr Etikett nicht hinaussehen. In der Kognitiven Therapie nennt man das »emotionales Argumentieren«.

> »An der Wurzel dieser Verzerrung steht die Überzeugung, daß wahr sein muß, was Sie fühlen. Wenn Sie sich wie ein Verlierer fühlen, dann müssen Sie ein Verlierer sein.« (Davis, 26)

Hier etikettiert mich meine Freundin und fühlt ihr Etikett. Wenn sie dieses Etikett nicht losläßt, so kann keine neue oder andere Information hineingelangen. Ich bin sicher, wir können uns alle mit der Situation identifizieren, durch einen anderen auf eine bestimmte Art und Weise etikettiert zu werden, selbst wenn es nicht wahr ist. Wieviel Zeit haben wir alle mit dem Versuch der Erklärung verbracht, wir seien anders als diese etikettierte Wahrnehmung von uns, nur um voller Frust das Gefühl zu haben, entfremdet, isoliert und falsch verstanden zu werden.

Quantenübung 20

1. Schritt: Beobachten Sie eine Überzeugung. Suchen Sie sich Überzeugungen über sich selbst heraus, und achten Sie darauf, wie sie vorbeischweben.

2. Schritt: Sehen Sie diese Überzeugungen als Energie-Teil-(chen).

3. Schritt: Üben Sie, in diese Teil-(chen) einzutreten und mit ihnen zu verschmelzen. Achten Sie darauf, wie sich Ihre

Erfahrung verändert. Die Welt scheint ganz allgemein dichter und komprimierter, wenn es eine fixierte Überzeugung über unsere Welt gibt. Wir fühlen uns schwerer.

4. Schritt: Treten Sie aus dieser Überzeugung bzw. diesem Teil-(chen) heraus und beobachten Sie. Achten Sie auf die Veränderung Ihrer Erfahrung, bemerkenswerte Gefühle der Leichtigkeit, Gefühle, nicht verhaftet zu sein, der Weite. Achten Sie auch in der Alltagswelt einmal darauf, wenn Sie mit einem Menschen, der feststehende Überzeugungen hat, interagieren oder wenn intensive emotionale Zustände auftauchen, dann hat die Energie oder die Weite eine drückendere Dichte. Wenn man das Teil-(chen) beobachtet, gibt es mehr Leichtigkeit oder Raum. (In Kapitel 7 über den Raum wird dies näher ausgeführt.)

Damit wir das verstehen können, lassen Sie uns einen Blick auf diesen Vorgang aus der Quantenperspektive werfen.

Quantenübung 21

Betrachten Sie die Energie einer Überzeugung namens »Keiner liebt mich« mit Grenzen. Sehen Sie, wie sich die Energie verfestigt, wenn Sie sie als Erfahrung etikettieren und sie eine teil-(chen)-ähnliche und schwere, dichte, masse-ähnliche Struktur entwickelt. Folgen Sie diesen Schritten, um durch diese Übung ein fundierteres Verständnis zu erhalten.

1. Schritt: Betrachten Sie die Energie wieder ohne Bewertung.
2. Schritt: Nehmen Sie ein Teil-(chen) wahr, an das Sie glauben, wie beispielsweise »Keiner liebt mich«. Etikettieren bzw. glauben Sie es absichtlich.
3. Schritt: Achten Sie darauf, wie Sie sich damit identifizieren, wie Sie damit verschmelzen und sich weniger weit fühlen, wenn Sie es glauben.

4. Schritt: Jetzt treten Sie aus dem Teil-(chen) heraus und sehen Sie, wie Ihre Erfahrung weiter wird (siehe auch Abbildung 9).

Achten Sie darauf, daß es weniger Raum gibt, wenn Sie die Energie als eine bestimmte Überzeugung etikettieren und abtrennen. Wenn Sie sich mit dem *Teil*-(chen) identifizieren und selbst daran glauben, so werden Sie dazu. Ihre Erfahrung lautet dann: »Ich bin nicht liebenswert«.

Die Konsequenz dessen, wenn Energie zu einer Überzeugung verfestigt wird, ist ein Gefühl der Schwere und Dichte und daß man glaubt, es sei wahr. Selbst wenn dann ein Partner seine Liebe anbietet, kann diese Energie nicht angenommen werden, weil das zuvor geschaffene Teil-(chen) dies nicht zuläßt. Es bleibt ein Hindernis für die gegenwärtige Realität oder die angebotene Energie. Das Teil-(chen) hat jetzt Grenzen, die es sich selbst gesetzt hat und an die es glaubt. Das Teil-(chen) wird zu Ihrer Erfahrung der Realität.

Wie wir die Wahl hinsichtlich unserer Erfahrung zurückgewinnen

Wenn wir die Nullpunkt-Philosophie und -Techniken darstellen, so tun wir das, um den Menschen größere Wahlmöglichkeiten hinsichtlich ihren eigenen Überzeugungen und Erfahrungen zu geben. Dafür müssen alte Überzeugungen neu unter die Lupe genommen und auseinandergenommen werden. Das führt zu mehr Raum im Bewußtsein. Dann wird den Menschen bewußt, daß es einen Beobachter gibt, der die kreative Quelle der Überzeugung ist und der bestimmt, wie Erfahrungen interpretiert oder etikettiert werden. Zu diesem kritischen Zeitpunkt setzen wir *kein* neues Glaubensystem ein, sondern erlauben dem Menschen vielmehr, den Beobachter als die kreative Quelle der Erfahrung zu erleben. Um »auf Null« zu kommen, muß der Beobachter/Schöpfer die früher geschaffene Wirklichkeit ent-etikettieren und auseinandernehmen.

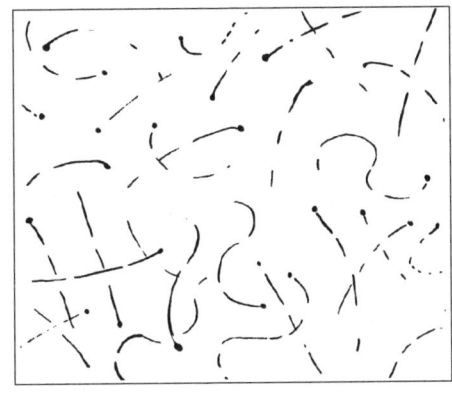

1. Schritt:
undifferenzierte Energie

2. Schritt:
etikettiert als
»Keiner liebt mich«.

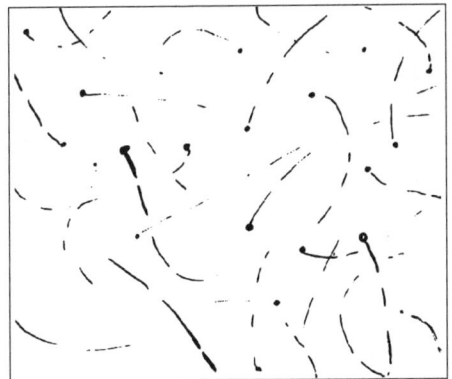

3. Schritt:
ent-etikettiert und einfach als
Energie gesehen

ABBILDUNG 9

Warum sollte jemand auf Null kommen wollen? Weil Sie auf Null einfach *sein* können und sich mit Menschen ohne die Filter, Überzeugungen und Hindernisse, die regelmäßig in unserem Bewußtsein auftauchen, verbinden können. Diese alten inneren Stimmen, Bilder und Assoziationen, die immer wieder auftauchen, halten uns davon ab, einfach in der Gegenwart zu sein und uns auf einer Wesen-zu-Wesen-Ebene zu verbinden, anstatt durch zuvor geschaffene Strukturen.

Sie könnten sagen, daß wir uns in den meisten unserer Beziehungen durch unsere Rollen verbinden. Wir fühlen uns oft einsam und entfremdet, weil uns alles Mögliche in den Weg gerät. Der Nullpunkt erlaubt uns, uns von Wesen zu Wesen zu verbinden. Auf dieser Ebene gibt es keine Einsamkeit oder Entfremdung. Tarthang Tulku formuliert es so:

> *»Indem man im Gegensatz zu dem, was ist, steht, gewährt Null der Existenz die Erlaubnis zu sein.«* (Tulku, 27)

Daher müssen Überzeugungen und Erfahrungen untersucht werden. Andere Systeme bieten bezüglich dieser Frage Theorien an. Es gibt gegensätzliche Ansichten hinsichtlich der Schaffung von Überzeugungen und Erfahrungen. Viele Menschen glauben, man müsse zuerst eine Erfahrung haben und dann eine Überzeugung aufbauen, die zu dieser Erfahrung paßt.

Wenn beispielsweise ein Vater sein Kind immer wieder mißbraucht, könnte dieses Kind sich entscheiden und »globalisieren«[*], daß »alle Männer schlecht sind«. Basierend auf der Interpretation des Kindes von der Wirklichkeit könnte das tatsächlich in all seinen Beziehungen zu Männern Wirklichkeit werden. Dr. Eric Berne, Schöpfer der Transaktionanalyse in den sechziger Jahren und Autor des Buches *Spiele der Erwachsenen*, erforschte dieses Gebiet. Er faßte zusammen, daß Überzeugungen während bestimmter Erfahrungen geschaffen wurden und daß diese »Spiele«, wie er sie nannte, dann zu automatischen Strategien wurden, die die Menschen

---

[*] «Globalisieren« ist ein Begriff aus der Kognitiven Therapie. Dabei erschaffen wir eine Überzeugung und machen sie zu einer globalen Wahrheit.

benutzten, um mit anderen in Beziehung zu treten. Ein Kind, das gequält wird, entscheidet, daß es keine Wahl hat und als Opfer handeln muß, um in seiner Familie zu überleben. Sein Vater kann der Verfolger sein, seine Mutter die Retterin. Da die Familie auf irgendeiner Ebene darin übereingekommen ist, dieses Spiel zu spielen, wird es gegenseitig verstärkt und vom Kind verinnerlicht.

Wenn das Kind weiter in die Welt hinausgeht, sieht es sich selbst als das ewige Opfer. Dieses Spiel wird zur einzigen Art und Weise, bei der es das Gefühl hat, versorgt zu werden, bei der es das Gefühl hat, daß man sich um ihn kümmert. Seine Wahrnehmung von Fürsorge und Liebe wird durch wiederholte Erfahrungen automatisiert – es glaubt automatisch, daß es das Opfer ist und interpretiert alles durch diesen Filter. Das Kind hat buchstäblich ein eingeschränktes Sichtfeld. Da es von seinen Eltern nur Aufmerksamkeit erhielt, wenn es ein Opfer blieb, fährt es damit fort und projiziert diese automatische Strategie. Da die Struktur seiner Überzeugungen verstärkt wird, beeinflußt es den Menschen, dieselbe Beziehung mit anderen Menschen fortzuführen. Er beginnt, nach einem Retter oder Verfolger *Ausschau* zu halten. Unterschiedliche Überzeugungen und Schemata werden zu Teil-(chen) in seinem Bewußtsein. Menschen neigen dazu, sich gegenseitg als Gegensätze oder Kompromisse anzuziehen. Das Opfer, das danach verlangt, umsorgt zu werden, zieht den Menschen an, der jemanden versorgen muß, wie z. B. den Retter. Im Bewußtsein werden die Teil-(chen) identifiziert und eingefroren. Der Mensch fühlt sich nicht länger wie der Schöpfer seines Lebens und seiner Wahlmöglichkeiten.

Wenn wir die menschliche psychologische Dynamik aus der Quantenperspektive heraus betrachten, muß unsere normale Sichtweise in einen anderen Bezug gesetzt werden. Mit Quantenbegriffen ausgedrückt, beeinflußt der Beobachter der Erfahrung durch den Akt des Beobachtens, wie die Erfahrung bestimmt wird. *Subjektive* Wirklichkeit wird vom Beobachter geschaffen und wird eben dadurch gefiltert* und eingefärbt. Daher wird die Wirklich-

---

* Filtern ist ein weiterer Begriff aus der Kognitiven Therapie zur Beschreibung, wie man einige Erfahrungen »aufnimmt« und andere »ausfiltert«.

keit durch den Beobachter etikettiert, und die Entscheidung über die Natur der Erfahrung ist gefallen. Wenn Sie zum Beispiel von Ihrem Vater auf eine bestimmte Art und Weise behandelt wurden, schafft der Beobachter die Bedeutung oder die Art und Weise, wie die Erfahrung konstruiert wird. Der eine entscheidet vielleicht, daß Mißbrauch Liebe sei, der andere entscheidet eventuell, daß der Mißbrauch gar nicht geschieht, und wieder ein anderer entscheidet, daß Mißbrauch schmerzt; allen Wirklichkeiten wird Bedeutung verliehen, und das verdichtet Energie zu Teil-(chen). In diesem Entscheidungsprozeß friert der Beobachter die Energie auf eine bestimmte Art und Weise ein bzw. hält sie fest. Diese Verdichtung von Energie wird dann immer konzentrierter, weil sie durch bestimmte Überzeugungen, Haltungen, Wahrnehmungen festgehalten wird.

Wenn Beobachter Erfahrungen etikettieren, neigen sie dazu, sich mit ihnen zu identifizieren oder mit ihnen zu verschmelzen. Sie entscheiden: »Das bin ich.« Von diesem Zeitpunkt an wird ihre Energie immer mehr durch Überzeugungen eingegrenzt und wird, wie wir gezeigt haben, zu einer vom Beobachter geschaffenen Wirklichkeit. Dieser Vorgang wird im individuellen Bewußtsein als »Teil-(chen)« erfahren – er hat ein psychisches Gewicht, Masse und eine eigene Energie. Daher bezieht sich der Therapeut in der Therapie darauf, daß ein Teil von Ihnen so oder so sei. Wenn Menschen zu Teil-(chen) werden, erfahren sie nicht länger den Raum oder die Möglichkeit, das Leben auch anders zu sehen. Die Spannung in diesen Teilchen bleibt erhalten, und die Beobachter-Funktion färbt die Erfahrung durch ihren eigenen Filter ein. Die wahre Natur der Beobachtung oder des Zeugeseins geht verloren.

Unglücklicherweise verlieren wir die Fähigkeit, über unsere Wirklichkeit frei zu entscheiden, wenn wir mit dem Teil-(chen) verschmelzen*. Die Perspektive des Lebens wird eng und »festgefahren«. Viele Formen der Therapie und der spirituellen Praxis kennen das Zeugesein, die Achtsamkeit, die Wachheit. Sie fordern uns auf, nach den besonderen Mustern Ausschau zu halten. Auf

---

* Verschmelzung ist ein Begriff, der in der Strukturellen Familientherapie entwickelt wurde.

diese Weise beginnen wir, unsere Begrenzung zu beobachten, aber wir finden nicht aus diesen individuellen Teil-(chen)-Wirklichkeiten heraus. Es ist wichtig, klarzustellen und und nochmals zu betonen, daß wir nicht das besondere Verhalten unseres Vaters erschaffen, wir erschaffen unsere subjektive Erfahrung dessen, wie unser Vater sich verhält.

Das ist unser Ausgangspunkt. Die meisten östlichen und westlichen Wege fordern uns auf, uns »unseres Prozeßes« bewußt zu sein, ihn zu beobachten, ihm Aufmerksamkeit zu schenken, ihm zuzuschauen oder Zeuge von ihm zu sein. Das Problem ist dasselbe, das ich erfuhr, als ich zwölf Jahre lang drei bis fünf Stunden täglich meditierte. Ich konnte alles beobachten und von allem Zeuge sein. Das Problem bestand darin, daß ich dasselbe »Zeug« immer und immer wieder beobachtete, ob es einfach einen leeren Raum gab oder einen unangenehmen Gedanken oder ein unangenehmes Gefühl. Ich brauchte zwölf Jahre, bis mir klar wurde, daß der Beobachter das erschafft, was er beobachtet. Dieser unmittelbare Vorgang, bei dem der Beobachter sein Objekt erschafft und ihm den Anschein verleiht, das Objekt sei schon immer dagewesen, ließ mich feststecken. Dieses Phänomen erfuhr ich, weil ich als Beobachter durch den Akt des Beobachtens eine innere Erfahrung schuf. Der nächste Quantensprung bringt uns aus der Illusion und dem passiven Beobachten der Welt zu der beobachter-geschaffenen Wirklichkeit. Hier muß das Zeugesein als Meditationspraxis zurückgelassen werden, oder Sie werden wie in der eben beschriebenen Erfahrung den Geist auf ewig beobachten und von ihm Zeuge sein, da Sie als Beobachter den Verstand erschaffen, den Sie beobachten. Die Gestalttherapie, die sich der unabgeschlossenen Angelegenheiten, die als Vordergrund immer wieder auftauchen, so bewußt ist, nennt den Nullpunkt, den Punkt, an dem Sie (der Beobachter) dem Jetzt begegnen.

Der Weg

Der nächste Ansatz gestattet es dem einzelnen Menschen zu sehen, daß der Beobachter erschafft, was er beobachtet, also wie eine

Erfahrung subjektiv erfahren wird. Ohne einen Ansatz oder ein »Wie« wäre es einfach einmal mehr mentale Masturbation. Hier liegt der Beweis im Ausprobieren. Wenn Sie als Beobachter *aufhören* können, subjektive Wirklichkeit zu erschaffen, dann funktioniert der Ansatz. Andernfalls ist es einfach eine weitere Idee für Ihren Verstand.

Hier trifft der aktive Beobachter der Quantenphysik den passiveren östlichen Beobachter/Zeugen. Wir erschaffen den unangenehmen Vorfall, der uns geschieht, nicht: sei es ein Autounfall, Krieg oder der Verlust eines geliebten Menschen. Wie wir jedoch bei der Erforschung der Teil-(chen)-Wirklichkeiten entdeckt haben, filtern wir aber unsere Erfahrung und beurteilen und kategorisieren sie gemäß unseren konstruierten Glaubenssystemen. Auf diese Weise beeinflussen wir, wie wir eine Erfahrung erfahren.

Ein Kind mußte sich vielleicht durch ein schwieriges Leben entwickeln: Armut, Mißbrauch und Schmerz. Es könnte sich leicht für das globale Urteil entscheiden: »Das Leben ist hart.« Wenn der Beobachter sich für seine Wirklichkeit entscheidet, dann wird die Wirklichkeit auf subjektive Weise immer wieder neu geschaffen. Die Wirklichkeit der Gegenwart wird durch den Beobachter/ Schöpfer fixiert und alle Erfahrungen auf diese Weise interpretiert. Die momentane Erfahrung des Menschen wird daher von in der Vergangenheit geschaffenen Filtern überschattet. Diese Wirklichkeiten waren zur damaligen Zeit subjektiv, aber basierten auch auf der äußeren Wirklichkeit, wie sie sich dem Menschen zeigte. Wie funktionsfähig die Reaktion in der Vergangenheit auch immer gewesen sein mag, sie wird disfunktionell, wenn sie automatisch abläuft, weil der Mensch dadurch seine Wahlmöglichkeit verliert.

Wenn wir dieses Phänomen erforschen wollen, müssen wir bei der subjektiven Wirklichkeit, die Sie *automatisch* erschaffen, beginnen. Auf dieser Ebene werden Sie, der Beobachter, aufgefordert, die Fertigkeit zu erlernen, bewußt anstatt unbewußt zu erschaffen. Diese Fertigkeit beinhaltet die Fähigkeit, das Erschaffen subjektiver Erfahrung zu beenden bzw. nicht länger zu erschaffen. Diese neu gefundene Fähigkeit bringt uns aus der Position des Opfers heraus, das sich ahnungslos fühlt und hilflos hinsichtlich seiner Erfahrungen, in eine Position, bei der wir fähig sind, zu wählen bzw. eine bestimmte automatische subjektive Wirklichkeit zu eliminieren.

Unser nächster Abschnitt bietet einen Kontext und, damit sie persönliche Erfahrungen sammeln können, Übungen, die Ihnen helfen, für Ihre persönliche, subjektive Wirklichkeit die Verantwortung zu übernehmen. Unser Ziel ist es, den Beobachter zu befreien, damit er nicht länger durch früher geschaffene Wirklichkeiten und Erfahrungen behindert wird. Hier kann ein Beobachter beobachten – ohne die Ablenkungen, die im Verstand auftauchen.

Das Erschaffen unserer Wirklichkeiten erforschen

Die Philosophie betrachtet das Erschaffen von Erfahrung auf vielfältige Weise; der Nullpunkt-Prozeß stellt das Prinzip dar, daß subjektive und innere Erfahrungen der Wirklichkeit beobachtergeschaffen sind. Wir entscheiden uns dafür, Erfahrungen gemäß unseren »subjektiven Linsen« zu sehen, zu fühlen und zu etikettieren. Wenn wir die subjektiven Linsen entfernen, so können wir durch unsere Quantenlinsen sehen. Jeder von uns sucht sich andere subjektive Reaktionen heraus, entsprechend der Wirklichkeit, für die wir uns entscheiden. Offensichtlich erschaffen wir nicht die physikalische Manifestation der Welt, wie den Wagen auf der Straße. Statt dessen erschaffen wir unsere Reaktionen auf die physikalische Wirklichkeit. Wir haben alle viele Reaktionen, die auftauchen, wenn wir eine Szene, einen Menschen oder eine Sache beobachten. Wenn jemand ein rotes Auto sieht, könnte die Reaktion in einem subjektiven Sinne lauten: »Ich mag rote Autos, sie sind sexy.« Oder: »Ich kann rote Autos nicht ausstehen; man bekommt mit ihnen zu viele Strafzettel von Polizisten.« All diese Reaktionen erlauben es dem Beobachter, innere subjektive Reaktionen zu beeinflussen.

Dieses Prinzip funktioniert in der Quantenphysik und auch in unserem inneren, psychologischen Reaktionssystem. Eines der Ziele im Nullpunkt-Prozeß ist es, mit unseren automatischen beobachter-geschaffenen Etikettierungen aufzuräumen. Das transzendiert die subjektive Wirklichkeit, die wir durch unsere frühere

Konditionierung fest verankert halten. Wir fangen an, aufzuräumen und lassen Raum in unserem Bewußtsein zu. Das bringt uns zurück auf »Null« ... einfach reine Beobachtung.

Wir haben die Gelegenheit, die Wirklichkeit zu betrachten ohne die Gedanken, Gefühle, Emotionen, Assoziationen oder körperlichen Reaktionen von früher, die unsere gegenwärtige Erfahrung beeinflussen. Mit anderen Worten: Wir haben die Gelegenheit, die Wirklichkeit zu betrachten, »ohne daß irgendwelches Zeugs abläuft«. Diese alten Filter sind normalerweise frühere Reaktionen, die geschaffen und in festen Schemata zurückgelassen wurden; Schemata, die weiterhin Auswirkung auf unsere subjektive Erfahrung haben. Wir werden unfähig, einen freien oder ungehinderten Augenblick in der Gegenwart zu wählen.

Als Beispiel kann hier ein traumatischer Vorfall dienen, wie etwa ein Kind, das den Tod seiner Mutter bei einem Unfall in einem roten Auto beobachtet. Wegen der früheren Erfahrung des Schreckens, des Schmerzes, der Trauer, des Schocks und des Verlassenwerdens, die miteinander verbunden wurden, sind alle roten Autos mit einem Brandmal behaftet. Die emotionale Reaktion, nämlich das Zusammenbrechen, Weinen, das intensive Gefühl von Verlust, der Atemstillstand, wird ebenfalls mit diesem erschütternden Trauma verbunden. Diese ganze Gestalt verschmilzt mit roten Autos. Dieser Mensch ist nicht länger frei, ein rotes Auto ohne irgendeine seiner früheren inneren Reaktionen und Schöpfungen zu sehen. Jedesmal, wenn ein rotes Auto vorbeifährt, entsteht ein seltsames Gefühl des Vermeidens, der Erinnerung, das das Bewußtsein durchkreuzt, weil alle roten Autos mit diesem überwältigenden Verlust verbunden werden. Sogar noch Jahre später, wenn dieser Mensch einkaufen geht, selbst fährt oder einfach nur Beifahrer in einem roten Auto ist, entwickelt sich eine Situation, die er lieber vermeiden würde oder aber aufs äußerste verabscheut.

Die früheren, vom Beobachter geschaffenen Reaktionen reichen bis in die Gegenwart; sie wurden nicht losgelassen. Dieser Mensch *verschmilzt* mit den Assoziationen, Gefühlen, Entscheidungen, die auf ewig mit dem Trauma verbunden zu sein scheinen. Rote Autos werden nie auf freie, offene Art und Weise erfahren. Statt dessen werden sie in unserer Erfahrung und in unserem Bewußtsein mit dieser Sammlung ungelöster Schöpfungen aus der Vergangenheit vermischt.

Unsere Beziehungen werden oft durch früheres Verlassen, durch früheren Betrug belastet. Das hält uns in unserer gegenwärtigen Beziehung auf Distanz und läßt uns wachsam sein. Im wesentlichen nehmen wir Verstimmungen der Vergangenheit und projizieren sie auf Gegenwart und Zukunft. Daher bleiben wir verschlossen, was das Betrachten früherer Beziehungen anbelangt, als ob sie in der Gegenwart geschähen.

PRINZIP: Sobald sich der Beobachter für eine Wirklichkeit entscheidet, gibt es die Tendenz, diese Wirklichkeit auch aufrechtzuerhalten, indem sie automatisch immer wieder neu geschaffen wird.

Die Fähigkeit der Wahl geht verloren in diesen starren Grenzen, die die Gegenwart beeinflussen können, obwohl sich der Mensch dieser früheren Entscheidungen bzw. Schöpfungen nicht bewußt ist. Einmal nahm eine Frau an der Therapie teil, die sich an einen Vorfall erinnerte, der für sie als junges Mädchen traumatisch war. Sie hatte entdeckt, daß sich ihre Eltern unter der Dusche liebten. Ihr Vater schrie sie an, und sie war vor Angst, Schreck und Verwirrung wie erstarrt. Ihre Aufmerksamkeit richtete sich auf eine Zahnbürste; das half ihr, ihre Aufmerksamkeit von dieser schmerzvollen Erfahrung abzulenken. Die Beobachterin ihrer Erfahrung etikettierte das Trauma als schrecklich, und ihre körperliche Reaktion und psychologische Reaktion waren die intensiver Furcht. Jahre später, wenn sie als Erwachsene ihren Ehemann lieben wollte, manifestierte sich die automatische Reaktion der Furcht auch weiterhin in einem Gefühl des Erstarrtseins. Die alte Reaktion wurde von der automatischen Reaktion der beobachter-geschaffenen Wirklichkeit neu erschaffen. Auf irgendeine Weise schaltete sich jedesmal, wenn sie eine Zahnbürste im Badezimmer sah, unbewußt die Assoziation aus der Vergangenheit ein, und sie verspürte das »Gefühl« von Furcht.

Quantenübung 22

1. Schritt: Erinnern Sie sich an eine automatische Reaktion, die in Ihrem Leben immer wieder auftaucht.

2. Schritt: Beobachten Sie die Reaktion.

3. Schritt: Achten Sie auf die automatischen Gefühle, Assoziationen, Emotionen, Körperreaktionen, die Ihnen automatisch »zu geschehen scheinen«. Diese Erfahrung tritt auf, wenn automatische, beobachter-geschaffene Wirklichkeiten weiterhin erzeugt werden.

4. Schritt: Beobachten Sie und erschaffen Sie absichtlich den Gedanken, das Gefühl oder die Erinnerung.

5. Schritt: Sehen Sie das, was »auftaucht« (Gedanke, Gefühl oder Erinnerung), als Energie.

Viele Therapien betonen das, was in der Kindheit geschah. Betrachten Sie statt dessen, wie der Vorfall in der Zeit eingefroren ist und durch den Beobachter fest verankert wurde. Der Beobachter, der nicht zeitgebunden und linear ist, erschafft diese Erfahrung in der Zeit. Die Zeit scheint sie zu verankern. Der eingefrorene Vorfall scheint immer gegenwärtig zu sein. Statt dessen fährt der Beobachter fort, den Vorfall zu erschaffen und ebenso die Reaktionen darauf bzw. das Umfeld des Vorfalls oder die Antwort auf den Vorfall. Daraus folgert das Prinzip, daß der Beobachter die subjektive innere Erfahrung erschafft, nicht das tatsächliche Ereignis, aber die gefühlsmäßige Reaktion auf das Ereignis. Dann gibt er vor, er tue das nicht. Der Beobachter gibt vor, die innere Erfahrung nicht zu erschaffen.

Beispielsweise ist es oft so, daß Sie spazierengehen oder mit einem Freund plaudern, und Ärger oder Trauer oder ein plötzliches »unbehagliches« Gefühl taucht in Ihrem Inneren auf. »Woher kommt das?« fragen Sie sich selbst. »Warum fühle ich mich so?« Es hat den Anschein, als ob das Gefühl Ihnen »geschieht«. Der Beobachter schafft die Erfahrung neu und gibt dann vor, dies nicht zu tun, als ob er (der Beobachter) nichts damit zu tun habe.

Ein weiteres Beispiel kann eine Meinungsverschiedenheit zwischen Ihnen und Ihrem Ehepartner sein. Einer von Ihnen reagiert verletzt, der andere wütend. Jeder hat das Gefühl, die Emotion würde ihm einfach geschehen, statt dessen hat jeder etwas damit zu tun. Ein Freund von mir pflegte zu sagen: »Mir wurde klar, gleichgültig, was mir in meinem Leben Gutes oder Schlechtes geschah, es gab immer denselben Menschen – mich (den Beobachter). Mir wurde klar, daß ich etwas damit zu tun haben mußte.«

Anstatt sich zu fragen »Woher kommt dieser Ärger?«, werfen Sie lieber einen Blick darauf, wie diese Emotion, diese Haltung, diese Überzeugung geschaffen wurde. Im allgemeinen haben wir uns durch Therapie, spirituelle Praxis oder die normalen harten Schläge des Lebens dazu entwickelt, unsere Gefühle zuzulassen und zu akzeptieren. Das Wichtigste, was ich aus meinen Jahren der Therapie mitgenommen habe, war, daß es in Ordnung ist, das zu fühlen, was ich fühle, und dort zu sein, wo ich war. Der nächste Schritt besteht darin, zu »kapieren«, daß wir verantwortlich sind für jene Überzeugungen, die Gefühle hervorrufen: Wir haben diese Überzeugungen geschaffen und konstruiert. Wir haben dies bewußt oder unbewußt durch den Akt des Beobachtens* getan.

Widerstreitende Überzeugungen

Wenn wir ganz davon in Anspruch genommen werden, unsere subjektiven Wirklichkeiten und unsere Reaktion auf eine bestimmte Situation zu erschaffen, warum ist es dann so schwierig, neue Wirklichkeiten oder interne Programme zu ändern? Viele Verfechter der New-Age-Therapien versuchen, Bewußtsein zu verändern, so wie es Erziehung oder Hypnose auch tun. Sie stellen die Hypothese auf, daß wir eine neue Art zu sein erschaffen können durch Visualisierung, die Kraft des positiven Denkens, Meditation, Selbst-Hypnose, Affirmationen, einen Akt des »unbe-

---

* Dieser Prozeß des Etikettierens wird durch Dr. Albert Ellis, dem Gründer der Kognitiven Therapie, näher erläutert.

wußten Verstandes« oder eine »höhere Macht«. Diese Methoden schlagen häufig vor, »negative Assoziationen oder Gedanken mittels Affirmationen oder Neu-Assoziationen« nicht zuzulassen. Bei diesen Vorgängen fehlen zwei wichtige Dinge.

PRINZIP: Man kann keine neue Wirklichkeit gegen eine existierende, bereits früher geschaffene Wirklichkeit beibehalten.

Dieses Vorgehen hat einen erhöhten Widerstand gegen Veränderung zur Folge. Die Wirklichkeiten werden zu Gegensätzen. Ein Beispiel hierfür ist der Versuch, an die neue Wirklichkeit zu glauben: »Das Leben ist leicht.« Unglücklicherweise existiert die alte Schöpfung, die alte Überzeugung »Das Leben ist hart« immer noch im Bewußtsein. Eine Schöpfung kann nicht von einer anderen *überwunden* werden. Ein positiver Gedanke, eine positive Entscheidung oder Neu-Assoziation hat nicht mehr Masse oder Macht, um einen negativen Gedanken, eine negative Entscheidung, Neu-Assoziation oder Schöpfung umzustoßen. Man muß den existierenden Gedanken in den Griff bekommen, denn er wurde zuerst geschaffen und bleibt im Bewußtsein.

PRINZIP: Die erste Überzeugung, die geschaffen wurde, wird zum Bezugspunkt des Menschen und trägt daher am meisten Macht in sich. Sie wird zur Norm des Menschen, an der er Erfahrungen mißt.

Daher wird der Bezugspunkt der ursprünglichen Überzeugung »Das Leben ist hart« zum Ausgangs-Bezugspunkt, und er wird dies auch bleiben, bis der Beobachter verstehen kann, daß er erstens bereits vor seinen Überzeugungen existierte und daß er sich zweitens für die Überzeugung entschieden hat, die zum Filtersystem für ein- und ausgehende Wahrnehmungen und Erfahrungen wurde. Sobald ein Beobachter das aus seinen Erfahrungen heraus »begriffen« hat, kann er dieses Filtersystem oder diese Überzeugung namens »Das Leben ist hart« zu gegebener Zeit eliminieren.

Ein klassisches Beispiel, das wir alle kennen, ist das Gefühl, »nicht ganz so schlau« oder »unzulänglich« zu sein (das erste erschaffene Teil-(chen), das durch eine Entscheidung entstand). Dann versuchen wir, dies zu überkompensieren, indem wir sehr hart an dem Beweis arbeiten, daß wir *nicht* unzulänglich sind (die zweite Teil-(chen)-Schöpfung). Achten Sie darauf, daß, gleichgültig wie sehr wir unsere Adäquatheit beweisen oder zur beweisen suchen, wir dauernd die erste Schöpfung oder die Unzulänglichkeit fühlen. Selbst wenn wir Erfolge erzielen, vergleichen wir uns immer mit dem Gefühl der Unzulänglichkeit. Im Grunde werden die unzulänglichen Gefühle zu unserem *Bezugspunkt*!!!

»*Unsere gesamte Wirklichkeit ist auf dauernde Vergleiche hin konstruiert. Unsere Sinne, die uns unsere Wirklichkeit beschreiben, nehmen diese Vergleiche die ganze Zeit vor. Unglücklicherweise müssen unsere Sinne, die keine absolute Bezugslinie kennen, ihre eigene relative Bezugslinie erzeugen. Aber wann immer wir etwas wahrnehmen, nehmen wir stets nur Unterschiede wahr, ob es heiß oder kalt ist, hell oder dunkel, ruhig oder laut: immer verglichen mit relativen Größen. Wir kennen kein absolutes Maß der Dinge, was unsere tägliche Wirklichkeit betrifft.*«* (Bentov, 28)

Eine Patientin, mit der ich in der Therapie gearbeitet habe, eine Jugendliche, fühlte sich im Vergleich zu ihrer älteren Schwester, die wegen ihres Alters alles besser und erfolgreicher zu tun schien, unzulänglich. Meine Patientin zog den kürzeren, wann immer sie versuchte, etwas allein zu erreichen. Sie verglich sich ununterbrochen mit der »Norm« ihrer älteren Schwester und war unfähig, sie selbst zu sein. Sie verschmolz mit ihrer Schwester, die zu ihrer inneren Norm geworden war. Wann immer sie eine neue Wesensart versuchte, verglich sie sich automatisch mit ihrer Schwester und spürte die alten Emotionen der Unzulänglichkeit, des Versagens und der Verwirrung. Ihre Überzeugung »Ich will ein adäquater Mensch sein« wurde fortwährend mit ihrer Schwester verglichen, die adäquat war. Einfach gesagt, die Beobachterin nahm das Bild der Schwester, hielt dieses Bild zusammen mit ihrem Gefühl, im Vergleich zu ihr unzulänglich zu sein, im Bewußtsein verankert. Das ist die erste Schöpfung. Dann erschafft sie ein überkompensierendes Teil-(chen), um zu beweisen, daß sie nicht unzulänglich ist. Durch den Versuch, die erste Schöpfung zu negieren, und

durch die Weigerung, sie anzuerkennen, bauen wir eine Dichoto-
mie auf. Der Beobachter sieht die alten Bilder, Assoziationen, Erinnerungen und ist unfähig, einen neuen Schritt in ein freieres Bewußtsein zu wählen, weil es die früheren Schöpfungen sind, aus
denen heraus wir unsere Wahl getroffen haben, anstatt aus einem
klaren, freien Raum. Häufig halten wir alte Bilder aufrecht als eine
Möglichkeit, sich dagegen zu wehren, so wie sie zu sein. Es erfordert Energie und Anstrengung, das Bild kontinuierlich an seinem
Platz zu halten, und sich dagegen zu wehren, so wie dieses Bild zu
sein und darüber hinaus zu hoffen, eine andere Wirklichkeit entwickeln zu können. Wenn eine Frau beispielsweise die Entscheidung trifft: »Ich will nicht wie meine Mutter sein«, so muß sie
ständig ein Bild ihrer Mutter in ihrem Bewußtsein tragen (erste
Schöpfung), damit sie weiß, wie sie nicht sein will (zweite Schöpfung). Da die erste Schöpfung am stärksten ist, bedeutet dies, daß
sie in einem ständigen inneren Kampf lebt – sie wird wie ihre Mutter, und sie wehrt sich dagegen, wie ihre Mutter zu sein.

Quantenübung 23

1. Schritt: Sehen Sie zwei Maßstäbe oder Teil-(chen) im Raum. Ein
Teil-(chen) ist zum Beispiel die Überzeugung: »Ich will
wie meine Schwester sein.« Das andere Teil-(chen) könnte
sein: »Ich will ich sein, nicht wie meine Schwester.«

2. Schritt: Verschmelzen Sie mit einem Teil-(chen), und erfahren
Sie diese Wirklichkeit.

3. Schritt: Verschmelzen Sie mit einem anderen Teil-(chen), und
erfahren Sie dessen Wirklichkeit.

4. Schritt: Schreiten Sie zwischen die beiden gegensätzlichen Teile,
und erfahren Sie die Emotion zwischen den beiden Teil-
(chen).

5. Schritt: Spüren Sie diesen Widerstand und Konflikt (Energie),
der beide an ihrem Platz hält.

6. Schritt: Nun beobachten Sie die zwei Teil-(chen), wie sie aus derselben Energie gemacht sind.

7. Schritt: Achten Sie darauf, was geschieht.

Wenn wir versuchen, uns gegen das erste Teil-(chen) oder die erste Schöpfung zu wehren, dann fahren wir damit fort, es zu verstärken. Das geschieht bei der gedanklichen Affirmation, wenn die ursprüngliche Überzeugung oder das ursprüngliche Teil-(chen) nicht zuerst auseinandergenommen wurde. Eine Affirmation wie »Das Leben ist leicht« läuft für gewöhnlich der früheren Überzeugung »Das Leben ist hart« entgegen. Wenn Sie weiterhin darauf bestehen, daß das Leben leicht ist, so unterstützen Sie im Grunde die alte Überzeugung, daß das Leben hart ist – Sie sind weiterhin damit verbunden.

Normalerweise würden wir nicht auf einer neuen Überzeugung oder Affirmation bestehen, außer wir sind immer noch mit einer früheren Schöpfung verbunden bzw. wir glauben auch weiterhin an sie. Wenn wir also schreiben »Ich bin es wert, Geld zu machen«, dann unterstützen wir in Wirklichkeit die alte Maxime des »Ich bin es nicht wert, Geld zu machen«. Jedesmal, wenn wir schreiben »Ich bin es wert, Geld zu machen«, verstärken wir die gegensätzliche, früher geschaffene Überzeugung »Ich bin es nicht wert, Geld zu machen.«

Hier ist es wichtig, die Tatsache zu würdigen, daß der Beobachter Gedanken im Unterbewußtsein aufbaute und sie auf Automatik schaltete. In meinem ersten Buch *DIE ALLTÄGLICHE TRANCE. Heilungsansätze in der Quantenpsychologie* schafft der Beobachter eine Reaktion auf ein Ereignis. Wenn die Reaktion, die ich »Trance« nannte, funktioniert, dann schaltet der Beobachter die Reaktion (Trance) auf Automatik. Warum wird das Trance genannt? Weil der Beobachter sich selbst zu einem kleineren Teil-(chen) schrumpft und das Leben durch oder von diesem Teil-(chen) oder Filter aus erfährt. Wenn der Beobachter das tut, beschränkt er sein Blickfeld und sieht die Welt mit eingeschränktem Sichtfeld. (siehe Abbildung 10)

Hier wird das Prinzip erforscht, daß »der Beobachter keine Vorlieben hat«. Auf Null zurückzukehren erlaubt den Menschen, die Welt ohne automatische Vorlieben zu betrachten. Vorlieben entstehen aus Teil-(chen), nicht aus dem Beobachter. Wir alle entscheiden uns unter Umständen dafür, ein bestimmtes Nahrungsmittel, eine Beziehung, eine Farbe zu mögen, aber die Erfahrung ist ganz anders, wenn diese Wahl ohne Vorliebe oder Ergebnis geschieht, anstatt von alten, erlernten Assoziationen im Verstand.

Der Nullpunkt-Prozeß erlaubt es dem Beobachter, das zu betrachten, was im Verstand geschieht, anstatt sich zu verhaften, sich zu identifizieren oder Dinge vorzuziehen. Das gestattet uns, aus der Arena des Teil-(chens) herauszutreten und frühere Gedanken, Assoziationen, Emotionen und Empfindungen loszulassen. Das katapultiert uns in die Gegenwart. Dies sind die Bestandteile, die uns normalerweise davon abhalten, im Zustand des Beobachters zu verbleiben.

Oft taucht in den Workshops die Frage auf: »Ist das nicht wie Meditation?«

Achten Sie darauf, wie ein Beobachter die Welt ohne Blockierung sieht, wenn es keine Teil-(chen) gibt, die die Sicht versperren. Im Gegenteil, wenn die Welt von einem Teil-(chen), anstatt von einem Beobachter aus, gesehen wird, so ist die »Sicht der Welt« begrenzt.

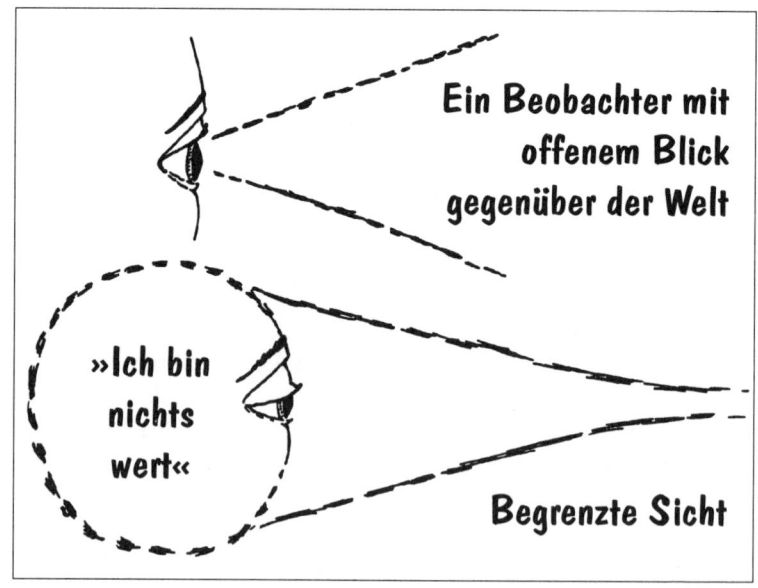

Ein Beobachter mit offenem Blick gegenüber der Welt

»Ich bin nichts wert«

Begrenzte Sicht

ABBILDUNG 10

»Die Meditation (dhyana) ist ein ununterbrochener Gedanken-fluß in Richtung auf ein Objekt der Konzentration. Mit anderen Worten, Meditation ist verlängerte Konzentration ... Der Pro-zeß der Meditation wird häufig mit dem Umgießen von Öl ver-glichen: von einem Topf in den anderen in einem stetigen, unun-terbrochenen Strom.« (Isherwood, 29)

Daraus folgt, daß die Meditation die Anstrengung erfordert, sich zu konzentrieren und zu fokussieren. Es ist zu hoffen, daß dieses Fokussieren, wie das Plazieren eines Vergrößerungsglases in der Sonne und das Bündeln die Hitze der Sonne in einen einzigen Strahl, genug Energie bündelt, um ein Blatt zu verbrennen. Auf dieselbe Weise wird das Fokussieren und Konzentrieren das Blatt (Teil-[chen]) verbrennen. Das Problem besteht darin, daß es keine Verantwortung oder Anerkennung dessen gibt, daß »derjenige, der sich konzentriert (der Beobachter)« das Blatt oder Teil-(chen) da überhaupt erst plaziert hat. Meditation ist die Fähigkeit zur Konzentration, und sie bringt viele Vorteile mit sich, um sich *aber* jenseits der Teil-(chen)-Wirklichkeiten zu bewegen, muß der Be-obachter die Verantwortung dafür übernehmen, die beobachtete Wirklichkeit überhaupt erst aufgebaut zu haben. Dann erst kann der Beobachter aufhören, solche Überzeugungen (Teil-[chen]) auf-zubauen.

Der Osten trifft den Westen

Hier reichen sich die östliche Meditation, die Physik und die west-liche Psychotherapie wieder die Hände. Die westliche Psychothe-rapie fordert die Patienten auf, ihre Erfahrungen anzuerkennen und die Verantwortung dafür zu übernehmen. Mit anderen Wor-ten, ein Patient konstruiert seine eigene subjektive Erfahrung. Die Psychologie bietet die Bewußtwerdung eines erschaffenen Musters an. Sie versucht, es zu interpretieren oder »alte, unabgeschlossene Dinge« aufzuarbeiten, damit sich das Muster nicht wiederholen kann. In der östlichen Meditation und in der Sufi-Tradition wer-den wir aufgefordert, zu beobachten, vom Verstand einfach Zeuge zu sein oder uns zu *konzentrieren*, um uns so zu vertiefen, daß das Wesen der Sache einfach hervorscheint; diese Vertiefung wird »Samadhi« genannt. Die Quantenphysik ist dagegen der Ansicht, daß wir durch den Akt des Beobachtens das *erschaffen, was wir beobachten*. Das ist der Nullpunkt.

Tradition	Methode
Sufi- und östliche Meditation	Beobachtung
Psychotherapie	Übernehmen Sie die Verantwortung, und erkennen Sie die geschaffene Wirklichkeit an
Quantenphysik	Der Beobachter erschafft die subjektive beobachtete Erfahrung

Die Quantenpsychologie fordert den Ausübenden dazu auf, 1. zu beobachten (Sufi- und östliche Traditionen), 2. die Verantwortung zu übernehmen und die subjektive Wirklichkeit zu erfahren (westliche Psychotherapie), und 3. sich klar zu werden, daß der Beobachter durch den Akt des Beobachtens seine subjektiven Gedanken, Gefühle, etc. erschafft (Quantenphysik).

Quantenübung 24

**Die Grenzen und die Form eines Gedankens,
einer Überzeugung oder einer Emotion erfahren**

1. Schritt: Erlauben Sie sich zuerst, ein Gefühl auszuwählen, das Sie gerade erfahren.
2. Schritt: Beobachten Sie das Gefühl absichtlich.
3. Schritt: Verschmelzen Sie absichtlich mit der Erfahrung, und erleben Sie sie.
4. Schritt: Achten Sie auf die Form und die Größe des Gefühls.
5. Schritt: Seien Sie das Gefühl innerhalb der Form.
6. Schritt: Treten Sie aus der Form heraus, und achten Sie darauf, wie sich Ihre Erfahrung verändert.

Die Formen und Grenzen schaffen die Illusion der Abgetrenntheit. Diese Grenzen gestatten es uns, uns mit verschiedenen emotionalen und intellektuellen Erfahrungen zu identifizieren und sie zu sein, was ohne beschränkende Grenzen nicht geschehen würde. (Man würde nur undifferenzierte Energie erfahren!) Alles würde in alles andere fließen, oder wie Bohm sagt: »Alles durchdringt alles andere.« Andere Disziplinen haben die Bedeutung der Grenzen anerkannt und auch die Form jedes Teil-(chen)s. Die esoterische Literatur nennt es eine »Gedankenform«, die Quantenphysik »Teil-(chen)« und die Psychologie nennt es »Teile« oder »Muster«. Östliche Religionen nennen diese »fest verbundenen Gedankenformen« »Samskaras«.

»Der Gedanke als bestimmte Gestalt ... der Gedanke wird eine Zeitlang ein lebendes Wesen, das sie Gedanken-Kraft nannten.«
(Besant und Leadbeater, 30)

Wie in obiger Übung festgestellt, können wir sehen, daß Gedanken, Emotionen, Empfindungen und körperliche Reaktionen Grenzen oder Formen haben. Wenn Sie diese Gedankenformen beobachten, so hat es das bekannte Medium Edgar Cayce ausgeführt, werden Sie allmählich bemerken, daß Sie sich nicht mit diesen Gedankenformen identifizieren müssen. Der Physiker John Wheeler nennt diese Gedankenformen »Bläschen in einem Teich« oder »Quantenschaum«. Jedes dieser Bläschen oder Teil-(chen) enthält Gefühle, Gedanken, Emotionen, Assoziationen – aber auch Leere. Normalerweise ist das der »Raum«, den wir nicht anerkennen, weil wir uns so sehr mit anderen Dingen identifizieren. Wenn Beobachtung oder Zeugnis geschieht, erfahren wir weniger Druck, wir identifizieren uns weniger mit diesen Bläschen und werden uns des Raumes bewußter. Zuerst scheinen es mehr Bläschen, Gedankenformen oder Teil-(chen) zu sein, aber wenn wir sie absichtlich erschaffen, erfahren wir mehr Raum. Edgar Cayces definiert uns als viele Gruppen dieser Gedankenformen. Es ist interessant, daß all diese Gruppen Geschichten, Erinnerungen, Ideen und Hintergründe enthalten.

Quantenübung 25

1. Schritt: Erlauben Sie sich zuerst, ein Gefühl auszuwählen, das Sie gerade erfahren.

2. Schritt: Beobachten Sie das Gefühl absichtlich.

3. Schritt: Achten Sie auf Gestalt und Größe des Gefühls.

4. Schritt: Verschmelzen Sie mit dem Gefühl, und erfahren Sie das Innere seiner Gestalt. Achten Sie darauf, wie Sie die Gestalt erfahren. Inwiefern unterscheidet es sich davon, die Emotion zu beobachten?

5. Schritt: Treten Sie heraus, und achten Sie darauf, wie sich Ihre Erfahrung verändert.

6. Schritt: Sehen Sie, daß das Teil-(chen) oder die Gedankenform aus Energie besteht.

7. Schritt: Machen Sie sich klar, daß es sich nur um ein Bläschen oder ein Teil-(chen) handelt, das Sie geschaffen haben; das sind Sie nicht wirklich.

8. Schritt: Sehen Sie es als Energie, und lassen Sie das Teil-(chen) tun, was immer es tut.

Den kreativen Aspekt des Beobachters anzuerkennen, gestattet uns eine Ent-Etikettierung und dadurch können wir auch aufhören, unbewußt Gedanken und Gefühle aus Energie zu erschaffen. Wir vergessen dabei eines: wie wir uns selbst definieren, wurde durch uns (den Beobachter/Schöpfer) selbst konstruiert. Das Problem ist, daß die Grenzen oder Ecken dieser Formen sich verlieren, wenn wir mit ihnen verschmelzen oder in ihnen aufgehen. Nur wenn wir diese geschaffenen Wirklichkeiten aus objektiver Sicht beobachten, entdecken wir, daß sie eine Gestalt haben, daß sie Grenzen haben. Die meisten von uns haben schon einmal einen intensiven emotionalen Zustand erlebt. Wenn diese Emotion auftritt, scheint sie unsere ganze Existenz zu übernehmen – wir fühlen, daß wir der Ärger, die Liebe, der Haß *sind*. Nur wenn wir diese intensiven Zustände voll erfahren, zerstreuen wir die Aufladung dieser Emotion. Dann können wir einen Schritt zurücktreten, beobachten und entdecken, daß wir abgetrennt von dieser innerpsychischen Erfahrung sind, aber auch deren Schöpfer. Dies illustrieren Gertrude R. Blanck und Rubin Blanck mit ihrer Forschung:

»Hier sehen wir, daß der Verstand als Inhalt gesehen ein Resultat von Grenzen im Raum darstellt. Tatsächlich stellen diese Grenzen den Geist als Inhalt dar und als das, was die psychische Struktur konstituiert.« (Blanck, 31)

Das Konzept eines von Grenzen umgebenen Selbst ist kein neues Konzept. Jedoch sind innerhalb dieses Selbst viele Teil-(chen) oder Gedankenformen enthalten, und auf diese Weise werden Erfahrungen so fest wie Teil-(chen). Da der Beobachter diese Struktur erschuf, ist er auch in der Lage, sie auseinanderzunehmen. Die psychische Struktur dieser Teilchen wird im Raum zusammengehalten. Das Selbst, wie wir es kennen, oder die Aspekte des Selbst im Inhalt des Geistes schaffen ein Selbstbild, das auf diesen vorgefaßten Etiketten basiert. Wie A. H. Almaas es ausdrückt:

»Wenn wir die dynamische Beziehung zwischen dem Selbstbild und dem Raum verstehen, können wir über die Entwicklung psychischer Strukturen theoretisieren; die Entwicklung eines Selbstbildes stellt einfach ein schrittweises Gebäude und die Errichtung von Grenzen im Raum des Geistes dar.« (Almaas, 32)

Da wir alle dazu neigen, uns mit unserer Erfahrung zu identifizieren, verlieren wir als Folge dessen auch den Blick dafür, daß wir mehr sind als die Bilder oder Strukturen unseres Geistes. Die Bilder werden oft zur Grundlage für unser Selbstbild. So wird beispielsweise eine traumatische Erinnerung, wie die Schläge durch einen mißbrauchenden Elternteil, hypnotisierend. Es wird als »schlecht« etikettiert, wie wir zuvor gesehen haben, und fest verankert. Die unterschiedlichen Therapieformen setzen alternative Methoden ein, um das Bewußtsein des Menschen davon zu befreien. Die Ericksonsche Therapie legt den Schwerpunkt darauf, die Erinnerung in einen neuen Bezug zu setzen, um den Menschen zu einer anderen Wahrnehmungsweise der Erfahrung zu leiten.

Die Gestalttherapie arbeitet an den Gefühlen, die sich unabgeschlossen in der Erinnerung befinden. Andere Therapieformen nehmen sich die kognitiven Entscheidungen vor, die in diesem Augenblick gefällt werden.

Der Raum

Damit wir das aus einer Quantenperspektive sehen können, ist es notwendig, den Raum, der das Bild umgibt, mit einzuschließen. Das gestattet es, daß sich der Raum des Bildes ändern kann, und es gibt dem Menschen mehr Raum, sich nicht länger mit der Erinnerung zu identifizieren. Der Beobachter kann lernen, den Raum in sein Bewußtsein zu integrieren. Dieser Raum verleiht dem Beobachter größere Fähigkeiten, im Bewußtsein auftretende Teil-(chen), Bläschen oder Gedankenformen zu beobachten. Das trägt dazu bei, daß der Mensch davon abgehalten wird, automatisch mit den erschaffenen Strukturen und Bildern zu verschmelzen oder mit ihnen eins zu werden, wie wir zuvor schon deutlich gemacht haben.

Quantenübung 26

1. Schritt: Achten Sie auf eine alte Erinnerung, die immer wieder in Ihrem Bewußtsein auftaucht (d.h. Mutter bzw. Vater, wie Sie Ihnen irgendetwas antun).
2. Schritt: Beobachten Sie die Erinnerung, achten Sie auf ihre Gestalt.
3. Schritt: Gestatten Sie Ihrem Bewußtsein, den Raum wahrzunehmen, der die Erinnerung (das Bild) umgibt.
4. Schritt: Achten Sie darauf, wie das Bild einiges von seiner Aufladung verliert, wenn der Raum hinzugefügt wird.

Da wir diese Erinnerungen sehen und sie beobachten, vergessen wir, daß wir der Beobachter/Schöpfer sind, wenn wir eins mit ihnen werden oder uns mit ihnen identifizieren. Es geht darum, daß wir uns selbst zu dem Gedanken hypnotisieren, wir seien diese Erinnerungen. Wenn Sie Menschen helfen wollen, auf »Null« zurückzukommen, so ist es wichtig, die Fähigkeit der Beobachtung innerer Wirklichkeiten zu entwickeln. Das steht einer Neu-Schöpfung des Gefühls, Sie seien *nur* Ihre Erinnerungen, entgegen. Es läßt den Menschen mit den Teil-(chen) oder Gedankenformen arbeiten und diese auseinandernehmen; es läßt den Raum, der ursprünglich vorhanden war, erfahren. Beobachtung erlaubt den Gedankenformen, wahrgenommen zu werden, den Inhalt der Gedankenform anzuerkennen und seine Gestalt und Größe zu sehen. Das läßt die Erkenntnis zu, daß wir nicht der Inhalt unseres Verstandes sind.

Der Raum ist die Substanz, die es uns erlaubt, Erfahrungen, wie Teilchen-Wirklichkeiten, in eine Form zu plazieren. Ohne Raum gäbe es keinen Weg, Erfahrung aufzubewahren. Stellen Sie sich einen Augenblick lang ein Photoalbum vor, das dreißig auf sechzig Zentimeter groß ist (Siehe Kapitel 7). Jetzt stellen Sie sich einen kleinen Schnappschuß vor, der in der Mitte des Photoalbums festgeklebt ist. Wenn der Beobachter gerade die Menge an Bewußtsein nutzt, um dieses Photo zu sehen, dann ist das alles, was seinen Blick ausfüllt. Wenn der Beobachter jedoch sein Bewußtsein erweitert, um die ganze dreißig mal sechzig Zentimeter große Seite mit einzuschließen, verliert das Bild seine allumfassende Bedeutung. Da der Raum um das Photo herum mit eingeschlossen ist, hat das Photo bzw. die Erfahrung bei der Betrachtung einen anderen Zusammenhang. Der Mensch identifiziert sich weniger mit dem Bild. Damit soll nicht die Erfahrung vermieden werden, sondern vielmehr verstanden werden, daß all unsere Sichtweisen, so wie sie wahrgenommen oder betrachtet werden, subjektiv sind. Sie können das üben, wenn Sie ins Kino gehen. Während Sie sich den Film ansehen, achten Sie darauf, wie sich der Film um so wirklicher und aufregender anfühlt, je mehr Sie eins werden mit der Geschichte. Wenn ich den dunklen Rand der Wand beachte oder die Leinwand, auf die der Film projiziert wird, verliert der Film seine Anziehungskraft. Kurz gesagt, wenn Sie den Raum mit einschließen (im Kino Ihres Verstandes), verliert der Film bzw. das

Bild seine Bedeutung. Im wesentlichen sehen Sie es dann als Film, nicht als *Wirklichkeit*.

PRINZIP: Alle Gedanken, Gefühle, Emotionen, Assoziationen, Bilder und Erfahrungen treten im Raum auf. (Dies wird in Kapitel 7 detailliert besprochen.)

Die Raumerfahrung wird für uns zur Gewohnheit, aber wahrscheinlich zu der am wenigsten anerkannten, weil wir dazu neigen, mit dem Bild bzw. der Erfahrung eins zu werden und den Blick für den Raum, der es unterstützt, zu verlieren. Der Raum dient als wichtige Funktion, die es uns erlaubt, Erfahrungen oder Bilder in unserer inneren kognitiven Wirklichkeit zu plazieren. Wie in verschiedenen früheren Quantenübungen gezeigt, ist der Raum der konstante Faktor, und was innerhalb des Raumes auftaucht und verschwindet, ist *flüchtig* und ist eine Trance. Wenn wir die ausgedehnte Eigenschaft zulassen, unsere Erfahrungen oder Teil-(chen) im Ozean des Raumes schweben zu sehen, können wir sehen, daß alle Teil-(chen) oder Bilder kommen und gehen und sich innerhalb des räumlichen Kontextes bewegen.

Wenn Sie beispielsweise die Sterne in der Galaxie beobachten, können Sie sich vorstellen, es seien Teil-(chen), die durch den Raum schweben. In unseren inneren Wirklichkeiten können wir dabei zuschauen, wie unsere eigenen Sterne (Gedanken) oder Teil-(chen) vorbeischweben – die Gedankenformen, nach denen wir gelegentlich greifen und sagen »Das bin ich.« Das geschieht als eine besondere Gedankenform, bei der wir uns gestatten, uns mit ihr zu identifizieren. Wenn durch die Erweiterung des Blickpunktes Bewußtsein hinzugefügt wird, um Raum miteinzuschließen, dann sehen wir wieder das Teil-(chen) bzw. die Gedankenform im Raum schweben. Wir können uns nun entscheiden, wie wir diese Wirklichkeit erfahren wollen, oder ob wir ihr gestatten wollen, im Raum zu verschwinden.

Quantenübung 27

1. Schritt: Schließen Sie Ihre Augen, und setzen Sie sich einen Augenblick ruhig hin. Achten Sie auf den Raum hinter Ihren Augen.

2. Schritt: Während Sie beobachten, achten Sie als nächstes darauf, ob etwas in diesem Raum auftaucht. Das könnte ein Gedanke sein, ein Wunsch, eine Phantasievorstellung, die Ihre Aufmerksamkeit auf sich zieht, wie zum Beispiel eine Beziehung, die Ihnen Sorgen bereitet, ein neuer Job, auf den Sie Ihre Hoffnung setzen, was Sie zu Mittag essen sollen, die Erinnerung an einen geliebten Menschen.

3. Schritt: Achten Sie ganz sanft auf die Gestalt dieser Erinnerungen [Teil-(chen)]. Achten Sie auf die Kanten und die Form, die jede einzelne besitzt.

4. Schritt: Erweitern Sie Ihr Bewußtsein und schließen Sie den Raum mit ein, der diese Gestalt umgibt.

5. Schritt: Achten Sie darauf, daß man es als Teil-(chen) betrachten kann, das durch den Raum schwebt.

6. Schritt: Erschaffen Sie dieses Bild absichtlich mehrere Male. Sehen Sie, wie der Beobachter die Erfahrung beeinflußt.

Dieses Bild kann im Raum wiederholt erschaffen werden. Das hilft dem Beobachter, die Erinnerung (das Bild) an eben dieser Stelle festzumachen und festzuhalten und eben dies »in die Hand« zu nehmen bzw. die Verantwortung dafür zu übernehmen. Das muß ohne Schuld oder Scham geschehen. Wir bitten den Beobachter nur, wissend, bewußt, absichtlich zu schaffen, was bereits unbewußt erschaffen wurde. Das Bild scheint zufällig in Ihrer Erfahrung aufzutreten. Doch statt dessen wird das Bild dort plaziert. Durch die Möglichkeit der Wahl können Sie aus einer automatischen Realität heraustreten, um sie absichtlich zu erschaffen. Achten Sie wiederum auf den sie umgebenden Raum, der die kreative Schöpfung zuläßt. Das gewährt mehr inneren Raum.

Im vorausgehenden Text haben wir die Konstrukte in unserer Psyche erforscht, die wir dort plaziert haben und die wir dann auch weiterhin als feste und masse-artige Teil-(chen) manifestieren. Der Raum im Bewußtsein, der eine größere Wahlfreiheit zuläßt, kann durch die folgende Übung erzielt oder erleichtert werden. Diese Quantenübung entwickelte sich aus vielen Bereichen und durch viele Lehrer. Viele von diesen Schritten haben wir bereits im vorausgehenden Text eingeführt und näher beleuchtet.

Quantenübung 28

Diese Übung zeigt einen Aspekt von Einsteins *Relativitätstheorie*: Energie besteht aus derselben Substanz wie Masse.

»Als Einstein seine Relativitätstheorie der Welt 1905 vorstellte, wurde das gesamte Konzept der Masse verwandelt. Mit seiner berühmten Gleichung $E = mc^2$ zeigte Einstein, daß die Masse (m) eine Form von Energie (E) ist; ein Teilchen wie beispielsweise ein Elektron kann man als einen Haufen konzentrierter Energie betrachten.« (Davies und Gribbin, 33)

1. Schritt: Beobachten Sie, daß etwas in Ihrem Bewußtsein ist, was Sie nicht wollen (z.B. ein Gedanke, ein Gefühl, eine Emotion, usw.)
2. Schritt: Achten Sie auf die Größe, die Gestalt oder Dimension des Gedankens bzw. des Gefühls.
3. Schritt: Achten Sie auf seine Masse oder Festigkeit wie bei einem Teilchen.
4. Schritt: Verschmelzen Sie absichtlich mit dem Teil-(chen), und werden Sie das Teil-(chen) innerhalb der Gestalt.
5. Schritt: Treten Sie aus der Gestalt heraus, und achten Sie darauf, daß Sie der Beobachter sind.
6. Schritt: Beobachten Sie die Gestalt als Energie.
7. Schritt: Machen Sie sich klar, daß die Gestalt ein Teil-(chen) ist, das aus Energie besteht.
8. Schritt: Beobachten Sie, was geschieht, wenn das Teil-(chen) als Energie betrachtet wird.

Nachfolgend finden Sie zusammenfassend dargestellt, wo sich der Osten, der Mittlere Osten und der Westen überschneiden und die Quantenpsychologie bilden. Der Leser wird ermutigt, die Wurzeln des Baumes der Quantenpsychologie zu würdigen. Die Wurzeln sind alt; der Baum ist eine Synthese, die es bei allen Traditionen zuläßt, für ihren Beitrag gewürdigt zu werden.

Durch den Nullpunkt-Prozeß und die Würdigung des Beobachters als Teil der Erschaffung der Wirklichkeit, die er beobachtet, erlangen wir ein stärkeres Gefühl für Freiheit. Um uns noch weiter zu bringen, wird die Zeit zum nächsten Aspekt, den wir erforschen.

[handschriftliche Randnotiz: Werner Lasse Dein Gefühl zu erfahre es]

Quantenpsychologie	Quantenphysik	Psychologie	Östliche Heilwege und esoterische Metaphysik	Buddhismus	Yoga	Sufismus	Westliche Philosophie
1. Fühlen und erfahren Sie die Emotion, den Gedanken, das Gefühl oder die Überzeugung.		Gestalttherapie, Reichsche Therapie, Bioenergetik und Psychodrama		Tarthang Tulku: »Geh direkt in die Emotion, werde zur Emotion, entdecke sie, spüre sie durch und durch.«			
2. Achten Sie auf die Größe, die Form und die Ausmaße der Erfahrung.	Bohm: »Alle Grenzen werden vom Beobachter geschaffen.«	Objektbeziehung: Das falsche Selbst hat Grenzen, Bilder sind begrenzter Raum.	Edgar Cayce: Gedankenformen; Alice Bailey: Gedankenformen, C. W. Leadbeater und Anne Besant: Gedankenformen			A. H. Almaas: 1. Jedes Selbstbild hat eine Gestalt und eine Grenze. 2. Sie schaffen und begrenzen sich selbst als ein Selbst.	
3. Achten Sie darauf, was in der Gestalt ist (d.h. im Gedanken, im Gefühl, in der Erinnerung, der Entscheidung, der Assoziation) enthalten ist, und verschmelzen Sie damit.		Transaktionsanalyse: Entscheidungen, Neu-Entscheidungen. Freudsche Psychoanalyse: »Alle Traumata treten in Ketten von früheren, ähnlichen Ereignissen auf.«				G. I. Gurdjieff: Selbstbeobachtung. »Beobachten Sie, wie der Geist organisiert ist.«	Konstruktionismus: Sie erfinden Ihre Wirklichkeit. Watzlawick: Die erfundene Wirklichkeit. Ludwig Wittgenstein
4. Achten Sie auf die Masse und die feste Natur des Teil-(chens).	Bohm: Der Masse-Aspekt des Universums.	Reichsche Therapie: Körperpanzerung Bioenergetik Rolfing					

5. Verschmelzen Sie mit dem Teil-(chen) – seien Sie das Teil-(chen).		*Gestalttherapie: Das Gesetz der paradoxen Veränderung.*		Tarthang Tulku: »*Gehen Sie direkt in das Gefühl, werden Sie zum Gefühl, entdecken Sie es, spüren Sie es durch und durch.*«			Alfred Korzybski: 1. »*Die Landkarte ist nicht das Territorium.*« 2. »*Alles, was Sie wissen können, kann nicht Sie sein.*«
6. Treten Sie aus der Gestalt heraus, und achten Sie darauf, daß Sie der Beobachter sind.	Heisenberg: »*Die Wirklichkeit wird vom Beobachter erschaffen.*« J. A. Wheeler: »*Der Beobachter ist in Wirklichkeit ein Teilnehmer.*«	*Psychosynthese:* »*Ich habe einen Geist, aber ich bin nicht mein Geist. Ich habe Gefühle, aber ich bin nicht meine Gefühle. Ich habe einen Körper, aber ich bin nicht mein Körper. Ich bin ein reines Wesen aus Selbstbewußtsein und Wille.*«		*Zen: Achtsamkeit Buddhismus: Zeugesein*	Nisargadatta Maharaj: *Zeugesein* Ramana Maharshi: *Zeugesein*	G. I. Gurdjieff: *Selbstbeobachtung*	
7. Ent-etikettieren Sie das Teil-(chen), und sehen Sie es als Energie.	Bohm: »*Das Universum ist ein Einhüllen und Entfalten von Energie, Raum, Zeit und Masse.*« Einstein: *Relativitätstheorie* $(E = mc^2)$		C. W. Leadbeater: *Chakras als wirbelnde Energiezentren.* Reiki, Akupunktur: *Masse ist verdichtete Energie*		*Tantrisches Yoga: Emotionen als Energie erfahren. Shiva Sutras: Die Welt als ein Spiel des Bewußtseins.*		
8. Beobachten Sie, was geschieht, wenn das Teil-(chen) als Energie gesehen wird.	Heisenberg: »*Die Wirklichkeit wird vom Beobachter erschaffen.*« Bohr: »*Es gibt keine Quantenwelt nur eine Quantenbeschreibung.*«			Tarthang Tulku: »*Wenn Sie sorgfältig beobachten, ohne beteiligt zu sein, werden Sie sehen, wie sich das Gefühl in Körper und Geist verwirklicht und sich dann in reine Energie auflöst.*«			Ludwig Wittgenstein: »*Überzeugungen entkleiden.*«

KAPITEL 6

Das Konzept der Zeit

Die Zeit organisiert unser Leben: vom Aufstehen am Morgen, bis dahin, wann wir essen und wann wir schlafen. Die Zeit regelt die Intensität unseres Stresses wie das Gefühl, daß »die Zeit knirscht«, oder unser Planen, daß wir zu irgendeiner Zeit in der Zukunft in den Ruhestand treten und uns entspannen können. Meistens bestimmt die Zeit unser Denken und unsere Gefühlszustände. Das Grübeln über die Vergangenheit oder darüber, was hätte sein können oder sollen, kann Depressionen verursachen; ein Blick zurück in die Vergangenheit. Vorstellungen über zukünftige Katastrophen oder die Erfüllung all unserer Träume in der Zukunft können Gefühle der Angst oder der Euphorie hervorrufen. Diese trügerische Natur der »Zeit« wird kaum in Frage gestellt und gleichwohl als wahr angenommen. Sie organisiert und bestimmt, wie wir leben, denken und was wir hinsichtlich uns selbst fühlen.

Wenn wir den Stoff des Quantenbewußtseins auseinandernehmen, wird es wichtig, uns im nachhinein einmal die Fäden anzusehen, damit wir ein Gefühl dafür bekommen, wo wir waren und wohin es uns zieht.

Ebene 1: Die Fähigkeit entwickeln, der Beobachter der wellenähnlichen Natur der Wirklichkeit zu sein.

Ebene 2: Sowohl die subjektive als auch die objektive Welt besteht aus Energie.

Ebene 3: Sie als der Beobachter und Schöpfer von Erfahrungen etikettieren undifferenzierte Energie, um Teil-(chen) oder Masse zu schaffen, die als Identität, emotionale Zustände oder als Glaubenssätze funktionieren.

Ebene 4
*Sie sind der Beobachter/Schöpfer des Zeitaspekts
im Bewußtsein.*

QUANTENKONTEMPLATION
Wie wäre ein Universum, in dem es kein Konzept der Zeit gäbe?

Könnte es Problemzustände geben, wenn es keine Zeit gäbe, in der sie existierten? Zeit und die Illusion der Vergangenheit, Gegenwart und Zukunft hält uns alle im Netz der begrenzten Existenz gefangen. Ganze Bücher wurden über die Zeit und ihre Natur geschrieben. Stephen Hawking und William Penrose wurde für ihre »Entdeckung« des Ursprungs der Zeit sogar der Nobelpreis verliehen. Die Zeit wurde auch zum Streitobjekt im holographischen Modell des Gehirns, bei dem Vergangenheit, Gegenwart und Zukunft nicht in einem linearen linken Gehirnverständnis von Vergangenheit, Gegenwart und Zukunft geschehen, sondern all das vielmehr in einem Jetzt geschieht, jenseits der Zeit. Im Augenblick genügt die ›ganz kurze Geschichte der Zeit‹ der Quantenpsychologie und, was noch wichtiger ist, einige Übungen, um uns selbst losgelöst von den Beschränkungen und Grenzen des Konzepts und den Zwängen der Zeit zu erfahren. In Kapitel 8 kommen noch einige tiefere und präzisere Übungen hinzu, die Sie jenseits der Zeit führen.

Quantenpsychologie und das Hologramm

»Ein Hologramm ist ein dreidimensionales Photo, das mit Hilfe eines Lasers erstellt wird. Um ein Hologramm zu erzeugen, lenken die Wissenschaftler zuerst einen Laserstrahl auf ein Objekt und lassen dann einen zweiten Laserstrahl vom reflektierten Licht des ersten abprallen. Interessanterweise ist es das Muster der Interferenz, das von den beiden Lasern geschaffen wird, das auf einem Stück Film aufgezeichnet wird und so das Hologramm erzeugt. Für das bloße Auge ist das Bild, das auf einem solchen

Stück Film aufgezeichnet wird, ein bedeutungsloser Wirbel. Wenn jedoch ein weiterer Laserstrahl durch den entwickelten Film gejagt wird, erscheint das Bild wieder in all seiner ursprünglichen und dreidimensionalen Pracht.

Das im Hologramm aufgezeichnete Bild ist nicht nur drei-dimensional, sondern unterscheidet sich von einem herkömmlichen Photo noch auf eine weitere bedeutungsvolle Weise. Wenn Sie ein normales Photo in der Mitte durchschneiden, so wird jedes Teil nur die Hälfte des Bildes zeigen, das im Originalphoto enthalten war. Das kommt daher, weil jedes winzige Teil des Photos, wie jeder Punkt auf einem Farbfernseher, nur ein einziges Stückchen der Information über das gesamte Bild enthält. Wenn Sie jedoch ein Hologramm in der Mitte durchschneiden und dann einen Laser durch einen der Abschnitte richten, werden Sie feststellen, daß jede Hälfte immer noch das ganze Bild des ursprünglichen Hologramms enthält. Jedes winzige Teil des Hologramms enthält nicht nur sein eigenes Informations-Bit, sondern auch alle anderen Informations-Bits vom Rest des Bildes. Daher können Sie ein Hologramm in viele Teile schneiden, und jedes einzelne Teil wird immer noch eine zwar verschwommene, aber vollständige Version des gesamten Bildes enthalten. Mit anderen Worten, in einem Hologramm durchdringt jeder Teil des Bildes alle anderen Teile auf dieselbe Weise wie Bohms nicht-lokales Universum alle seine Teile durchdringt.

Wenn Bohm recht hat und das Universum ein gigantisches multi-dimensionales Hologramm ist, hätte solch eine zugrundeliegende holographische Ordnung weitreichende Implikationen hinsichtlich vieler unserer als vernünftig angesehenen Ansichten über die Wirklichkeit. In einem holographischen Universum würden zum Beispiel Zeit und Raum nicht länger als Fundamente betrachtet werden. Weil das Universum eine tiefere Ebene besäße, auf der Konzepte wie Lokation zusammenbrechen, würden Zeit und dreidimensionaler Raum ... als Projektionen dieser tieferen Ordnung betrachtet werden. Mit anderen Worten, im Super-Hologramm des Universums sind Vergangenheit, Gegenwart und Zukunft alle eingefaltet, und sie existieren gleichzeitig.«

(Talbot, 34)

Was heißt das alles in einfachem Deutsch? Wenn das Universum tatsächlich ein Hologramm ist, wie Bohm das vermutet, dann existieren Vergangenheit, Gegenwart und Zukunft, alle drei gleichzeitig. In der nächsten logischen Erweiterung heißt das: Es gibt keine Zeit. Warum gibt es keine Zeit? Wenn alles gleichzeitig geschieht, dann würde es nur ein JETZT geben. Einfacher gesagt, es würde einen Beobachter erfordern, der auflöst und entscheidet, daß es eine Vergangenheit, eine Gegenwart und eine Zukunft gibt, damit es eine Zeit geben kann (bzw. einen Anfang, eine Mitte und ein Ende).

Der Physiker David Bohm ist der Ansicht, daß

>*man zu einer neuen Vorstellung der ungebrochenen Ganzheit geführt wird, die die klassische Analysierbarkeit der Welt in getrennt und unabhängig voneinander existierende Teile leugnet. Die untrennbare Quantenverbundenheit des ganzen Universums ist eine fundamentale Wirklichkeit.«* (Herbert, 35)

Das kann am besten durch eine Metapher verdeutlicht werden. Stellen Sie sich vor, daß alles im Universum – Sie, Ihre Wahrnehmungen, Gefühle, das Auto, der Mond, alles – ein einziger großer, *fester* Gummiball sei. Milliarden von kleinen Taschen tauchen an diesem Ball auf und verschwinden wieder. Wenn eine Tasche auftaucht, beobachtet sie die Welt. Da die Taschen die Welt beobachten, scheint die Welt da draußen zu sein. Die Taschen stellen sich natürlich vor, sie seien getrennt vom Ball. Viele Male pro Sekunde kommen diese Taschen auf diesem Gummiball heraus und verschwinden wieder in ihm, so daß es scheint, als ob es nur eine Welt da draußen gäbe und die kleinen Taschen (Beobachter) hier drüben. Diese kleinen Taschen (Menschen) fangen an, diese Welt zu erforschen, postulieren, wie sie da hinkam, warum sie da ist und eventuell welchen Platz sie in dieser Welt einnehmen. Die Taschen (Menschen) können niemals bemerken, wann sie zum Ball werden, weil es kein »sie« gibt, das es bemerken oder sich dessen bewußt sein könnte, wenn es geschieht. Das ist das Universum; es existiert, subjektiv gesehen, nur, solange wie Sie da sind, um sich seiner bewußt zu sein. Das ist das Wesen der Zeit. Seitdem muß es die Illusion eines *Sie* geben, das getrennt von der Welt ist und das *entscheidet*, daß diese ungebrochene Ganzheit in ein Konzept der Vergangenheit, ein Konzept der Gegenwart und ein Konzept der Zukunft aufgeteilt ist.

Wenn es nun aber keine Zeit gibt, hat dies außergewöhnliche Auswirkungen. Die erste Auswirkung besteht darin, daß es weder Ursache noch Wirkung geben kann, wenn es keine Zeit gibt, da Ursache und Wirkung linear sind und als zeitlinien-lineares Konstrukt eine Vergangenheit, Gegenwart und Zukunft erfordern. Wenn alles gleichzeitig geschieht, kann es ein »das« in der Vergangenheit, was »das« in der Gegenwart oder Zukunft verursacht, nicht geben. Warum? Weil alles gleichzeitg geschehen würde. (Mehr darüber in Kapitel 10.)

Im Moment ist es von einem holographischen Gesichtspunkt aus unmöglich zu sagen, daß dieses oder jenes aus der Vergangenheit in der Gegenwart oder in der Zukunft diese oder jene Wirkung zeitigen wird. Das ist eine lineare Art des Denkens. Wenn wir uns selbst gestatten, einfach die Möglichkeit zu betrachten, daß es keine Zeit und keine Ursache und Wirkung in der Gegenwart oder Zukunft gibt, was würde das bedeuten? Wenn es keine Zeit gibt, gibt es auch keine Ordnung und kein strukturiertes Universum; es gibt einfach undifferenziertes Bewußtsein. Die Forschung der Gestalt-Psychologie zeigte, daß das Gehirn die Dinge auf lineare Weise organisiert. Diese Organisation der Dinge auf lineare Weise stellt das Auftauchen der Zeit dar, als ob es eine Vergangenheit, Gegenwart und eine Zukunft gäbe. Wenn aber die Zeit nicht existiert, gibt es weder Ursache noch Wirkung, gibt es keine Vergangenheit, Gegenwart oder Zukunft.

»In zeitlichen Begriffen würde das Universum, wie wir es wahrnehmen, mit seiner scheinbar getrennten Abfolge von einzelnen Augenblicken, der verwischten Tinte auf einem langen Farbband gleichen. Wir sind nicht in der Lage wahrzunehmen, daß die Zeit auf der Ebene des Super-Hologramms eine kohärente und ununterbrochene Struktur besitzt, weil diese Struktur eingefaßt oder impliziert ist in die Ebene des Universums, an der wir beteiligt sind. Die Zeit und der dreidimensionale Raum sind

nicht die einzigen Vorgänge, die laut Bohm am besten als Ein-
falten und Entfalten der impliziten Ordnung beschrieben wer-
den.
Der vielleicht faszinierendste Aspekt an Bohms Theorie ist die
Anwendung auf unser Verständnis des menschlichen Geistes.
Wenn jedes Materieteilchen sich mit jedem anderen Teilchen
verbindet, und genau so sieht Bohm es, dann muß das Gehirn
selbst mit dem Rest des Universums grenzenlos verbunden
sein.« (Talbot, 36)

Das hat enorme Auswirkungen im Bereich der Psychologie, da die
Psychologie hinsichtlich Problemen eine reduzierende Haltung
einnimmt. Die meisten von uns, die irgendeine Art von Therapie
mitgemacht haben, sehen das Leben durch diese reduzierende
Haltung. Mit reduzierend meine ich, daß der Therapeut im voraus
annimmt, unser Problem, das genau jetzt (in der Gegenwart) auftritt, läge irgendwo in unserer Vergangenheit. Das reduziert Ursache und Wirkung auf eine simple Newtonsche Einheit von Vergangenheit, Gegenwart und Zukunft. Die meisten Therapieformen
denken, daß Ereignisse einen Anfang, eine Mitte und ein Ende besitzen, *da auftretende Gedanken nur linear sein können.* Lassen
Sie uns einmal fragen: »Was, wenn die Dinge nicht linear sind,
nicht aus Ursache und Wirkung bestehen und an die Zeit gebunden sind?« In seinem Buch *Quantum Reality* schreibt Nick Herbert:

»Quantenrealität Nr. 5: *Die Quantenlogik (die Welt gehorcht*
nicht-menschlichen Schlußfolgerungen).« (Herbert, 37)

In den in diesem Abschnitt und dem Rest des Buches folgenden
Übungen werden wir aufgefordert, das *Was, Wenn* zu betrachten
und ein Verständnis jenseits des Verstandes zu entwickeln.

»Einstein warf das klassische Konzept der Zeit über Bord, Bohr
wirft das klassische Konzept der Wahrheit über Bord. Unsere
klassischen Vorstellungen der Logik sind auf eine grundlegend
praktische Art und Weise einfach falsch. Der nächste Schritt be-

steht darin, auf die richtige Weise denken zu lernen, quanten-
logisch denken zu lernen.« (Herbert, 38)

Der bekannte Wissenschaftler Pribram zeigt, daß nicht nur alles
mit allem anderen verbunden ist, sondern es ist angedeutet, daß jedes »imaginäre« individuelle Gehirn sein eigenes Tuningsystem
hat, mit dem es Licht in ein holographisches Bild umwandelt. Das
würde bedeuten, daß jedes imaginäre Selbst seine eigene Indiv-
dualtität und seine Erfahrungen durch das Ganze hindurch wahrnimmt.

»Pribram fährt damit fort zu postulieren, daß vielleicht sogar
auf einer Ebene, die für unsere Wahrnehmungen zur Verfügung
steht, objektive Wirklichkeit holographisch ist, und man sie sich
als etwas mehr als nur einen ›Frequenz-Bereich‹ vorstellen kann.
Das heißt, selbst die Welt, die wir kennen, ist möglicherweise
nicht aus Dingen zusammengesetzt. Wir ahnen möglicherweise
nur die Mechanismen, die sich in einem vibrierenden Tanz von
Frequenzen bewegen. Pribram vermutet, daß der Grund, warum
wir das uns bekannte Universum umwandeln, darin liegt, daß
unsere Gehirne gemäß denselben holographischen Prinzipien
arbeiten wie der Tanz der Frequenzen und die Gehirne in der
Lage sind, diese Frequenzen in ein Bild umzuwandeln, genauso
wie ein Fernsehgerät die Frequenzen, die es empfängt, in ein zu-
sammenhängendes Bild umwandelt. Pribram drückt es so aus:
›Ich glaube, das Gehirn erzeugt seine eigenen Konstruktionen
und Bilder einer physikalischen Wirklichkeit. Aber gleichzeitig
erzeugt es sie auf eine Art und Weise, daß sie mit dem, was wirk-
lich da ist, mitschwingen.‹« (Osistynski, 39)

Wenn wir uns beispielsweise einen riesigen dreidimensionalen Film
vorstellen könnten, in dem wir alle mitwirken, so ist der gemeinsame Nenner das Licht, das der Projektor ausstrahlt und das die
implizite oder zugrundeliegende Ordnung darstellt. Jedes einzelne
Bild auf der Leinwand verwandelt dieses Licht innerhalb des gesamten Lichtes des Hologramms in verschiedene Frequenzen und
erzeugt somit verschiedene, auf Erfahrung beruhende Wirklich-

keiten. Das Gehirn eines jeden Individuums sieht nur durch die individuelle Frequenz; daher die *explizite Ordnung*. Sie sehen oder erfahren nicht die implizite Ordnung (das Licht). Die faszinierende und wunderbare Tatsache ist, daß das Licht als der gemeinsame Nenner uns nicht nur alle gleich macht, sondern daß in jedem »individuellen« Gehirn, da es ja ein Hologramm ist, das gesamte Universum bzw. die implizite Ordnung liegt. Metaphysisch gesagt, der Makrokosmos ist im Mikrokosmos, und der Mikrokosmos ist im Makrokosmos. In der Terminologie der Quantenpsychologie heißt das, der Mikrokosmos *ist* der Makrokosmos, der Makrokosmos *ist* der Mikrokosmos.

So wie Bohm es sieht, unterstreicht dieser Mangel an klaren Grenzen zwischen dem, was lebt, und dem, was nicht lebt, wieder einmal die Unzulänglichkeit eines strikt mechanistischen Herangehens an das Universum. Anstatt zu versuchen, das Universum in Teile aufzudividieren, die lebendig sind und in Teile, die das nicht sind, wäre es ein besserer Ansatz, das Universum als ein ununterbrochenes Ganzes zu sehen, als eine Totalität, in der sich sowohl lebende als auch nicht-lebende Dinge konstant einfalten und entfalten.

Was sagt uns all das über die Körper-Geist-Probleme? Bohm sieht das so:

> »*Wenn das Universum auf einer Subquanten-Ebene nicht-lokal ist, so bedeutet das, daß die Wirklichkeit letztlich ein nahtloses Netz ist, und es nur unsere eigene Eigenart ist, die uns dazu bringt, das Universum in solch willkürliche Kategorien wie Körper und Geist/Verstand aufzuteilen. Darum kann das Bewußtsein nicht als grundsätzlich von der Materie getrennt betrachtet werden, genausowenig kann das Leben als grundsätzlich getrennt vom Nicht-Leben betrachtet werden. Es gibt keinen Dualismus, weil beides sekundäre und abgeleitete Kategorien sind und beide in einem höheren gemeinsamen Hintergrund eingebettet sind.*«   (Talbot, 40)

Diese Entdeckungen sollten einen Einfluß auf die moderne Psychologie ausüben.

Viele psychologische Richtungen wollen die Vergangenheit in den Griff bekommen, um ein Problem der Gegenwart zu lösen. Das wird durch die meisten Therapieformen impliziert. Ich sollte hinzufügen, daß der Zweck dieser Diskussion nicht darin liegt, die psychologische oder spirituelle Praxis zu kritisieren. Vielmehr liegt der Zweck darin, daß wir uns alle die Hände reichen bei der Entwicklung einer Form von »innerer Arbeit«, die die Welt der Quantenphysik einschließt.

In der Hypnose nach Erickson besteht eine beliebte Technik darin, das Unterbewußtsein des Klienten aufzufordern, sich eine Zukunft vorzustellen, in der das Problem bereits gelöst ist. Dann werden dem Klienten Anregungen gegeben, um zu sehen, *wie* er das Problem in den Griff bekommen hat, indem er die Ressourcen aus der imaginären Zukunft in die Gegenwart mit zurückzunahm.

Bei dieser Art der Arbeit wird die Zukunft wie das Jetzt behandelt und kann auf diese Weise in Trance oder in meinem trancelosen Zustand erfahren werden. Um es zu verdeutlichen: Ich führte vor kurzem eine telefonische Diskussion mit dem Erickson-Trainer Stephen R. Lankton. Lankton erkannte nicht nur den Gebrauch der Zeit nach Erickson an, sondern sagte auch: »Indem wir die imaginäre Zukunft in die gegenwärtige Erfahrung tragen, bringen wir das Wie der Veränderung aus der Zukunft in die Gegenwart.« Das bedeutet, wir bringen die »angebliche Zukunft in die Gegenwart«. Dieser Ansatz hilft oft bei der Problemlösung, wenn wir hinter die Grenzen dessen schauen, was wir normalerweise als lineare Zeit auslegen. Dr. Milton H. Erickson hatte viele Ansätze, die Zeit zu verwandeln, und alle halfen, die Probleme, die ihm in seiner klinischen Praxis begegneten, zu mildern. Der Unterschied zwischen der Quantenpsychologie und dem Ansatz von Erickson (obwohl Ericksons Arbeit bis zu einem gewissen Grad anerkennt, daß die Zeit transparenter, fließender, ausgedehnter ist; das ist mehr, als bei den meisten anderen Therapieformen) liegt darin, daß Erickson sich immer noch damit beschäftigt, Probleme umzuwandeln und Identitäten zu erschaffen. Es ist keineswegs falsch, Identitäten zu erschaffen, Problemstellungen neu zu definieren oder sich mit Problemlösungen im allgemeinen zu beschäftigen. Die Sache ist die: Wenn Sie ein Problem mit der Intimität haben, wenn Sie zum Beispiel Menschen nicht nahekommen können, ohne Angst zu verspüren, dann würden Sie im Modell nach Erickson eine innere Ressource mobilisieren oder sich an eine solche zurückerinnern. Das würde dazu dienen, daß es in Ordnung ist, mit dieser Person Intimität zu erleben. Das bedeutet, daß Sie sagen, es ist besser, Intimität zu erleben als Intimität nicht zu erleben. Das ist ein *Urteil*. Die Quantenpsychologie bemerkt nur, daß sich hier zwei spezielle Dinge im Konflikt befinden (d. h. Identitäts-Teil-(chen) mit der Bezeichnung »keine Intimität« und Identitäts-Teil-(chen) mit der Bezeichnung »Intimität«). Hier benutze ich das Wort Teil-(chen), weil jede Erfahrung nur dann auftreten kann, wenn ein Teil als getrennt vom Ganzen betrachtet wird. Letztlich sind diese Identitäten wirklich Teil-(chen), die im leeren Raum schweben, wie wir in späteren Kapiteln sehen werden, und diese Teil-(chen) sind in Wirklichkeit gar keine Teilchen, die im leeren Raum schweben, weil der Raum und die *Teil*-(chen) aus derselben Substanz bestehen.

Ericksons Arbeit erkennt die Tatsache an, daß die Zukunft in diesem Augenblick stattfindet, ebenso wie die Vergangenheit genau jetzt stattfindet. Erickson versucht, die Gegenwart irgendwie zu verändern oder die imaginäre Zukunft jetzt in etwas zu verwandeln, was wir leichter akzeptieren können. Wir schlagen vor, die Menschen jenseits ihrer Identifikation mit irgendwelchen bestimmten Problemzuständen oder Teil-(chen) zu führen, damit sie für ihre eigenen subjektiven Schöpfungen die Verantwortung übernehmen können und damit aufhören, sie zu erschaffen. Das erlaubt dem einzelnen Menschen, das Ganze zu sehen. Meistens wird in der Psychologie jedoch die Vergangenheit von Gegenwart und Zukunft getrennt, und es hat sich noch keine psychologische Richtung entwickelt, die auf dem holographischen Modell basiert. Dieses Buch versucht, die Psychologie einer Verwandlung zu unterziehen, damit das Ganze bzw. die Quanteneinheit anerkannt wird und als Kontext für die Teile betrachtet wird. (Mehr darüber in den Kapiteln 9 und 10.)

Wie unternehmen wir die ersten Schritte, um jenseits der Zeit zu gelangen? Lassen Sie uns einen Blick zurückwerfen auf das vorige Kapitel »Zurück auf Null«.

1. Schritt: *Üben* Sie den Nullpunkt und achten Sie darauf, daß Sie der Schöpfer/Beobachter sind. Beobachten Sie die Größe und Gestalt des Teil-(chens), der Überzeugung bzw. der Erfahrung.

2. Schritt: Während Sie auf Emotionen, Gedanken, Erinnerungen in diesem Teil-(chen) achten, achten Sie auch darauf, daß derjenige, der beobachtet, da ist und sich in Wirklichkeit nicht in der Zeit befindet. Das Teil-(chen) scheint sich in der Zeit zu befinden. Sie dagegen sind außerhalb der Zeit. Gedanken, Emotionen, Erinnerungen oder Teil-(chen) befinden sich in der Zeit.

QUANTENKONTEMPLATION

Wie wäre es, wenn Sie, da Sie die Zeit beobachten können, getrennt davon und nicht in der Zeit existieren? Achten Sie beispielsweise auf Ihr Gefühl, darauf, daß Sie sich nie verändert haben. Oder denken Sie darüber nach, während Sie in den Spiegel schauen: Dieser Mensch *scheint* älter zu sein, aber Sie scheinen sich nicht verändert zu haben.

Quantenübung 29

Schauen Sie in einen Spiegel, und seien Sie der Beobachter. Achten Sie darauf, daß dieser Mensch sich mit der Zeit verändert hat. Achten Sie darauf, daß Sie sich selbst als unverändert wahrnehmen, wenn Sie Ihre Erinnerungen nicht einsetzen.

Warum wird über dieses Phänomen so häufig berichtet? Weil wir auf einer bestimmten Ebene uns selbst als Beobachter fühlen können und als außerhalb oder unbeeinflußt von der Zeit. Außerdem befindet sich die Erinnerung im Kontext der Zeit. Wenn wir unsere Erinnerungen nicht einsetzen, nehmen wir uns selbst als außerhalb der Zeit wahr bzw. in einem zeitlosen Raum. Das ist auch eine Erklärung dafür, warum so viele Menschen den Tod so sehr verleugnen. Da sich der Beobachter nicht »in der Zeit« erlebt, fürchtet er auch nicht, daß die Zeit ihrem Ende entgegengeht.

QUANTENKONTEMPLATION

Wenn Sie Erinnerungen, Gedanken oder Assoziationen nicht einsetzen, befinden Sie sich dann in der Zeit, außerhalb der Zeit oder keines von beiden?

Wie Sie sich von zeitgebundenen Überzeugungen entfernen

Da die Zeit ein Konzept ist und von Ihnen organisiert wird, bringt das Wort Zeit zahllose Überzeugungen mit sich. Zum Beispiel: »Ich habe nie genug Zeit«, »Es gibt einfach nicht genug Zeit«, »Mir läuft die Zeit davon« oder »Zeit ist Geld«. Aus irgendeinem Grund machen wir alle, wenn wir das Wort Zeit benutzen, die Zeit zu einer eingefrorenen Erfahrung, »als ob« die Zeit kein Konzept wäre, »als ob« die Zeit eine Tatsache und unveränderlich wäre. Um die Parameter der Zeit zu lockern, wurde die folgende Übung entworfen.

Quantenübung 30

Das Konzept der Zeit

Da die Zeit nur eine Vorstellung ist, ersetzen Sie das Wort »Zeit« durch das Wort »Existenz«.

Mögliche Gestaltungsform für eine Gruppe mit wechselndem Gruppenleiter.

Übung

Wenn Sie anfangen, diese Methode einzusetzen, so werfen Sie zuerst einen Blick auf die Konzepte der Zeit, die Sie haben. Schauen Sie auf das Konzept der Zeit und auf all Ihre Überzeugungen hin-

167

sichtlich der Zeit. Sie können anfangen mit »Die Zeit ist _____«
und die Lücken auffüllen. Fahren Sie so lange mit »Die Zeit ist
_____« fort, bis Sie eine Liste von Überzeugungen haben. Ach-
ten Sie auf all Ihre Konzepte, die Sie hinsichtlich der Zeit haben.
Gehen Sie Ihre Konzepte der Zeit nochmals durch, aber ersetzen
Sie das Wort »Zeit« durch das Wort »Existenz«. Sie sind beispielsweise der Ansicht: »Es gibt nicht genug Zeit für mich.« Schauen
Sie, welchen Einfluß es auf Ihre Erfahrung hat, wenn Sie das Wort
»Zeit« durch das Wort »Existenz« ersetzen. Sagen Sie beispiels-
weise statt »Es gibt zu wenig Zeit für mich«, »Es gibt zu wenig
Existenz für mich.«

Hier sind einige Kommentare, die ich von Schülern in meinen
Workshops erhalten habe:

»Also, ich hatte das Gefühl, daß die Zeit etwas ist, was wir
erfunden haben, um uns zu erden.«

»Ich habe ›Die Zeit ist kurz‹ erhalten, und als Sie uns auffor-
derten, es durch ›Existenz‹ zu ersetzen, ›Existenz ist zeitlos‹, und
dabei blieb ich lange Zeit.«

»Ich dachte plötzlich an Japan und an den Pfeilzug, der immer pünktlich kommt. Es ist für die Japaner sehr wichtig; dieser
Pfeilzug ist immer akkurat, immer pünktlich. Und ich fing an, an
all die Uhren zu denken, die aus Japan kommen.«

»Ich habe herausgefunden, daß das Konzept der Zeit im Intellektuellen beginnt, und fand dann heraus, daß die Zeit sehr be-
schränkend ist und ich fing an, mich sehr ärgerlich zu fühlen über
das ganze Konzept der Zeit. Und als ich es durch Existenz er-
setzte, verflog der Ärger.«

Wie wir bereits diskutiert haben, scheint alles, was erscheint,
von Dauer zu sein oder einen Anfang, eine Mitte und ein Ende zu
haben. Wenn Sie sich zum Beispiel traurig fühlen, wird Ihnen auf-
fallen, daß die Trauer einen Anfang hatte (als sie anfing), eine
Mitte (als sie am intensivsten war) und ein Ende (als sie sich aufzulösen begann und verschwand). Das kann verglichen werden
mit dem, was ein Hindu »Schöpfung, Erhalten und Zerstörung«
nennen würde. In der Hindu-Tradition gibt es Tausende von Göt-

tern und Göttinnen, jeder ist verantwortlich für einen Aspekt des Bewußtseins; der Schöpfer (einer Erfahrung) wird Brahma genannt, die erhaltende Kraft heißt Vishnu, und der Zerstörer ist Shiva. Die Hindus haben ebenso wie die Quantenphysiker bemerkt, daß der Zeit eine wesentliche Bedeutung zukommt. In der Quantenpsychologie drückt sich das so aus:

PRINZIP: Alles, was im physikalischen Universum erscheint, hat den Anschein von Zeit (Dauer), einen Anfang, eine Mitte und ein Ende.

Darum sieht Bohm die Zeit als einen wesentlichen Aspekt des Bewußtseins. Wenn es keine Zeit gäbe, gäbe es auch keine Zeit, in der etwas existieren könnte.

QUANTENKONTEMPLATION

Wie wäre es, wenn es keine Zeit gäbe? Dann gäbe es keine Zeit, in der ein Problem existieren könnte.

Wie kann man das auf die praktische Erfahrung anwenden? Wenn wir ein Gefühl erleben und anfangen, sein Erscheinen im Zeitaspekt zu beobachten, wird das Gefühl sich auflösen und verschwinden. Damit Sie den einschränkenden Aspekt der Zeit in dieser Erfahrung bemerken und als Zeuge wahrnehmen können, müßten Sie aus dem zeitgebundenen Aspekt heraustreten, der jeder Erfahrung innewohnt. Um die Zeit zu beobachten, müssen Sie im Grunde heraustreten und sie dann beobachten. Das gestattet ungewollten Gedanken, z.B. »Was stimmt mit mir nicht?«, ihren Weg zu verfolgen. Wenn das geschieht, so machen Sie dem Gedanken den Weg frei und gestatten Sie ihm, zu erscheinen, ohne sich gegen ihn zu wehren oder zu versuchen, ihn zu ändern.

Der Beobachter steht außerhalb der Zeit, da er die Zeit beobachten kann. Die folgende Übung wird helfen, dies erfahrbarer zu machen.

Quantenübung 31

Den Einfluß der Zeit auf erschaffene Wirklichkeiten beachten

1. Schritt: Achten Sie auf einen vorübergehenden Gedanken.
2. Schritt: Wenn Sie auf den Gedanken achten, kennzeichnen Sie den Anfang des Gedankens mit »Anfang«.
3. Schritt: Kennzeichnen Sie den intensiven Teil der Erfahrung mit »Mitte«.
4. Schritt: Kennzeichnen Sie das Ende mit »Ende«.

Um diese Übung auszuführen, muß man einfach nur auf jede Erfahrung achten, die man macht und dann ihren Anfang, ihre Mitte oder ihr Ende kennzeichnen. Das hilft Ihnen dabei, aus der Zeit herauszutreten und in den Beobachtungsmodus einzutreten, bei dem Sie auf den Zeitaspekt einer Erfahrung achten. Das wiederum führt Sie aus den Beschränkungen der Zeit heraus, heraus aus dem Festgefahrensein. Sie trennen sich von der Zeit, d. h. Sie beobachten, und sobald Sie darauf achten, wo die Erfahrung ist (Anfang, Mitte und Ende), trägt es *Sie* aus der Identifikation und aus dem Zeitaspekt heraus. Wenn Sie sich beispielsweise in einer Erfahrung wie Angst befinden, so haben Sie das Gefühl: »Das wird niemals enden.« Wenn Sie jedoch auf den Platz der Angst im Zeitkontinuum achten, so bringt Sie das jenseits der Auswirkungen der Zeit. Das befreit Sie und befreit die Erfahrung, Sie sind beide nicht mehr eingefroren in der Zeit. Wenn Sie mit einer Erfahrung verschmelzen, spüren Sie die Zeit. Warum? Weil alle Erfahrungen in der Zeit geschehen. Wenn Sie daher vom Beobachter einer Erfahrung (der Beobachter einer zeitgebundenen Erfahrung befindet sich nicht in der Zeit) zur Erfahrung werden, dann spüren Sie, daß Sie sich in der Zeit befinden und darin eingefroren sind. Erfahrungen zu beobachten, bewegt Sie in einen zeitlosen Raum und läßt die *Bewegung* einer Erfahrung zu.

Quantenübung 32

1. Schritt: Achten Sie auf ein Gefühl, oder rufen Sie sich ein Gefühl in Erinnerung.
2. Schritt: Wenn Sie auf diese Emotion achten, kennzeichnen Sie
den Anfang des Gefühls mit »Anfang«.
3. Schritt: Kennzeichnen Sie den intensiven Teil der emotionalen
Erfahrung mit »Mitte«.
4. Schritt: Kennzeichnen Sie das Ende mit »Ende«.

Quantenübung 33

1. Schritt: Achten Sie auf ein Gefühl, das vorbeikommt, und sehen
Sie den Gedanken bzw. das Gefühl als Energie.
2. Schritt: Wenn Sie auf das Gefühl achten, so kennzeichnen Sie
den Anfang des Gedankens mit »Anfang«, während Sie
den Gedanken bzw. das Gefühl als Energie sehen.
3. Schritt: Kennzeichnen Sie den intensiven Teil der Erfahrung mit
»Mitte«, während Sie den Gedanken bzw. das Gefühl
als Energie sehen.
4. Schritt: Kennzeichnen Sie das Ende mit »Ende«, während Sie den
Gedanken bzw. das Gefühl als Energie sehen.

Wie wichtig ist die Zeit?

Milton H. Erickson stellte in seiner Psychotherapie fest, daß die
Erfahrung des Schmerzes eben *wegen* dieses »Zeit«-Kontinuums
so schrecklich ist. Dr. Erickson, als einem Meister der Schmerz-
kontrolle, fiel in seiner klinischen Praxis auf, daß die Erfahrung
körperlichen Schmerzes aus drei Teilen besteht: aus dem Schmerz
der Vergangenheit, an den man sich erinnert, aus dem Schmerz der
Gegenwart und aus der Furcht vor Schmerz, die bis in die Zukunft
reicht. Erickson bemerkte, wenn er den Patienten dazu bewegen
konnte, den Schmerz aus der Vergangenheit, an den er sich erinnerte, und die Furcht vor der zukünftigen Wiederkehr dieses

Schmerzes loszulassen, so konnte er das körperliche Unbehagen um zwei Drittel verringern. Im Zeitkontinuum funktioniert es auf dieselbe Weise: Wenn Sie bei jeder Erfahrung »Anfang«, »Mitte« und »Ende« kennzeichnen, werden Sie aus dem Zeitkontinuum heraustreten und können die Zeit beobachten. Das gestattet der Erfahrung, ihren zeitgebundenen Kurs. Indem man sich nicht wehrt und einfach den natürlichen Fluß – vom Anfang in der Zeit bis zum Verschwinden aus der Zeit zuläßt – wird man frei von den Identifikationen mit den Beschränkungen und Grenzen der zeitgebundenen Wirklichkeit. Die Feinheit im Zeitverständnis und ihre trügerischen Auswirkungen werden in Kapitel 9 erläutert.

Schlußfolgerung

Der Zweck dieses Kapitels lag darin, das Konzept der Zeit zu lokkern. Wie schon an früherer Stelle erwähnt, denkt Bohm, daß die Welt ein Einfalten und Entfalten von Energie, Raum, Masse und Zeit ist. Für unsere Zwecke gilt, daß nichts im physikalischen Universum existieren kann, wenn eine dieser Komponenten fehlt. Wenn Sie sich also von einer Erfahrung der Zeit, der Masse oder der Energie entfernen, bringt Sie das weg von jeder eingefrorenen, in der Zeit eingeschlossenen Begrenzung.

Wie immer bei dieser Arbeit erlaubt uns das Offenbleiben für die Möglichkeiten, unsere konstruierten Begrenzungen neu zu überdenken.

KAPITEL 7

Der Weltraum: unendliche Weiten

Viele von uns können sich noch an den Anfang der Serie »Raumschiff Enterprise« erinnern und mit Sicherheit an die Worte Captain Kirks: »Der Weltraum – unendliche Weiten«. Dieser Abschnitt wird den Inneren Raum, diese unendliche Weite, einführen und erforschen.

In den letzten Kapiteln haben wir sowohl die innere und äußere Möglichkeit als auch die Bedeutung von Energie, Masse und Zeit sowie die Wellen-Teilchen-Aspekte des Universums erfahren. Wir untersuchten die Welt der inneren Erfahrung, zusammengesetzt aus Energie, Masse und Zeit. Dieser Abschnitt bietet eine Einführung in einen der interessantesten und am wenigsten besprochenen Bereiche des Bewußtseins, den Raum. Warum ist der Raum so relevant und wird dennoch übersehen?

Ebene 5
Jenseits des Raumaspekts des Bewußtseins

Lassen Sie uns das vom Blickpunkt quantenpsychologischer Prinzipien aus betrachten.

PRINZIP: Damit etwas (Gedanken, Gefühle, Stühle, Autos, etc.) im physikalischen Universum existieren kann, muß es einen Raum geben, in dem es existieren kann.

Das scheint zuerst ziemlich abstrakt, aber bei näherer Untersuchung können wir beispielsweise bemerken, daß unser Körper einen Raum besitzt, den er einnimmt. Wenn es keinen Raum gäbe, den der Körper einnehmen könnte, so hätte der Körper keinen Platz, an dem er existieren oder *sein* könnte.

173

QUANTENKONTEMPLATION
(Mit geschlossenen Augen)
Wie wäre ein Universum, in dem es keinen Raum gäbe, in den man irgendetwas hineintun könnte?
Wo, wenn überhaupt, würde ein »innerer« Problemzustand (Ärger oder Beunruhigung, etc.) existieren können – wenn es keinen Raum gäbe, in dem er existieren könnte?
Wo, wenn überhaupt, würde ein »äußeres« Objekt (Stuhl, Boden, Haus, Körper, etc.) existieren können – wenn es keinen Raum gäbe, in dem es existieren könnte?
Überrascht? Nichts kann im physikalischen Universum existieren ohne einen Raum, in den man es hineintun kann!!

Was ist der Raum? Wenn Sie Ihre Augen nur einen Augenblick lang schließen, können Sie vor sich einen leeren Raum sehen. Jetzt können Sie sehen und beobachten, wie ein Gedanke vorbeikommt, wie zum Beispiel: »Na wenn schon, selbst wenn es wahr ist, wen kümmert's?« Allerdings kann dieser Gedanke nur dann existieren, wenn es einen Platz oder Raum gibt, *in* dem er existieren kann. Kein Raum, kein Gedanke. Albert Einstein zeigte in seiner Relativitätstheorie, daß Raum und Materie dasselbe sind. Was wir hier als Erfahrungsübungen anbieten sind Einführungsübungen, damit diese Erfahrung des Raumes ohne weiteres zur Verfügung steht – zusammen mit dem Wissen, wie man es auf unsere subjektive Erfahrung der Wirklichkeit anwenden und diese damit verwandeln kann. Es wäre unmöglich, all die Prozesse, die in einem viertägigen Workshop über Energie, Raum, Masse und Zeit ablaufen, innerhalb dieses Buches abdecken zu wollen. Jedoch werden diese Übungen hoffentlich die Bedeutung des Raumes als wichtigen Aspekt des Bewußtseins betonen und somit auch die »innere« und »äußere« »Welt« wie auch die stillschweigenden Folgerungen und Anwendungen, wenn wir Raum mit einschließen und anerkennen.

Quantenaerobics

Quantenübung 34

(Mit offenen Augen)

1. Schritt: *»Sehen Sie auf ein Objekt im Raum, dann ziehen Sie Ihre Aufmerksamkeit davon zurück – vor dem Gedanken oder Eindruck des Objektes.«* (Singh, 41)

Die beiden nächsten Übungen werden mit offenen Augen durchgeführt. Die erste beinhaltet den Zugang zu Objekten im Raum. Diese möchten Sie vielleicht in einer kleinen Gruppe ausprobieren. Das ermöglicht es uns, Augenkontakt erst mit einem Partner zu halten und dann zu einem anderen Partner zu wechseln. Das läßt Kontakt zu, der von *Raum* zu *Raum* hergestellt wird, anstatt von Mensch zu Mensch. Diese Raum-zu-Raum-Verbindung zu öffnen, vertieft den Kontakt und die Intimität, weil es die geschaffenen persönlichen inneren Hindernisse beseitigt.

Mögliche Gestaltung für eine Gruppe mit wechselndem Gruppenleiter.

Übung

Suchen Sie sich ein Objekt im Raum aus, zum Beispiel einen Stuhl. Fangen Sie damit an, Ihre Aufmerksamkeit zurück zu ziehen, in den Raum *vor* dem Wissen um das Objekt. Anders ausgedrückt: Sie erfahren Ihre Aufmerksamkeit normalerweise als vorwärtsgehend oder nach außen auf ein bestimmtes Objekt zugehend, zum Beispiel auf eine Couch oder einen Mensch zu. Ziehen Sie Ihre Aufmerksamkeit wieder in sich zurück oder zurück in den hinteren Teil Ihres Kopfes. Wenn Sie ein Objekt ansehen, ziehen Sie Ihre Aufmerksamkeit zurück in den Raum hinten in Ihrem Kopf, vor dem Eindruck, der Vorstellung oder dem Gedanken an das Objekt.

Ein Kursteilnehmer meinte einmal: »Ich kann zurückgehen vor den Eindruck des Objektes, aber ich sehe immer noch seine Farbe.«

175

Ich antwortete: »Sie werden die Farbe auch weiterhin sehen, aber es wird nicht länger als beispielsweise der ›Teppich im Wohnzimmer‹ registriert werden. Mit anderen Worten, die Farbe ist immer noch da, und sie wird auch nicht verschwinden, aber Sie bewegen sich, ziehen Ihre Aufmerksamkeit hinter den Gedanken und den Eindruck, ja sogar hinter das Wissen zurück. ES IST EIN SEHR TIEFER FOKUS, in den Raum vor dem Wissen.«

Ein Schüler sagte: »Ich habe das Gefühl, ich gehe zurück in den hinteren Teil meines Kopfes und muß dort bleiben, um es zu bekommen.« »Genau«, antwortete ich. »Sie ziehen Ihre Aufmerksamkeit in den Raum *vor* dem Wissen um das Objekt.«

Bei dieser Übung geht es darum, Sie in den Raum vor den Gedanken oder den Eindrücken und sogar vor dem Wissen um ein Objekt zu bringen. Dies erlaubt uns, diesen Raum zu würdigen, der konstant ist und doch unbemerkt und nicht-anerkannt bleibt. Diese »Quantenaerobics« erlauben uns, den Raum zu erfahren, der immer da ist; den Raum, den wir alle teilen.

Sobald wir einmal den Raum, in dem wir alle leben, zu schätzen wissen, können wir damit beginnen, uns an dem *Medium* oder der Substanz, die uns alle verbindet, zu erfreuen. Lassen Sie uns beispielsweise annehmen, wir befänden uns in einem Swimmingpool, und auf einer expliziten Ebene würde es so scheinen, als ob ich von Ihnen getrennt wäre. Wir erfahren Furcht, Wut, Einsamkeit, etc. Wenn wir jedoch mit dem Wasser als unsere gemeinsame Verbindung in Berührung kommen, lernen wir nicht nur zu schätzen, wie wir verbunden sind, sondern auch, daß wir in demselben verbundenen Raum (dem Wasser) leben und daher Einfluß aufeinander ausüben. Ich möchte das verdeutlichen: Wenn ich mich in einem Swimmingpool auf meiner Luftmatratze entspanne und jemand macht einen Hocksprung ins Wasser, dann werde ich naß, es schüttelt mich auf der Luftmatratze hin und her, und vielleicht falle ich sogar ins Wasser. Wenn ich damit anfangen kann, die geteilte gemeinsame Einheit (das Wasser) anzuerkennen, dann könnten wir unsere Handlungen sowohl in unserer Umgebung als auch emotional ändern. Warum? Weil alles einen gemeinsamen Raum teilt. Was dies so sehr von den meisten psychologischen oder spirituellen Methoden unterscheidet, ist die Tatsache, daß man sich in der Psychologie mit dem »Inhalt« befaßt oder mit dem, was geschieht. Das wird oft »Vordergrund« genannt. In den spirituellen Disziplinen liegt der Schwerpunkt darauf, sich jenseits des Vordergrundes (Gedanken, Wünsche, etc.) zu bewegen. Viele Menschen werden als minderwertig, unrein, noch nicht bereit, unentwickelt angesehen, weil man ihren Vordergrund für »schlecht« hält bzw. für etwas, was geändert werden muß. In der Quantenpsychologie ist der Ausübende aufgefordert, sich auf den unveränderlichen *Hintergrund* (implizite Ordnung) zu konzentrieren. Warum? Weil der Vordergrund (explizite Ordnung) sich unaufhörlich verändert, der Hintergrund oder die implizite Ordnung jedoch dieselbe bleibt. Mit dem Hintergrund in Berührung zu treten und ein Gefühl dafür zu erlangen, verändert den Kontext Ihres Lebens – die gegenseitige Verbindung wird größer und der Schmerz der Trennung nimmt ab.

Quantenübung 35

Gruppenleiter: («Für diese nächste Übung tun Sie sich mit einem Partner zusammen.«)

Übung

In meinen Workshops sage ich oft scherzhaft: »Tun Sie sich mit jemandem zusammen, von dem Sie sich unbewußt abgestoßen fühlen.« Oder: »Tun Sie sich mit jemandem zusammen, von dem Sie sich unbewußt angezogen fühlen.« Sehen Sie die Übungen locker. Sie sollen Spaß machen.

Schließen Sie Ihre Augen für einen Moment, dann nehmen Sie Augenkontakt mit Ihrem Partner auf. Ziehen Sie Ihre Aufmerksamkeit zurück, richten Sie Ihr Bewußtsein zurück in den Raum vor dem Wissen, vor der Information, den Eindrücken oder Gedanken, die Sie über diesen Menschen haben. Richten Sie Ihre Aufmerksamkeit nach innen, ziehen Sie sie zurück in den hinteren Teil Ihres Kopfes. Nun schließen Sie wieder Ihre Augen. Nehmen Sie Augenkontakt mit einem anderen Menschen auf, und ziehen Sie dann erneut Ihre Aufmerksamkeit sanft ab vor irgendwelche Gedanken oder Eindrücke oder Informationen, die Sie über diesen Menschen haben. Finden Sie den Raum vor jedem Gedanken und vor jeder Information.

Ein Seminarteilnehmer meinte hierzu: »Es war, als ob ich von innen den hinteren Teil meines Kopfes spüren konnte. Ich sah von da hinten.« (Dabei zeigte er auf seinen Hinterkopf.)

Ein Schüler sagte: »Alles verschwamm, und die Augen meines Partners schienen purpurfarben. Es war wirklich interessant, weil mir auffiel, daß dieses große, gewaltige Licht um alles herum scheint, sobald der Augenblick der vollständigen Loslösung kommt.«

Ein weiterer Teilnehmer kommentierte: »Das Fokussieren geschah für mich sehr schnell. Plötzlich pulsierte ich vor und zurück, und ich fokussierte sehr schnell.«

Zwei Dinge müssen als Antwort auf dieses Feedback gesagt werden. Das Pulsieren ist »Spanda«, wie in Kapitel 4 erwähnt, ein Wort aus dem Sanskrit mit der Bedeutung »das göttliche Pulsieren« oder »das göttliche Pochen«. Zweitens, während des tiefen Fokussierens verliert alles seine Form, weil wir eine Form wie Ärger oder Trauer durch unser Etikett festigen. Wenn Sie Ihre Aufmerksamkeit subjektiv zurückziehen, verliert sie an Festigkeit und verliert ihr Etikett, weil Sie das Gefühl vom Raum aus sehen, anstatt von Ihren Vorstellungen oder Eindrücken über das Objekt oder den Menschen.

Diese Übung können Sie sehr gut anwenden, wenn Sie sich mit jemandem, mit dem Sie eine Beziehung haben, mitten in einem Streit befinden. Wenn Sie sich daran erinnern, diese Übung mit ihm zu machen, dann sehen Sie ihn an, und ziehen Sie Ihre Aufmerksamkeit *zurück*, vor jeglichen Eindrücken und sogar vor das Wissen um diesen Menschen. Um das zu tun, müssen Sie bereit sein, alle Ihre Konzepte darüber, wie recht Sie doch haben, fallenzulassen und sich auf den Weg jenseits aller Eindrücke, Informationen oder Kenntnisse zu machen, die Sie über diesen anderen Menschen haben, um ihn vom Raum *davor* zu sehen. Diese Übung wird das Problem allmählich auflösen, weil Sie in den

Raum gelangen, wo das Problem entstand oder noch bevor das Problem existierte. Sie können das immer üben. Den Raum vor dem Problem zu sehen und zu erfahren hilft uns, uns zu erinnern (re-member im englischen Original, Anm. d. Hrsg.) bzw. wieder zu einem Mitglied des gemeinsamen Raumes zu werden, dessen Mitglieder wir alle sind.

Quantenübung 36

1. Schritt: Achten Sie auf einen Gedanken oder ein Gefühl, das Sie haben.
2. Schritt: Ziehen Sie Ihre Aufmerksamkeit von dem Gedanken bzw. dem Gefühl ab, vor jegliches Wissen und vor jegliche Information darüber, was der Gedanke oder das Gefühl ist.
3. Schritt: Betrachten Sie den Gedanken oder die E-motion von diesem Raum, als ob Sie den Gedanken oder das Gefühl zum ersten Mal sehen.

In dem Klassiker *Zen-Geist. Anfänger-Geist* von Shunryu Suzuki, verlangt der Autor nach dem »Geist des Anfängers«, um die Dinge zum ersten Mal zu sehen, um sie neu zu sehen.

»Der Geist des Anfängers wird in der gesamten Zen-Praxis benötigt. Es ist ein offener Geist, die Haltung, die sowohl den Zweifel als auch die Möglichkeit einschließt; die Fähigkeit, Dinge immer als frisch und neu zu sehen. Dieser Geist wird in allen Bereichen des Lebens benötigt. Der Geist des Anfängers ist die Praxis des Zen-Geistes.«

Genau das fordern auch wir: Ziehen Sie Ihre Aufmerksamkeit zurück über all das Wissen um innere Gedanken, Gefühle oder äußere Stühle und Fenster hinaus, um den Raum *vor* dem Wissen um diese Erscheinung zu sehen. Das ist der Geist des Anfängers.

Quantenübung 37

Gehen Sie spazieren, und betrachten Sie Dinge, Menschen, Gedanken, E-motionen, »als ob« Sie sie zum allerersten Mal sehen würden.

Wie ich Ihnen schon früher erzählt habe, war ich in Indien mit dem Lehrer Nisargadatta Maharaj zusammen. Er fragte eine Frau, die seine Rede für ein neues Buch auf Band aufnahm: »Wie heißt mein nächstes Buch?« Sie antwortete: »Jenseits des Bewußtseins.« Daraufhin meinte er: »Nein, *Vor dem Bewußtsein*. Finden Sie den Raum vor Ihren Gedanken und bleiben Sie dort.«

Diese Übung verdeutlicht dieselbe Vorstellung. Vor irgendeinem Eindruck gibt es den Raum, die normalerweise unbeachtete implizite Ordnung, die uns alle verbindet. Oft beschweren sich die Menschen, daß sie »ihren Raum« brauchen. Der Raum ist Ihrer, niemand kann ihn wegnehmen. Es geht mehr um eine Änderung des Brennpunktes, darum zu bemerken, daß der Raum es ist, von woher Sie kommen. Sie besitzen bereits Ihren eigenen Raum, Sie müssen das nur anerkennen.

Alles in der Welt hat einen Raum, und was Sie tun können ist, Ihre Aufmerksamkeit von Menschen, Situationen und Dingen abzuziehen, damit Sie Ihren Raum zurückbekommen.

Ein Workshopteilnehmer fragte: »Dieses Zurückziehen vom Menschen und von der Welt, ist das nicht wie Dissoziieren?« Ich sagte: »Nein, Dissoziation ist eine automatische Verteidigung, die normalerweise während eines Traumas erschaffen wird, um uns gegen jemanden oder etwas zu schützen. In dieser Übung *verbinden* wir uns, Raum zu Raum; wir lernen den Raum zu schätzen, den wir alle teilen. Dies schafft einen völlig neuen Kontext für Beziehungen, da Ihr Ausgangspunkt die gegenseitig in Verbindung stehende Ganzheit oder der Raum (die implizite Ordnung) ist, anstatt die Trennung und die Furcht vor der expliziten Ordnung. Bei diesem Ansatz lernen wir zu allererst unsere Verbindung und unsere Ähnlichkeiten schätzen und dann erst die Trennung und die Unterschiede. Nicht so wie bei unserer Gewohnheit, es genau andersherum zu tun.«

Quantenübung 38

1. Schritt: Bewegen Sie Ihre Augen zügig von Objekt zu Objekt, und finden Sie den Raum zwischen den beiden Objekten.

Alle Dinge und Erfahrungen haben einen Raum. Es gibt auch, wie bereits in Kapitel 3 erwähnt, einen Raum zwischen zwei Objekten. Indem wir den Raum zwischen zwei Objekten ausfindig machen, ob es nun Gedanken, Gefühle, Stühle oder Tische sind, kommen wir wieder in Berührung mit unserem gemeinsamen, allem zugrundeliegenden Raum. Das kann uns ein Gefühl der gegenseitigen Verbindung und die Erfahrung der Harmonie vermitteln.

Übung

Bewegen Sie Ihre geöffneten Augen schnell von einem Objekt im Raum zum anderen, so schnell es geht. Finden Sie den Raum zwischen den beiden Objekten. Wenn Sie sich auf ein Objekt konzentrieren und dann auf ein anderes, so gibt es da einen Raum. Finden Sie den Raum zwischen den beiden Objekten, indem Sie Ihren Augen gestatten, sich sehr schnell zu bewegen.
Achten Sie wiederum darauf, wie der Raum übersehen wird.

Ein Kursteilnehmer kommentierte: »Es war, als ob ich bei einem Film oder bei einer Dia-Show auf den Rahmen sah. Ich bewegte meine Augen von einem Objekt zum anderen, und der Raum zwischen den Rahmen sprang mich an.« Ich erwiderte: »Der Raum, auf dem die Dia-Show erscheint, wird übersehen; das ist die implizite Ordnung oder der Hintergrund.«

Die Dia-Show oder die Geschichten in unserem Leben werden immer betont. Offensichtlich ist es, wenn wir uns »sicher« fühlen wollen, unmöglich, uns auf die Dia-Show (den Vordergrund) zu konzentrieren. Wir können uns nur dann »sicher« fühlen, wenn wir uns auf den unveränderlichen Hintergrund konzentrieren.

Quantenübung 39

Den Raum um die gedanklichen Bilder herum anerkennen

Mögliche Gestaltungsform für Gruppen mit wechselndem Gruppenleiter.

Übung

Schließen Sie Ihre Augen, und achten Sie auf den leeren Raum. Jetzt erschaffen Sie das Bild eines Strandes. Lassen Sie den Strand wirklich werden mit Gefühlen, dem Geräusch der Wellen, vielleicht sogar mit einem Temperaturwechsel, und erleben Sie ihn.

Achten Sie nun darauf, wie Sie gerade nicht auf den Hintergrund oder Raum achten dürfen, um dieses Bild zu erfahren. Erweitern Sie Ihr Bewußtsein, und achten Sie auf den Raum, der die Erfahrung umgibt. Beobachten Sie, wie die Erfahrung ihre Kraft verliert, wenn der Hintergrund oder der Raum mit eingeschlossen werden. Warum? Weil Sie Ihr Bewußtsein erweitern, um den unveränderlichen Raum mit einzuschließen. Psychologisch gesprochen entkräften Sie das Bild oder die Geschichte, indem Sie den Raum, in dem es geschieht, oder den Hintergrund mit einschließen.

Als weitere Verdeutlichung, wie in Kapitel 5 erwähnt, stellen Sie sich vor, Sie würden sich ein Photoalbum ansehen, in dem sich verschiedene Aufnahmen befinden. Wenn Sie den Hintergrund oder die Seite, auf der die Aufnahmen kleben, ausschließen, dann erscheint das Photo intensiver. Wenn Sie Ihr Bewußtsein ändern wie ein Zoom-Objektiv bei einer Kamera und die Seite, auf der das Photo klebt, mit einschließen, dann verliert das Photo seine Intensität. Damit entkräften Sie eine Geschichte, ein Bild oder eine Erinnerung, die Sie in Ihrem Bewußtsein tragen. Erickson würde das ein Entkräften der Bewußtseins-Szenen (de-potentiating of conscious mind sets) nennen.

Im Kontext der Quantenpsychologie bedeutet es, wenn ein Trauma in Ihrem Leben geschah (Vergewaltigung, Inzest, etc.), so nehmen wir ein Bild des Traumas (Vergewaltigung, Inzest, etc.), halten es buchstäblich vor unser Gesicht und treten durch das Bild mit der Welt in Beziehung. Ein Mann, der zum Beispiel von seiner Mutter sexuell mißbraucht wurde, könnte diese Erinnerung des Ausgenutztwerdens gegenwärtig haben und zu Frauen mit dieser Erwartungshaltung in Beziehung treten. In Gegenwart von Frauen ist er vielleicht verängstigt, teilnahmslos oder in sich gekehrt. Das ist der Geisteszustand, der posttraumatisches, streßbedingtes Fehlverhalten verursacht. Indem man den Raum, in dem das Bild existiert, zum Kontext, der das Bild hält, erweitert und einschließt, wird das gefrorene Feststecken der Erinnerung verringert. Das erlaubt diesem Mann, mit Frauen durch ein größeres Fenster als nur durch dieses Bild in Beziehung zu treten. Es verringert das posttraumatische, streßbedingte Fehlverhalten, entkräftet den Geisteszustand und erweitert somit seine Sicht der Welt.

Wie Sie das bei sich selbst anwenden können oder, wenn Sie Therapeut sind, bei einem anderen Menschen, wird später in Kapitel 9 erläutert.

Quantenübung 40

Vom Raum zur Form

1. Schritt: Lassen Sie Ihre Augen zufallen, sehen Sie den Raum.
2. Schritt: Öffnen Sie Ihre Augen, und sehen Sie die stofflichen Dinge.
3. Schritt: Während Sie diese äußeren Formen ansehen, halten Sie einen Teil Ihrer Aufmerksamkeit auf den Raum gerichtet. Schließen Sie eine Sekunde lang Ihre Augen, und sehen Sie den Raum. Und wenn Ihre Augen offen sind, sehen Sie die äußere Welt.

Wechselnde Gruppenleiter.

Übung

Lassen Sie eine Sekunde lang Ihre Augen offen, und sehen Sie die äußere Welt. Jetzt schließen Sie Ihre Augen, und sehen Sie die innere Welt. Lassen Sie Ihre Augen offen, und die Welt erscheint.

Lassen Sie Ihre Augen geschlossen, und sehen Sie den Raum, bis Sie den Hintergrund des Raumes halten können, wenn Sie Menschen und Dinge ansehen.

Sobald Sie einmal den Raum (innen) und die Welt (außen) »zusammenbekommen« können, teilen Sie Ihre Aufmerksamkeit. Das bedeutet, richten Sie gleichzeitig Ihre Aufmerksamkeit auf die äußere Welt *und* auf den inneren Raum. Das erfordert Übung, aber wenn Sie diese Fertigkeit entwickeln, können Sie gleichzeitig mit der äußeren und der inneren Welt in Berührung bleiben. Die meisten von uns verlieren ihren Raum in einer Beziehung, weil sie sich auf ihren Partner konzentrieren. Andere verlieren ihre Verbindung mit ihrer Beziehung, weil sie in ihrem Raum bleiben. Es gibt somit ein Dilemma von entweder »Ich habe eine Beziehung und verliere mich selbst« oder »Ich habe mich selbst, ich bin allein, und ich habe keine Beziehung.« Das schafft Konflikte, die konstant in Beziehungen auftreten. Oft werde ich in Workshops gefragt: »Wie kann ich mich selbst (meinen eigenen Raum) und eine Verbindung zu einem anderen Menschen (eine Beziehung) haben?«

Durch diese Übung können Sie beides erreichen, indem Sie Ihre Aufmerksamkeit – nach innen und nach außen – aufteilen, so sind Sie gut ausbalanziert. P. D. Ouspensky, der anerkannte Mystiker und bekannte Schüler des Lehrers G. I. Gurdjieff, schlägt diesen Ansatz vor:

»*Wenn ich der externen Welt Aufmerksamkeit schenke, bin ich wie ein nach außen gerichteter Pfeil. Wenn ich meine Augen schließe und in mich selbst versinke, wird meine Aufmerksamkeit zu einem nach innen gerichteten Pfeil. Nun versuche ich beides gleichzeitig – den Pfeil gleichzeitig nach innen und nach außen zu richten – und ich entdecke sofort, daß dies unglaublich schwierig ist. Nach ein bis zwei Sekunden vergesse ich entweder die äußere Welt und versinke in einen Tagtraum, oder ich vergesse mich selbst und werde ganz von dem gefesselt, was ich betrachte.*«

(Wilson, 43)

Dieser Ansatz fordert den Ausführenden zu genau dieser Technik des Selbst-Erinnerns auf: die gleichzeitige und ausgeglichene Konzentration auf den Raum (innen) und die äußere Welt (außen).

Das ist eine schöne Übung, insbesondere in Beziehungen; sie hilft, mit dem Raum und Ihrem Partner in Berührung zu bleiben – gleichzeitig oder einfach zur gleichen Zeit.

Quantenübung 41

Der Raum am Ende eines Geräusches

1. Schritt: Richten Sie Ihre Aufmerksamkeit auf den Raum am Ende eines Wortes, eines Satzes, einer Stimme oder irgendeines Geräusches.

Wir sind auf der Suche nach einem Raum, der normalerweise unbemerkt bleibt. Die meisten von uns konzentrieren sich auf Worte und darauf, was sie für uns bedeuten. Das ist die Konzentration auf den Vordergrund (mehr darüber in den Kapiteln 9 und 10), anstatt der Konzentration auf den Hintergrund oder den Raum, der immer da ist und der für uns alle derselbe ist.

Wir arbeiten daran, die Stimme, die Worte, die Sätze, die wir hören, verwenden zu können; im wesentlichen alles zu verwenden, was in der inneren und äußeren Welt geschieht. Diese Übungen können sehr wertvoll dabei sein, uns mit diesem unveränderlichen, einheitlichen Raum in Berührung zu bringen. Eines der Unterscheidungsmerkmale zwischen dieser und anderen psychologischen Richtungen ist, daß andere Richtungen von Ihnen fordern, Zeit einzuplanen, um eine bestimmte »Übung« durchzuführen. In der Quantenpsychologie können Sie Ihr Leben leben und in den Raum eintreten, indem Sie einfach die *Richtung Ihrer Aufmerksamkeit verändern*. Bei dieser Übung geht es darum, den Raum am Ende des Geräusches zu finden und dort zu bleiben – ob Sie nun eine Stimme hören, ein Flugzeug, das über Ihnen hinwegfliegt, Verkehrsgeräusche, eine Stimme in Ihrem Kopf oder den Raum am Ende dieses Wortes. Wenn Sie einem Satz in Ihrem

Kopf oder einer Idee zuhören – finden Sie den Raum am Ende des
Geräusches. Sie werden in diesen Raum hineinfallen, in diese
Stille, in diese Leere.

Derjenige, der als Gruppenleiter fungiert, liest die Übung laut und
sehr langsam vor. Das erlaubt den Teilnehmern, sich auf den Raum
zwischen seinen Worten zu konzentrieren.

Übung

Lassen Sie sich in den Raum oder die Leere nach diesen Worten
fallen oder nach meiner Stimme oder nach einer Idee oder irgendeinem Geräusch, oder achten Sie auf den Raum am Ende eines ge-
schriebenen Wortes. Bleiben Sie in diesem Raum. Nutzen Sie jedes
Geräusch innerhalb oder außerhalb Ihrer selbst, und finden Sie
den Raum an dessen Ende. Wann auch immer Sie diese Übung
durchführen wollen – ob Sie Auto fahren, einkaufen oder einfach
das tun, was Sie jeden Tag tun – bleiben Sie konzentriert auf den
Raum am Ende jedes Wortes oder jedes Geräusches, sogar in einem Gespräch. Das wird Sie mit dem zugrundeliegenden Raum
oder Hintergrund verbinden, der immer *jetzt gerade* gegenwärtig ist.

Als Hausaufgabe schlage ich oft vor, daß wir irgendwann in der
darauf folgenden Woche den Raum am Ende eines Gespräches finden, anstatt uns auf die Worte zu konzentrieren. Mit anderen
Worten, konzentrieren Sie sich beim Gespräch auf den Hintergrund bzw. auf den Raum am Ende der Worte Ihres Gesprächs-
partners, anstatt auf die Worte selbst.

Wie schon in Kapitel 2 erwähnt, bestehen wir alle auf einer
subatomaren Ebene zum größten Teil aus Raum und Teilchen. Die
nächste Übung bringt uns in Berührung mit dem Körper als
Raum. Wenn wir diese Übung durchführen, können wir uns sogar
auf einer körperlichen Ebene der Möglichkeit öffnen, daß wir alle
aus demselben Raum bestehen, von ihm umgeben und in ihm untereinander verbunden sind.

Quantenübung 42

**Konzentrieren Sie sich auf Ihre Haut, als ob sie fest sei.
Beachten Sie ihre masse-ähnliche Eigenschaft.**
Denken Sie darüber nach, daß es darin nichts gibt als Raum.

Mögliche Gestaltungsform für eine Gruppe mit wechselndem Gruppenleiter.

Übung
Schließen Sie Ihre Augen. Richten Sie Ihre Aufmerksamkeit auf die Grenzen Ihrer Haut, Ihre körperliche Hautgrenze. Ich möchte, daß Sie Ihre Haut so erfahren und Ihre Aufmerksamkeit so auf Ihre Haut richten, als ob sie eine Mauer wäre, als ob sie eine physische Mauer wäre. Wenn Sie Ihre Aufmerksamkeit auf Ihre Haut richten, als ob sie eine Mauer wäre, achten Sie auf ihre Struktur, woraus sie besteht. Achten Sie darauf, wie sie aussieht und wie sie sich anfühlt.
Daraufhin meditieren Sie darüber, daß es nichts außer Raum darin gibt. Wenn Sie die Mauer spüren und sehen, wie sie aussieht, meditieren Sie darüber, daß nichts außer Raum darin ist. Bringen Sie Ihr Bewußtsein ganz langsam wieder in das Zimmer zurück.

Ein Workshopteilnehmer sagte: »Einfach mein Inneres als leeren Raum zu sehen, hat mich beruhigt.« Ich antwortete: »All diese Übungen sind Versuche, ein neues Auge der Wahrnehmung und eine neue Möglichkeit zu öffnen.«

In Kapitel 4 hatten wir Übungen, bei denen die äußere Hülle als Energie erlebt wird. In diesem Kapitel lassen Sie uns den Raumaspekt der äußeren Hülle, Ihrer Haut, erforschen.

»Es gibt zwei Arten, wie man Raum betrachten kann. Eine Betrachtungsweise ist, hinsichtlich unserer äußeren Hülle zu sagen, es gibt den Raum außerhalb und den Raum innerhalb. Der Raum innerhalb ist offensichtlich das getrennte Selbst, und der Raum außerhalb ist der Raum, der das getrennte Selbst abtrennt.

Um diese Trennung zu überwinden, muß ein Prozeß der Bewegung durch diesen Raum vorhanden sein.« (Bohm, 44)

Wir wollen David Bohms These verwenden und einen Blick auf zwei weitere Quantenübungen werfen, um diese Trennung zu überwinden.

Quantenübung 43

1. Schritt: Lassen Sie Ihre Augen zufallen, und spüren Sie Ihre äußere Hülle wie eine Mauer. (Singh, 45)
2. Schritt: Meditieren Sie über den Raum innerhalb dieser Mauer.
3. Schritt: Meditieren Sie darüber, und erfahren Sie, daß diese Mauer aus demselben Raum besteht wie der innere Raum.

Nach ein paar Augenblicken bringen Sie Ihr Bewußtsein sanft zurück in das Zimmer.

Quantenübung 44

Das Universum als Raum

1. Schritt: Lassen Sie Ihre Augen wieder zufallen, und erfahren Sie Ihre äußere Hülle fest und masse-artig.
2. Schritt: Erfahren Sie den Raum innerhalb dieser masse-artigen Struktur namens Hautgrenze.
3. Schritt: Dann erfahren Sie den Raum außerhalb dieser masse-artigen Hautgrenze.
4. Schritt: Jetzt erfahren Sie den Raum innerhalb dieser masse-artigen Hautgrenze, die Hautgrenze selbst und den Raum außerhalb der Hautgrenze. Spüren Sie, daß alle aus demselben Raum bestehen.

Quantenübung 45

Der Raum des Körpers

1. Schritt: »*Stellen Sie sich Ihren Körper als leeren Raum vor.*«
(Singh, 46)

Mögliche Gestaltungsform für eine Gruppe mit wechselndem Gruppenleiter.

Übung

Richten Sie Ihre Aufmerksamkeit auf Ihren Körper, als ob er ein leerer Raum wäre. Stellen Sie sich Ihre Haut, Ihr Fleisch, Ihren Körper und Ihre Knochen als leeren Raum vor. Erfreuen Sie sich mit geschlossenen Augen an der Erfahrung Ihres Körpers als leeren Raum.

Spüren Sie nach einigen Minuten sanft Ihren Körper. Fühlen Sie, wo er sich befindet, achten Sie auf Ihren Atem, und bringen Sie Ihr Bewußtsein ganz sanft zurück in das Zimmer. Wenn Sie dazu bereit sind, öffnen Sie Ihre Augen.

Ein Schüler meinte: »Ich erlebte, daß alles eine Manifestation von etwas anderem ist und daß ich Raum bin. Es war, als ob der Raum da war, und ich mußte überhaupt nichts tun. Es war eine Erleichterung.«

Quantenübung 46

1. Schritt: Treten Sie in Berührung mit dem »inneren« Raum.
2. Schritt: Sehen Sie die Dinge in diesem Raum an, und stellen Sie sich diese Dinge als schwebende Teilchen in einem leeren Raum vor.

Diese Übung gibt uns die Gelegenheit, die »Quantenlinse« aufzusetzen und die geräumige Welt zu betrachten und das, was wir

Dinge nennen, als Teil-(chen) zu sehen, die ohne Grenzen und Definitionen im leeren Raum schweben. Diese Übung kann mit offenen Augen durchgeführt werden, ohne zu blinzeln, und indem Sie Ihre Aufmerksamkeit zurückziehen wie in Quantenübung 34. Es ist wichtig, darauf zu achten, daß der Raum, wenn wir die Welt von »da hinten« sehen, vor den Gedanken, Eindrükken oder dem Wissen um ein Objekt oder um uns selbst, zugänglicher wird und Begrenzungen verschwinden. Warum? Weil wir sehen, ohne unser Gedächtnis oder unseren Verstand zu gebrauchen – wir sehen einfach. Die Erinnerungen, die angesammelte Bilder der Welt und von uns selbst sind, errichten Grenzen und »frieren« die subjektive Erfahrung von uns selbst und der Welt ein. Ohne den Verstand zu sehen, führt uns das aus den Vorstellungen von Energie, Raum, Masse und Zeit heraus – daher gibt es keine Grenzen!

Ein Schüler meinte: »Zuerst war es schwierig, aber als ich mir selbst gestattete, mich der Möglichkeit zu öffnen, war ich in der Lage, es zu tun.«

Ein anderer Workshopteilnehmer sagte: »Für mich war es ebenfalls schwierig, aber als ich es zuließ, konnte ich den Raum sehen, sogar mit offenen Augen. Es war beinahe unheimlich, daß es Zeiten gab, in denen der Raum so beherrschend war, daß ich nicht sagen konnte, ob meine Augen offen oder geschlossen waren.«

Ich füge hier Kommentare ein, die die Übung unterstützen. Ich möchte damit sagen, daß es eine schwierige Übung ist, aber man muß es nur in Betracht ziehen wollen, zulassen, bereit sein oder gestatten, sich diese »Quantenlinse« als eine Möglichkeit aufzusetzen.

Quantenübung 47

Der Raum in allen Richtungen (Singh, 47)

Diese Übung sollte in einer Gruppe ausgeführt werden, die von einem Gruppenmitglied geführt wird.

Mögliche Gestaltungsform für eine Gruppe mit wechselndem Gruppenleiter.

(Mit geschlossenen Augen)

Übung

Spüren Sie, wie Ihr Körper getragen wird, und achten Sie darauf, wie Ihr Atem steigt und fällt. Konzentrieren Sie sich mit geschlossenen Augen auf den Raum über Ihnen, als ob der Außenraum direkt über Ihnen wäre. Richten Sie Ihre Aufmerksamkeit auf den Raum über sich. Halten Sie Ihre Aufmerksamkeit auf den Raum über Ihnen gerichtet. Jetzt richten Sie Ihre Aufmerksamkeit auf den Raum unter Ihnen. Konzentrieren Sie Ihre Aufmerksamkeit auf die Leere unter Ihnen. Fahren Sie fort, Ihre Aufmerksamkeit auf die Leere unter Ihnen zu richten. Jetzt richten Sie Ihre Aufmerksamkeit auf die Leere rechts neben Ihnen. Nun möchte ich, daß Sie Ihre Aufmerksamkeit auf den Raum zu Ihrer Linken richten. Jetzt richten Sie Ihre Aufmerksamkeit auf den Raum vor Ihnen, beinahe als ob Sie in diesen Raum hineinschauen würden; und richten Sie all Ihre Aufmerksamkeit auf die Leere vor Ihnen, genau vor Ihnen, beinahe, als ob Sie auf dem Rand der Erde säßen und in den Raum blicken würden.

Lassen Sie den Raum mit einer einzigen Geste gleichzeitig vor sich, hinter sich, über sich, unter sich und in allen Richtungen sein, in Ihnen und um Sie herum, in allen Richtungen. Lassen Sie alles gleichzeitig Raum sein, gleichzeitig in alle Richtungen, alles ist Leere. Fahren Sie fort, Ihre Aufmerksamkeit auf den Raum zu richten, der sich in alle Richtungen ausbreitet, in alle auf einmal, gleichzeitig.

Quantenübung 48

Verschmelzender Raum
(Mit geschlossenen Augen.)

1. Schritt: Achten Sie auf den Raum unter Ihnen.
2. Schritt: Achten Sie auf den Raum zu Ihrer Linken.
3. Schritt: Achten Sie auf den Raum zu Ihrer Rechten.
4. Schritt: Achten Sie auf den Raum über Ihnen.
5. Schritt: Achten Sie auf den Raum außerhalb Ihres Körpers.
6. Schritt: Achten Sie auf den Raum in Ihrem Körper.
7. Schritt: Sehen Sie, daß der innere und äußere Raum derselbe Raum ist.

Gruppenleiter:

Nehmen Sie diesen Raum, der Ihren Körper umgibt, und achten Sie auf den leeren Raum in Ihrem Körper. Achten Sie darauf, wie der leere Raum in Ihrem Körper derselbe Raum ist wie der leere Raum außerhalb des Körpers. Lassen Sie nun den inneren Raum und den äußeren Raum verschmelzen, damit alles, was übrig bleibt, Raum ist.

Sie sind der Beobachter oder Zeuge des Raumes. Machen Sie sich klar, daß Sie durch Ihre eigene Entscheidung bestimmen, was Sie als »in Ihrem Körper« und was Sie als »außerhalb Ihres Körpers« empfinden. Achten Sie auch darauf, daß es eine subjektive Entscheidung ist, was Sie mit »Ich« oder »Nicht-Ich« bezeichnen. Beachten Sie: Sie sind der Beobachter des Raumes; Sie sind nicht im Raum, sondern außerhalb des Raumes.

Achten Sie auf Ihren Atem, lassen Sie ihn nur ein klein wenig in Ihren Brustkasten kommen. Fühlen Sie dann, wie Ihr Körper physisch gestützt wird von der Couch oder dem Stuhl auf dem Boden. Und ganz sanft, wann immer Sie bereit sind, öffnen Sie Ihre Augen.

Ein Schüler bemerkte: »Ich hatte das Gefühl, daß ich und alles andere einfach Raum war.«

Ein anderer Teilnehmer sagte: »Zuerst war es schwierig und mein Verstand wollte es nicht fassen, aber als ich mit Ihren Worten weiterging, fühlte ich, daß alles, was da war, Raum war.«

Worin liegt die Bedeutung, wenn man Teilchen und Energie so auffaßt, als ob sie durch den Raum schwebten?

»Unsere objektive Wirklichkeit besteht aus einer Leere voll von pulsierenden Feldern. Wenn wir das Pulsieren der Felder beenden, kehren wir zum Absoluten zurück.«　　　　　　(Bentov, 48)

Schlußfolgerung

Diese Übungen, die man in der Gruppe, zu zweit oder ganz allein machen kann, können die Möglichkeit eröffnen, sich einer Welt oder eines gegenseitig verbundenen Raumes bewußt zu werden. Dieser Raum, sobald man ihn einmal anerkennt, kann zu einer konstanten Anerkennung des Raumes werden, in dem wir alle leben, und das ist ein wichtiger Quantensprung und unser nächsten Quantensprung in der Beziehung zwischen dem Raum und der Energie oder den sichtbaren Teilchen, die wir unser Selbst nennen.

KAPITEL 8

Die lebende Leere

*»Schließ Deine Augen, entspanne Dich, und laß Dich
stromabwärts treiben ... das ist nicht der Tod,
das ist nicht der Tod. Leg alle Gedanken ab, ergib Dich
der Leere ... es leuchtet, es leuchtet.«*
John Lennon

Je weiter wir auf unserer Reise kommen, desto mehr lernen wir
die Tatsache schätzen, daß alles, was irgendwie im physikalischen
Universum existieren soll, aus Energie bestehen, einen Raum einnehmen, eine Festigkeit besitzen und eine Zeit (Dauer) haben
muß. Die bisherigen Übungen waren dazu gedacht, uns die Erfahrung zu vermitteln, sich jenseits der Konzepte von Energie, Raum,
Masse und Zeit zu befinden. Das liefert uns sozusagen eine neue
Brille, unsere »Quantenlinse«, damit wir die augenscheinliche
Natur des physikalischen Universums durchdringen und unsere
wahre Natur entdecken können.

Es erhebt sich jedoch immer noch die Frage: »Wer bin ich?«
Aber je mehr wir die Antwort auf diese Frage in den Mittelpunkt
rücken, desto mehr können wir feststellen, daß wir derjenige sind,
der die Energie, den Raum, die Masse und die Zeit beobachtet.
Und, wie in Kapitel 1 erläutert: Alles, was Sie beobachten können,
ist von Ihnen getrennt. Um die Worte von Alfred Korzybski zu
wiederholen: »Alles, worum Sie wissen, kann nicht Sie sein«, oder
»Die Landkarte ist nicht die Landschaft«.

Ebene 6
*Sie befinden sich jenseits
der Aspekte von Energie, Raum,
Masse und Zeit.*

Wir sind der Beobachter und der Teilhabende an der Schöpfung von Energie, Raum, Masse und Zeit. Das bringt uns zu einem weiteren Hügel, von dem aus wir die Wirklichkeit betrachten können. Wie Einstein verdeutlichte:

»*Alles besteht aus Leere, und Form ist verdichtete Leere.*«

Was bedeutet das? Nun, bevor wir damit fortfahren, durch eigene Erfahrung zu erforschen, was es bedeutet, lassen Sie uns annehmen, daß Energie dasselbe ist wie Materie und daß Raum dasselbe ist wie Materie, Energie und Zeit. Einstein bewies, daß alles aus derselben Substanz besteht (d.h. Leere ist Form, Form ist Leere). Wie schon in Kapitel 1 geschildert, so heißt es auch im *buddhistischen Herz-Sutra*: »Form ist nichts anderes als Leere, Leere ist nichts anderes als Form.«

»*In der Quantenfeldtheorie verliert die Unterscheidung zwischen Teilchen und dem sie umgebenden Raum ihre ursprüngliche Schärfe, und die Leere wird als eine dynamische Eigenschaft von überragender Bedeutung erkannt. In Einsteins Feldgleichungen kann die Materie nicht von ihrem Schwerkraftfeld getrennt werden, und das Schwerkraftfeld kann nicht getrennt werden vom gekrümmten Raum. Die Materie und der Raum werden daher als untrennbar und voneinander abhängige Teile eines einzigen Ganzen gesehen. Die moderne Physik zeigt uns wieder einmal, daß körperliche Objekte keine klaren Einheiten sind, sondern untrennbar an ihr Umfeld gekettet sind, daß ihre Eigenschaften nur verstanden werden können, wenn man ihre Interaktion mit dem Rest der Welt berücksichtigt. Ein Quantenfeld ist ein Feld, das die Form eines Quantums oder Teilchens einnehmen kann. Das Quantenfeld wird als die fundamentale physikalische Einheit betrachtet, als ein unaufhörliches Medium, das überall im Raum vorhanden ist.*«   (Capek, 49)

Bevor wir in die weitreichenden Auswirkungen einsteigen und einige Übungen anbieten, möchte ich noch klarstellen, daß ich die Begriffe »Quantenfeld«, »Leere« und »Vakuum« als Synonyme gebrauchen werde.

195

Quantenübung 49

Einsteins Rätsel

1. Schritt: Achten Sie auf einen Konflikt, den Sie haben (z. B. »Soll ich diese Beziehung aufrecht erhalten oder soll ich diese Beziehung nicht aufrechterhalten?«).

2. Schritt: Achten Sie auf die Gestalt und die Größe jedes einzelnen Teils des Konfliktes, und auf den Raum, der zwischen ihnen liegt, in dem sie schweben.

3. Schritt: Erlauben Sie sich, jeden Teil des Konfliktes zu fühlen, indem Sie mit jedem Teil-(chen) verschmelzen.

4. Schritt: Verschmelzen Sie mit jeder Gestalt, und treten Sie dann zwischen die beiden Seiten des Konflikts, und verschmelzen Sie mit dem Raum.

5. Schritt: Sehen Sie, daß die beiden Teil-(chen) (die in Konflikt liegenden Teile), die im Raum schweben, und der Raum, der sie umgibt, aus derselben Substanz bestehen.

6. Schritt: Achten Sie darauf, was geschieht.

Ein Schüler meinte: »Der Konflikt verschwand.« Ein anderer sagte: »Der Konflikt verlor seine Explosivkraft.« Ein dritter bemerkte: »Der Gegensatz verschwand, ich fühlte mich ruhig und friedlich, als ob es keinen Streit mehr gäbe.«

Ich antwortete allen drei Seminarteilnehmern, indem ich ein einfaches Prinzip herausstellte. Um Bentov nochmals zu wiederholen:

PRINZIP: Um eine Erfahrung zu machen oder irgend etwas zu erfahren, muß es einen *Kontrast* geben oder etwas, was sich von etwas anderem unterscheidet.

»Unsere gesamte Wirklichkeit ist darauf aufgebaut, fortwährend derartige Vergleiche anzustellen. Unsere Sinne, die uns unsere Wirklichkeit beschreiben, stellen die ganze Zeit über solche Vergleiche an. Unglücklicherweise haben unsere Sinne keinen absoluten Bezugspunkt. Sie müssen ihren eigenen relativen Be-

*zugspunkt erzeugen. Aber wann auch immer wir etwas wahr-
nehmen, wir nehmen nur Unterschiede wahr, ob es Hitze oder
Kälte ist, Licht oder Dunkelheit, Ruhe oder Lärm – immer im
Vergleich zu relativen Größen. Wir haben kein absolutes Maß
der Dinge, soweit es unsere tägliche Wirklickeit betrifft.*

(Bentov, 50)

Wenn also alles aus derselben Substanz besteht, kann es keinen
Konflikt geben. Warum? Weil nur, wenn wir uns vorstellen, daß
etwas verschieden von etwas anderem ist, ein Konflikt existieren
kann.

»Teilchen sind nur lokale Verdichtungen des Feldes. *Einstein
sagte: ›Wir können annehmen, daß Materie aus den Bereichen
des Raumes gebildet wird, in denen das Feld extrem intensiv ist.
Es gibt keinen Platz in dieser neuen Art der Physik, weder für
das Feld noch für die Materie, denn das Feld ist nur die Materie.‹«*

(Capek, 51)

Die nächste Frage lautet folglich: Wie geschieht diese Verdichtung? Um das zu beantworten, lassen Sie uns zur nächsten Übung
schreiten.

Quantenübung 50

1. Schritt: Achten Sie auf einen Konflikt, den Sie haben (z. B. »Soll
ich diese Beziehung aufrecht erhalten oder soll ich diese
Beziehung nicht aufrecht erhalten?«).
2. Schritt: Achten Sie auf die Gestalt und die Größe jedes einzelnen Teils des Konfliktes, auf den Raum, der zwischen ihnen liegt und auf den Raum, der die beiden
umgibt.
3. Schritt: Erlauben Sie sich, jeden Teil des Konfliktes zu fühlen.
4. Schritt: Verschmelzen Sie mit jeder Gestalt, und treten Sie dann
zwischen die beiden Seiten des Konfliktes, und verschmelzen Sie mit dem Raum.

5. Schritt: Sehen Sie, daß die beiden Teilchen, die im leeren Raum schweben, sowie auch der leere Raum selbst aus derselben Substanz bestehen.

6. Schritt: Achten Sie auf die Leere, die übrigbleibt.

7. Schritt: Verdichten Sie die Leere, und stellen Sie das erste Teilchen her (d. h. »Soll ich in dieser Beziehung bleiben?«). Verdichten Sie noch etwas mehr Leere, und stellen Sie das zweite Teilchen her («Ich sollte *nicht* in dieser Beziehung bleiben.«).

8. Schritt: Jetzt dünnen Sie diese beiden Teilchen aus, und machen Sie sie wieder zu Leere.

9. Schritt: Verdichten Sie die Leere, und machen Sie sie zu Teilen des Konfliktes. Dünnen Sie sie aus, und verwandeln Sie sie wieder zu Leere. Tun Sie das mehrere Male.

Sobald Sie sehen, daß die Teil-(chen) und der leere Raum dasselbe sind, berichteten Schüler davon, daß die Teil-(chen) bzw. der Konflikt verschwinden. Warum? Weil es *keinen Kontrast* gibt. Indem Sie nun das Quantenfeld oder die Leere verdichtet und ein Teil-(chen) hergestellt haben, wie zum Beispiel »Ich will eine Beziehung«, und es dann weiter verdichtet haben und ein weiteres Teil-(chen) herstellten, das da heißt »Ich will keine Beziehung«, haben Sie zwei Teil-(chen), von denen Sie denken, es seien vom sie umgebenden Raum getrennte und unterschiedliche Substanzen, ebenso getrennt vom Quantenfeld oder der Leere, aus der sie gemacht wurden. Das ist, als ob alles aus Schnee (Leere) bestünde und sie hätten zwei Schneebälle (Teil-[chen]) geformt und legten Sie zurück in den Schnee (Leere). Dann dünnten Sie die Schneebälle aus und ließen sie wieder zu Schnee werden. Sie tun das mehrere Male: formen Schneebälle (verdichtete Leere) und dünnen sie wieder aus zu Schnee, zu Leere. Eine weitere Metapher ist, Wasser zu schöpfen und es zu Eis zu gefrieren. Die Leere ist das Wasser, das Eis sind die Teil-(chen): »Ich will eine Beziehung« und »Ich will keine Beziehung.« Unterscheidet sich das Eis vom Wasser? Beides ist Wasser. Eines davon ist einfach nur verdichtetes Waser. Sie bestehen aus derselben Substanz. Auf dieselbe Weise ist die Leere

das Wasser, und das Eis (verdichtete Leere) ist das Teil-(chen) –
»Ich will eine Beziehung«, »Ich will keine Beziehung.«

Wenn wir durch eine »Quantenlinse« die Teilchen und den
leeren Raum und den Schnee und die Schneebälle nicht als getrennt und unterschiedlich sehen können, dann kann der Konflikt
nicht existieren. Der Konflikt kann nur existieren, wenn wir uns
Kontraste vorstellen und sie sehen.

> *»Die Buddhisten drücken dieselbe Idee ganz genauso aus, wenn
> sie die ultimative Wirklichkeit Sunyata nennen, das für Leere
> oder Vakuum steht, und bestätigen, daß sie eine lebende Leere
> ist, die alle Formen der phänomenologischen Welt gebärt.«*
>
> (Capra, 52)

Hier steht die lebende Leere für das Quantenfeld. Das Quantenfeld ist die fundamentale Substanz. Einstein stellte fest: »Teilchen
sind nur die lokalen Verdichtungen der Felder.« Die Quantenpsychologie würde es folgendermaßen ausdrücken: Identitäten, Sub-
Persönlichkeiten, das falsche Selbst, etc. sind nur lokale Verdichtungen des Quantenfeldes bzw. des Vakuums. Das reicht sehr tief,
denn damit sagen wir ja, daß alles aus diesem Quantenfeld bzw.
diesem Vakuum besteht. Alles, was Sie Ihr Selbst nennen, ist eine
Verdichtung dieses Quantenfeldes bzw. dieses Vakuums.

In der Quantenphysik tritt folgendes auf: Wenn wir die Materie
in kleine und immer kleinere Teile aufbrechen, verschwindet sie
schließlich ganz, und zurück bleibt dieses grundlegende Quantenfeld bzw. die Leere. Da nun alles untereinander verbunden ist und
bei näherer Untersuchung verschwindet, taucht die Frage auf:
»Wenn ich dieses trügerische Selbst, daß ich »Ich« nenne, unter-
suche, könnte es dann nicht zusammen mit den Problemen des
Selbst verschwinden?«

In der modernen Psychologie wird besonderer Wert auf das
Selbst gelegt, als ob es unabhängig existiere. Das grundlegende
Ziel der Psychologie ist es, eine Art von idealisiertem Selbst zu
schaffen. Ein Selbst, das gemäß Abraham Maslow selbstverwirk-
licht ist. Ein Selbst, das voll funktioniert.

Ich habe einmal mit einem Transaktionsanalyse-Trainer zusammengearbeitet, der Gesundheit als »sagen, was Sie meinen; meinen, was Sie sagen; das bekommen, was Sie wollen; das zu wollen, was Sie bekommen« definierte. Wir versuchen, ein Selbst aufzubauen oder ein Selbst zu erschaffen, das alle möglichen Situationen handhaben kann und dem alle Hilfsmittel zur Verfügung stehen. Wir versuchen, ein Selbst zu schaffen, indem wir uns ein »getrenntes Selbst« vorstellen, das unabhängig von einem anderen Selbst existiert. Auf einer impliziten Ebene ist diese Trennung nur in der Einbildung vorhanden, weil das Selbst ein Teil-(chen) ist, das dann auftritt, wenn das Quantenfeld oder die Leere sich verdichtet. Das bedeutet: das Selbst ist verdichtete Leere, und Leere ist ausgedünntes Selbst.

Anwendungen

Ich werde in Workshops häufig gefragt: »Wie kann ich das auf meine wirklichen Lebensprobleme anwenden?«

1985 wurde mir klar, daß ich ein Inzest-Überlebender war und daß ich in frühen Jahren von meiner Tante sexuell belästigt worden war. Bis ich als Patient in die Therapie zurückkehrte, wurden viele Erinnerungen an das, was geschehen war, in meinem Körper als Körpererinnerung aufbewahrt.

Viele Schulen der körperzentrierten Therapie stimmen darin überein, daß der physische Körper eine Erinnerung an traumatische Ereignisse hat. Wilhelm Reich, der Großvater der körperzentrierten Therapie schrieb in den vierziger Jahren ein detailliertes Buch mit dem Titel *Charakteranalyse*. Hier kennzeichnet Reich bestimmte Arten der Körperhaltung, die auf besondere Strategien oder Seinsarten hinweisen, das Leben wahrzunehmen und zu erfahren. Der Körper trägt die Erinnerungen an traumatische Ereignisse in sich, folglich schlage ich den Patienten, mit denen ich arbeite, und den Psychotherapeuten, die ich ausbilde, vor, daß Menschen, die an einem Trauma leiden, eine Form der Körpertherapie brauchen, damit die Erinnerungen und Traumata, die sie im Körper mit sich tragen, freigesetzt werden können.

In Fällen von »schwerem Mißbrauch« kann schon eine einfache Massage für das Individuum, das an posttraumatischem streßbedingtem Fehlverhalten leidet, therapeutisch wirksam sein, da oft auch ein Widerstand gegen Berührung vorhanden ist. Darüber hinaus haben Feldenkrais' »Bewußtsein durch Bewegung« und Rolfing Inzest-Überlebenden geholfen, in der Welt auf eine andere Art und Weise zu »bestehen«.

Bei mir selbst sind während der Therapie am tiefliegenden Bindegewebe, insbesondere wenn an den Bereichen zwischen meinen Beinen »gearbeitet« wurde, ganz spontan Bilder des Gesichts meiner Tante vor meinem geistigen Auge erschienen. Die Bilder ihres Gesichtes ähnelten einem Film; sie tauchten innerhalb des leeren Raumes auf, der mit geschlossenen Augen entstand. Allmählich »sah« ich, daß das Bild aus derselben Substanz bestand wie der Raum, der das Bild umgab. Ich beobachtete, wie das Bild im Raum auftauchte, und war eins mit dem Bild und erfuhr das Bild meiner Tante. Das Bild meiner Tante (Vordergrund), wie ich es erfuhr, dünnte aus und wurde zur Leere, die es umgab (Hintergrund). Das Bild war verdichtete Leere. Die Leere war ausgedünntes Bild – es war dasselbe Quantenfeld, dieselbe Leere.

Daraus entstand später die Quantenübung, die ich bei zahllosen Patienten zur Behandlung von Inzest, Vergewaltigung und posttraumatischem, streßbedingtem Fehlverhalten anwendete. Die Erinnerung an das Trauma ist innerhalb eines Raumes enthalten und wird vom Raum umgeben. Nachdem man mit der Erinnerung, die ziemlich fest ist, gearbeitet hat, hilft die moderne Psychotherapie dem Patienten, die Aufladung der Erinnerung zu entladen, damit die Erinnerung weniger fest wird, und der Patient kann die Erinnerung »loslassen« bzw. wird von der Einnerung weniger »beeinflußt«. Therapeuten wissen, wenn an dem Thema (Erinnerung) gearbeitet wird, verringert sich die Aufladung, Diffusion setzt ein, und der Patient fühlt sich von der Erinnerung befreit. Warum? Weil deren Masse (Festigkeit) sich aufzulösen beginnt, wenn sie erfahren wird. Ob Sie mit Ihren eigenen Erinnerungen arbeiten oder einem anderen bei seinen Erinnerungen an die Vergangenheit helfen, fordern Sie an dieser Stelle den Patienten bzw. sich selbst auf, die Leere hinter geschlossenen Augen zu verdichten und eine Erinnerung (ein Bild) hervorzurufen, die dann in die Leere ausgedünnt wird. Wenn Sie das mehrere Male tun, so hilft es Ihnen, die Erinnerung als das zu »sehen«, was sie ist, nämlich verdichtete Leere.

Wenn Sie oder ein Patient das Gefühl haben, das Bild sei zu fest, dann machen Sie viele *Kopien* dieses Bildes (verdichtete Leere), bis einiges von der Energie, die mit dieser Erinnerung verbunden ist, sich auflöst. Ich will damit keineswegs sagen, daß dies ein *Allheilmittel* für posttraumatischen Streß oder einfach bedrückende unangenehme Erinnerungen ist. Diese Methode wird nicht notwendigerweise jedem helfen. Diese Art der Arbeit kann jedoch dem Prozeß oder der Arbeit hinzugefügt werden, die sowieso im Einsatz sind. Ernsthafte Traumata, die eine intensive emotionale Aufladung in sich tragen, können außerdem nicht freigesetzt werden, solange nicht die emotionale Wertigkeit in unterschiedlichen Ausprägungen erfahren wurde. Dieser Ansatz kann im richtigen Augenblick angewendet werden, um den Prozeß des Loslassens zu beschleunigen. Ich erwähne das, weil die Menschen oft dazu neigen, »sich selbst zu bestrafen«, wenn die Erinnerung weiterhin zurückkehrt. Wenn die Erinnerung regelmäßig wiederkehrt, haben die Bilder und Vorfälle immer noch zu viel Energie an sich gebunden. Sie müssen dann durch Erfahrung ent-festigt werden, *bevor* sie diesen Verdichtungs-Ausdünnungs-Prozeß durchlaufen können. Dieser Ansatz kann in vielen Fällen helfen, das Problem (die Erinnerung) zu verarbeiten und es zu seiner ursprünglichen Substanz zurückzuführen: dem Quantenfeld bzw. der Leere.

>*»Die Lösung der Probleme des Lebens zeigt sich im Verschwinden des Problems.«* (Wittgenstein, 53)

Die nächste Übung hilft, das zu veranschaulichen.

Quantenübung 51

(Mit geschlossenen Augen)

1. Schritt: Lassen Sie eine schmerzliche Erinnerung in die Leere hinter Ihren Augen kommen.
2. Schritt: Seien Sie eins mit diesem Bild, erfahren Sie es.
3. Schritt: Achten Sie auf die Leere, die das Bild umgibt.
4. Schritt: Sehen Sie, daß das Bild aus verdichteter Leere besteht.
5. Schritt: Verdichten Sie die Leere, und machen Sie sie zu dem Bild.
6. Schritt: Dünnen Sie das Bild aus, und machen Sie es zu verdichteter Leere. Tun Sie das mehrere Male, bis Sie das Gefühl haben, die Aufladung des Bildes sei neutralisiert.
7. Schritt: Machen Sie sich klar, wer all das Verdichten und Ausdünnen der Leere vollbracht hat.

Der 7. Schritt ist sehr wichtig: Wenn Sie sich klarmachen, daß Sie die Leere in ein Bild oder eine Erinnerung in der Gegenwart verdichtet haben, können Sie damit aufhören, es zu verdichten.

PRINZIP: Sobald sich das Quantenfeld oder die Leere verdichtet, wird eine Erfahrung und ein Erfahrender geformt.

Um dies quantenpsychologisch ganz zu verstehen, stellen Sie sich vor, Sie hätten eine Erinnerung daran, wie Ihr Vater Ihnen etwas Schlechtes antut. In der Gegenwart ist weder Ihr Vater noch der kleine Junge/das kleine Mädchen da (d.h. Ihr Vater ist nicht im Zimmer). Das Bild (die verdichtete Leere) wird von Ihnen, dem Beobachter, in der Gegenwart festgehalten. Aus einer quantenpsychologischen Perspektive müssen Sie erfahren, daß *Sie* die Erinnerung im Quantenfeld festhalten, bevor Sie ein unangenehmes Ereignis oder eine unangenehme Situation loslassen können. In der modernen Psychologie hat die Geschichte oder das Bild soviel Macht, »als ob« es ein Eigenleben hätte. Ein Ziel der Quantenpsychologie ist es, daß Sie das Bild bzw. die Erinnerung ohne Schuld oder Scham in der Leere festhalten und verdichten. Wenn Sie dies *erfahren* haben, können Sie aufhören, die Leere zu einer Erinnerung zu organisieren; das wiederum erlaubt der verdichteten Leere, in ihren Ursprungszustand zurückzukehren: in die Leere bzw. das Quantenfeld.

Wiederholen Sie diesen Vorgang, und fragen Sie sich selbst: »Wer verdichtet die Leere zu Teil-(chen) (Erinnerung), und wer dünnt die Erinnerung (Teil-[chen]) in die Leere aus?« Anders gesagt, sobald Sie Eis haben (das Bild) und feststellen, daß Sie das Wasser (Leere) eingefroren haben, können Sie damit aufhören, Wasser zu Eis zu gefrieren. Was geschieht? Es wird wieder zu Wasser (ursprüngliche Form).

Ich muß nochmals betonen, daß es keine Schuld oder Scham gibt bei den lokalen Verdichtungen (Erinnerungen), die im Quantenfeld (in der Leere) aufgetaucht sind. Unsere Absicht liegt ausschließlich darin, sie durch eine *Quantenlinse* zu »sehen«, urteilsfrei und ohne Bewertung. Das bedeutet nicht, daß Urteil oder Bewertung schlecht sind und Sie »sich wieder auf das Wesentliche konzentrieren« sollten, wenn Urteile und Bewertungen auftreten. Hier gibt es kein »sollte«. Ich schlage vor, das beurteilende Teil-(chen) ebenfalls als verdichtete Leere zu sehen.

Hoffentlich wissen Sie, daß *Sie* es sind, der das Quantenfeld verdichtet und ausdünnt. Daher befinden Sie sich jenseits des Konfliktes, und der Beobachter/Schöpfer und Organisator der Leere wird zur Form, und die Form wird zur Leere.

»Wenn wir unsere physikalische Materie sehr stark vergrößern, stellen wir fest, daß wir hauptsächlich aus Leere bestehen, durchdrungen von oszillierenden Feldern. Daraus besteht die objektive physikalische Wirklichkeit.«   (Bentov, 54)

Parallele Universen

Die wahrscheinlich erstaunlichste Theorie der Quantenphysik stellt Nick Herbert in seinem Buch *Quantum Reality* vor:

»Quantenrealität Nr. 4: Die vielen Interpretationen der Welt (Die Wirklichkeit besteht aus einer ständig steigenden Anzahl

paralleler Welträume).« »Von allen Behauptungen,« sagt Herbert, »ist keine unerhörter als die, daß bei jeder Messung Myriaden von Universen geschaffen wurden.«   (Herbert, 55)

Was bedeutet das im Lichte dessen, was wir in diesem Buch diskutiert haben?

Lassen Sie uns zu Anfang einen Blick auf frühere Prämissen werfen.

In Kapitel 5 haben wir gesehen, daß Sie als Beobachter Ihre subjektive Erfahrung mittels Überzeugungen und Etiketten erschaffen. In den Kapiteln 6, 7 und 8 haben wir gelernt, daß die Welt aus David Bohms Einfalten und Entfalten von Energie, Raum, Masse und Zeit besteht. Auf unserer Reise können wir sehen, daß die Bestandteile von Energie, Raum, Masse und Zeit aus derselben Substanz bestehen bzw. aus den Verdichtungen des Quantenfeldes.

In Kapitel 5 haben wir gelernt, daß wir das erschaffen, was wir beobachten. Aber in Kapitel 8 sehen wir, daß der Raum, der das Teil-(chen) umgibt und das, was ich die Identität* nenne – es ist das, was Sie »Ich« nennen würden – dasselbe sind. Deswegen kehrt das Teil-(chen) zur selben Substanz Leere zurück. Warum? Wie wir schon an früherer Stelle erklärt haben, können Sie nur eine Erfahrung machen, wenn es einen Kontrast gegeben hat oder ein Teil-(chen) wie zum Beispiel »Ich liebe mich«, getrennt von einem anderen Teil-(chen) »Ich hasse mich«, und getrennt von dem Raum, der es umgab. Wenn es keinen Kontrast geben würde (dies ist verschieden von jenem), dann würde es keine Trennung und daher auch keine Erfahrung geben.

PRINZIP: Jede Erfahrung erfordert einen entwickelnden Blick hinsichtlich Trennung und Kontraste. Sobald die Kontraste als lokale Verdichtungen im Quantenfeld erkannt werden (geschaffene Wirklichkeit), fällt die Struktur oder die Unterscheidung zwischen Energie, Raum, Masse und Zeit auseinander und kehrt zurück zu ihrer de-konstrukten Substanz, zur Leere.

---

* (Im Englischen benutzt der Autor folgende Schreibweise *I-dentity*. Anm. d. Hrsg.)

205

Einfacher gesagt, Teil-(chen), Überzeugungen oder Identitäten sind konstruierte Leere; Leere besteht aus de-konstruierten Teil-(chen), Überzeugungen oder Identitäten.

Wie läßt sich das auf die Theorie paralleler Universen anwenden, auf die Theorie, daß alle Universen Seite an Seite existieren? Lassen Sie uns diesbezüglich einige bedeutende und weniger bedeutende Ansätze für Selbsthilfe und Erleuchtung untersuchen, sowohl in der Psychologie als auch in den östlichen Traditionen.

Psychologie

In der Psychologie bedeutet die brilliante Arbeit von Dr. Carl G. Jung eine Glaubensstruktur, ein in der Leere schwebendes Teil-(chen) oder eine lokale Verdichtungen des Quantenfeldes. Sowohl die Gestalttherapie von Dr. Fritz Perls als auch die Psychotherapie und der Hypnoseansatz von Dr. Milton H. Erickson waren Glaubenssysteme, die auf verdichteter Leere basieren.

Jeder der oben erwähnten Theoretiker hat zahllosen Menschen bei ihrer Suche danach geholfen, wie sie psychischen Schmerz handhaben können. Jedes System ist jedoch eine Glaubensstruktur, hat daher Grenzen und besteht aus Energie, Raum, Masse und Zeit. Was das bedeutet, können Sie Abbildung 11 entnehmen.

Nachfolgend die drei verschiedenen Modelle der Psychotherapie. Jedes Modell besitzt Energie, nimmt einen Raum ein, hat Masse und existiert in der Zeit. Achten Sie jedoch darauf, daß die Leere, die die Blase umgibt, und die Blase selbst aus derselben Substanz bestehen. Anders gesagt, die Blase besteht aus verdichteter Leere oder einer lokalen Verdichtung im Quantenfeld.

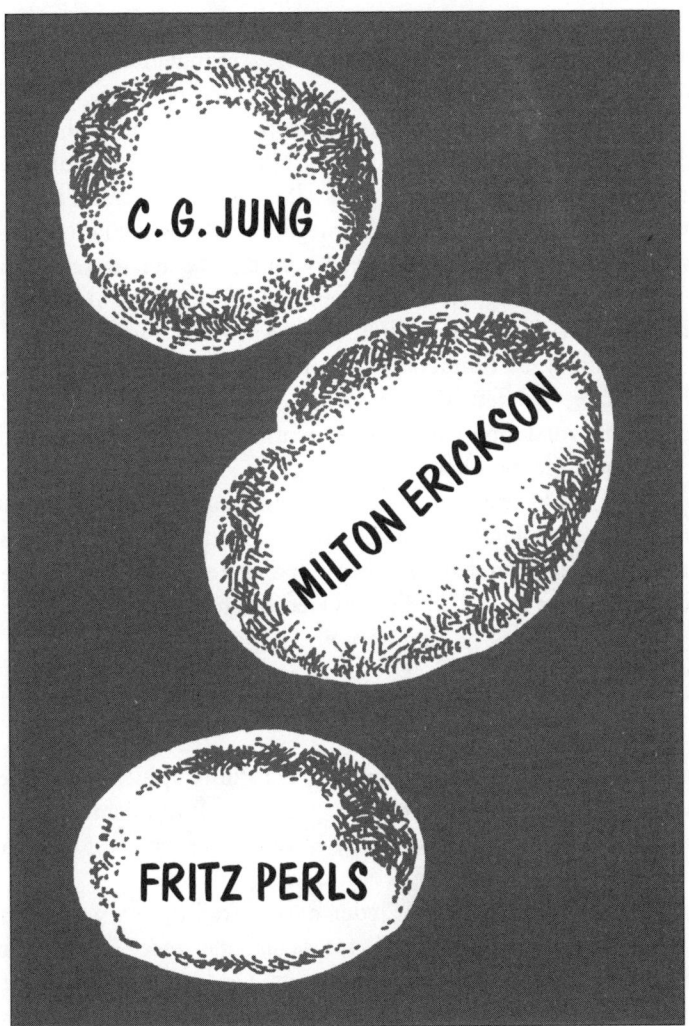

ABBILDUNG 11

Jedes dieser »Universen« war *geschaffene* Struktur. Wenn ich zum Beispiel in den frühen siebziger Jahren Patient in der Gestalttherapie war, wurde die Gestalttherapie von ihren Schülern für den Weg, die Wahrheit und das Licht gehalten. Es war ein schönes

Glaubenssystem, welches besagte, daß durch das Auflösen unabgeschlossener Angelegenheiten aus der Vergangenheit der emotionale Schmerz der Gegenwart vermindert werden könne. In vielen Fällen funktionierte es und half den Menschen, emotionalen Schmerz in den Griff zu bekommen. Für die Teil-(chen)-Blase von Dr. Milton H. Erickson trifft dasselbe zu: Es ist eine Glaubensstruktur, die besagt, daß Probleme durch Re-Assoziation gelöst werden können, durch die Wiedergewinnung der Ressourcen, durch neue Bezugssetzung, etc. Wieder einmal ein mächtiges Universum oder eine Teil-(chen)-Blase, in die man eintreten kann.

Die außergewöhnliche Kosmologie von Jung hatte eine Teil-(chen)-Blase, die den Menschen half, sich selbst in einem neuen Kontext zu verstehen, der ihre Beziehung zum Universum, zu den Archetypen, etc. beinhaltete.

Jeder dieser Pioniere und viele, viele andere haben Systeme und Strukturen entwickelt, die in den letzten Jahren zahllosen Menschen geholfen haben. Und ich mache sie in keiner Weise »schlecht« oder versuche, diese Systeme herabzusetzen.

Religiöse Systeme

Lassen Sie uns nun einen Blick auf die Philosophien des Ostens und des Mittleren Ostens werfen, auf Yoga, Buddhismus und die Sufi Tradition und sogar, ich wage es kaum zu sagen, auf das Christentum.

Da zahllose Bücher zu jeder dieser Traditionen geschrieben wurden, lassen Sie mich jetzt nur sagen, daß jede Tradition bestimmten Glaubensstrukturen anhängt. Da keine der Strukturen jemals hinterfragt wurde oder als Glaube gesehen wurde, sie alle vielmehr für die ultimative Wirklichkeit gehalten wurden, kann das dazu führen, daß der Ausübende in getrennten, begrenzten Teil-(chen) oder blasen-ähnlichen Strukturen feststeckt. Stellen Sie sich zur Verdeutlichung vor, Ihre Badewanne sei mit Wasser (Leere) und Bläschen (verdichtete oder konstruierte Leere) gefüllt. Jede Blase repräsentiert ein Glaubenssystem und ein »paralleles Universum« (verdichtete Leere). In jedem parallelen »Blasen-Universum« ist ein Glaubenssystem enthalten, eine Grenze, die umgeben wird vom dem Wasser in der Wanne (Leere).

Daher existiert jedes Universum Seite an Seite, umgeben von derselben Substanz oder Leere, und alle bestehen aus demselben Quantenfeld. Daher die Theorie paralleler Universen.

»Raum und Zeit formen eine Einheit namens Raumzeit, und auch die Materie ist damit verbunden. Es ist wie ein gigantischer Biskuitkuchen. Die Blasen der Raumzeit sind eingeschlossen in den Kuchen und sind ohne den Biskuitkuchen, der sie umgibt, bedeutungslos. Sie können Raumzeit nicht ohne Materie haben; das eine bestimmt das andere und umgekehrt.« (Wolf, 56)

Das bedeutet: Da alles aus demselben Quantenfeld (Leere) besteht, existieren alle Universen Seite an Seite. Das bestätigt auch die Quantenrealtität Nr. 8: *»Die Welt besteht aus Möglichkeiten und Tatsachen.«* (Herbert, 57)

Hier sehen wir keinen Widerspruch zwischen der Theorie Paralleler Universen (Universen, die Seite an Seite existieren), der Welt aus Möglichkeiten und Tatsachen und Nick Herberts *Quantenrealität Nr. 7*: »Das Bewußtsein schafft die Wirklichkeit.« Wie können diese augenscheinlich widersprüchlichen Behauptungen zusammenkommen? Wenn alles aus derselben Quantenleere stammt und auch aus ihr besteht, dann existieren alle Universen und sind in ihren Möglichkeiten paradox. Außerdem, was ist das Bewußtsein? Verdichtete oder konstruierte Leere. Daher schafft das Bewußtsein die Wirklichkeit. (Das werden wir ausführlicher in Kapitel 11 behandeln.)

Im Moment genügt es wohl, wenn ich sage, daß ein Teil-(chen) oder Glaubenssystem (Blasen) auftaucht, sobald ein undifferenziertes Bewußsein (verdichtete Leere) definiert und etikettiert ist, und daß der Konflikt nachläßt, sobald man sieht, daß das Teil-(chen) aus derselben Substanz besteht wie alle anderen Teil-(chen). Warum? Weil es keine imaginären Konflikte geben kann, wenn es keine Konstruktion oder imaginäre Trennung gibt. Dies können Sie Abbildung 12 entnehmen.

In der nachfolgenden Abbildung stellt die schwarze Fläche die Leere bzw. das Quantenfeld dar. Die Blasen sind lokale Verdichtungen des Quantenfeldes. Wir nennen Sie »spirituelle Wege«.

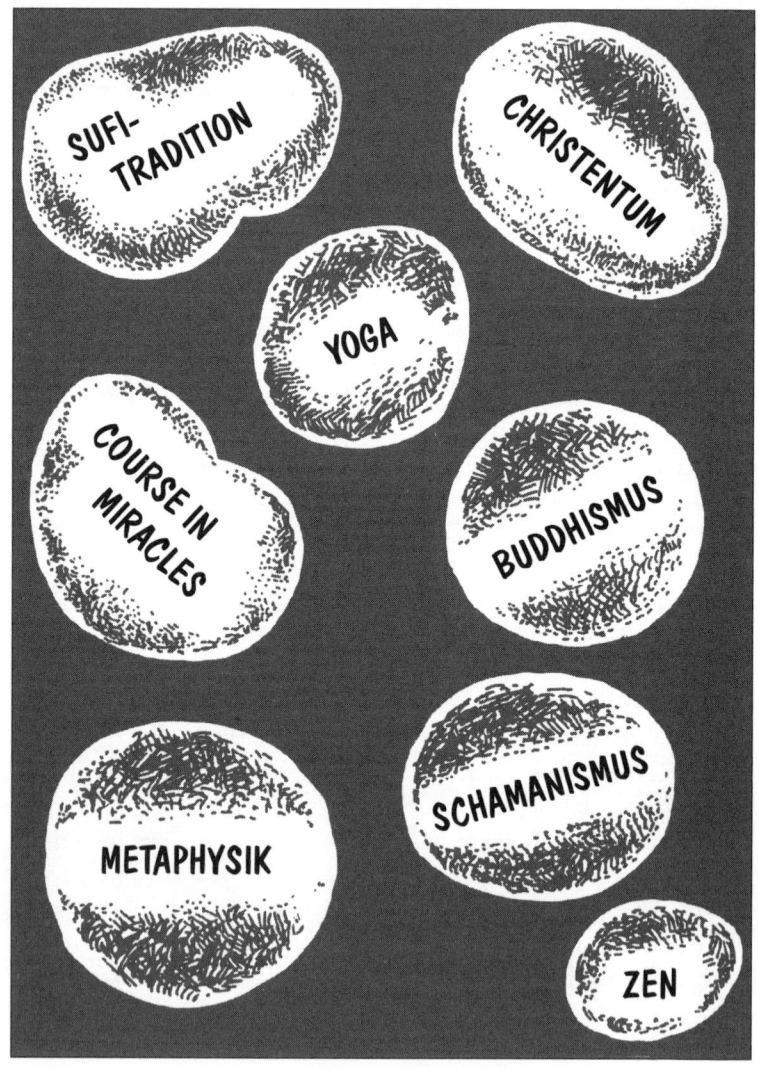

ABBILDUNG 12

Was haben denn nun all diese Systeme gemeinsam?
1. Sie sind alle erschaffen.
2. Es handelt sich ausnahmslos um Überzeugungen.
3. Sie alle besitzen Energie, haben Festigkeit, existieren in der Zeit und nehmen einen Raum ein.
4. Jede Struktur besteht aus derselben grundlegenden Substanz, nämlich aus undifferenzierter Leere (Quantenfeld).

Wie können wir das nun ins Licht der Quantenphysik im allgemeinen und der Theorie der Parallelen Universen im besonderen setzen?

Die Theorie der Parallelen Universen wurde 1957 von Hugh Everett an der Princeton Universität aufgestellt.

»Trotz der bizarren Schlußfolgerung, daß unzählige parallele Universen existieren, jedes so wirklich wie seine eigene Tatsächlichkeit, hat Everetts Bild der vielen Welten unter den Quantentheoretikern beachtlichen Anklang gefunden.« (Herbert, 58)

Vier Fragen tauchen bezüglich dieser Theorie auf. Erstens: Wie können wir annehmen, daß alle Universen existieren? Zweitens: Wie können wir das auf die psychologische Theorie anwenden? Drittens: Inwieweit hilft uns dies bei unserem eigenen Kampf um Konfliktlösung? Viertens: Wohin bringt es uns auf unserer Reise durch die Quantenpsychologie auf dem Weg zur Entdeckung, wer wir sind?

Lassen Sie uns mit der ersten Annahme in der Theorie der Parallelen Universen beginnen, daß nämlich alle Universen Seite an Seite existieren.

Lassen Sie uns dafür einen Augenblick Zeit nehmen, um eine Übung zu erfahren.

Quantenübung 52

1. Schritt: Lassen Sie Ihre Augen zufallen, und achten Sie einfach auf die Leere vor Ihnen.
2. Schritt: Nehmen Sie etwas Leere, verdichten Sie sie, und schaffen Sie ein psychologisches System, wie die Theorien

der Gestaltpsychologie, die Theorien von C. G. Jung oder Erickson, die Transaktionsanalyse, die Psychosynthese, die Analyse nach Freud, etc.

3. Schritt: Nehmen Sie etwas mehr Leere, verdichten Sie sie, und schaffen Sie ein anderes psychologisches System.

4. Schritt: Verdichten Sie noch etwas mehr Leere, und schaffen Sie ein weiteres psychologisches System.

5. Schritt: Verdichten Sie etwas Leere, und schaffen Sie ein »System der Erleuchtung« (z. B. Yoga, Meditation, Buddhismus, Sufismus, Zen, Christentum, Judaismus, Schamanismus, Ein Kurs in Wundern, Metaphysik, Okkultismus, etc.)

6. Schritt: Verdichten Sie noch etwas mehr Leere, und machen Sie sie zu einem weiteren System.

7. Schritt: Jetzt treten Sie zurück, und achten Sie darauf, wie jedes System eine Blase zu sein scheint, die in der Leere schwebt.

Das ist die Antwort der Quantenpsychologie auf die Theorie der Parallelen Universen, daß nämlich jedes Universum tatsächlich Seite an Seite mit einem anderen existiert. Natürlich könnte man auch argumentieren: Wie steht es dann mit einem System, das nicht erwähnt wurde? Die Antwort liegt jedoch auf der Hand: Da der Raum, der die Blasen umgibt, und die Blasen selbst aus demselben Stoff bestehen, existieren folglich auch alle Universen und bestehen aus derselben Leere.

Da, wie Einstein deutlich machte, »alles aus Leere besteht und Form verdichtete Leere ist«, existiert auch jedes Universum, weil alle aus demselben Stoff gemacht sind.

Das bringt uns zurück zu der alten buddhistischen Idee des Mittleren Pfades. Viele Lehrer meinen, der Mittlere Pfad bedeute, mäßig zu essen, mäßig zu schlafen, etc. In der reinen Form des Buddhismus bedeutet der Mittlere Pfad, daß nichts wahr und nichts falsch ist. Wie kann das sein? Werfen Sie einen Blick auf all die Universen (Gestalt, Jung, Yoga, etc.), die Sie aus der Leere vor Ihren geschlossenen Augen geschaffen haben. Beachten Sie, daß die Blasen aus derselben Substanz bestehen wie die sie umgebende Leere. Beachten Sie, wie die Blasen auseinanderfallen, wenn man die Leere und die Blasen als dieselbe Substanz betrachtet.

PRINZIP: Das Nichts (Leere) zieht sich zusammen und wird zu etwas, was man wahr nennen könnte, und das Nichts (Leere) zieht sich zusammen und wird zu etwas, was man falsch nennen könnte. Kurz gesagt, das Nichts (Leere) wird zur Wahrheit, das Nichts (Leere) wird zur Lüge.

Derzeit gibt es einen New-Age-Komödianten, der sich selbst »Swami Jenseits der Glückseligkeit« (Beyondananda). Er sagt ungefähr folgendes: »Menschen, die an sich selbst gearbeitet haben, die sich spirituellen Disziplinen unterworfen und psychologische Studien getrieben haben, verdienen NICHTS. Wenn Sie so viele Wege ausprobiert haben, kann ich zuversichtlich sagen: NICHTS FUNKTIONIERT.« Hier stimmen Einstein, Buddha und »Swami Jenseits der Glückseligkeit« überein: Form ist verdichtete Leere, Leere ist Form. Daher steht Suchenden NICHTS zu.

Wie man dies auf die Quantenpsychologie und auf unser Leben anwenden kann, wird klarer, wenn wir mit unserer Reise der Erfahrungen fortfahren.

Quantenübung 53

1. Schritt: Lassen Sie Ihre Augen zufallen, und achten Sie auf die Leere vor Ihnen.
2. Schritt: Nehmen Sie etwas Leere, verdichten Sie sie, und schaffen Sie ein psychologisches System, wie die Theorien der Gestaltpsychologie oder die Theorien von Jung oder Erickson oder die Transaktionsanalyse oder die Psychosynthese oder die Analyse nach Freud, etc.
3. Schritt: Nehmen Sie etwas mehr Leere, verdichten Sie sie, und schaffen Sie ein weiteres psychologisches System.
4. Schritt: Verdichten Sie noch etwas mehr Leere, und schaffen Sie noch ein weiteres psychologisches System.

5. Schritt: Verdichten Sie etwas Leere, und schaffen Sie ein »System der Erleuchtung«, z. B. Yoga, Meditation, Schamanismus, Ein Kurs in Wundern, Buddhismus, Sufismus, Zen, Christentum, Judaismus, etc.

6. Schritt: Verdichten Sie noch etwas mehr Leere, und machen Sie sie zu einem weiteren System.

7. Schritt: Jetzt treten Sie zurück und achten Sie darauf, wie jedes System eine Blase zu sein scheint, das in der Leere schwebt.

8. Schritt: Verschmelzen Sie nun mit jedem Glaubenssystem, eins nach dem anderen, und achten Sie darauf, wie Sie dieses System unter Ausschluß der anderen erfahren, wenn Sie sich in einem Glaubenssystem (Blase) befinden. Bewegen Sie sich von einem zum anderen, und erfahren Sie jede Blase. Dann »treten Sie heraus« und sind Zeuge jeder einzelnen.

9. Schritt: Achten Sie darauf, wer all das tat (wer Leere zu Form machte oder Form ausdünnte und sie zu Leere machte).

Wie kann das schließlich auf unser eigenes Leben angewendet werden? Jeder Konflikt, entweder in mir selbst oder scheinbar außerhalb von mir selbst, erfordert es, daß ich mit einem Teil-(chen) (Blase) verschmelze und es mir getrennt von einem anderen Teil-(chen) (Blase) vorstelle.

Wenn etwas, wie beispielsweise Wut, in Ihrem Bewußtsein ist, so werden bei diesem Vorgang die Wut, wenn man sie als Teil-(chen) oder als Welle betrachtet (siehe Kapitel 3) und der Raum, der dieses Teil-(chen) der Wut oder die Welle der Wut umgibt, als dieselbe Substanz angesehen; die Kontrastheit kommt abhanden und kann nicht mehr so leicht im Bewußtsein gehalten werden.

Lassen Sie uns sehen, wie man dies auf Beziehungen anwenden kann.

Der Beziehungs-Prozeß

Der Zweck des Beziehungs-Prozesses liegt darin, Konflikte in einer Beziehung als gegensätzliche Teil-(chen) oder gegensätzliche Blasen zu sehen, die in der Leere schweben. Wie schon zuvor erwähnt, kann nichts erfahren werden, außer es gibt einen Kontrast. Wir könnten auch sagen, nichts kann erfahren werden, wenn es keinen Kontrast gibt. Form und Leere, Tag und Nacht, schwarz und weiß, Liebe und Haß, Gefühl und Gefühllosigkeit, kalt und heiß – zu allem gibt es ein Gegenstück. Ohne einen Kontrast könnte es keine Erfahrungen geben. Die einzige Möglichkeit für einen Streit oder einen Kampf in einer Beziehung ist dann gegeben, wenn es zwei gegensätzliche Teil-(chen) oder Blasen gibt.

Damit Sie einen Kampf oder einen Streit oder eine Meinungsverschiedenheit in Ihrer Beziehung austragen können, sei es nun mit Ihrem Partner, Ihrer Ehefrau, Ihrer Mutter, Ihrem Ehemann, Ihrer Tochter, mit wem auch immer, müssen Sie sich mit einer bestimmten Postition oder einem bestimmten Teil-(chen) in der Leere identifizieren. Wer immer dieser Mensch ist, mit dem Sie streiten, auch er muß sich mit einer bestimmten gegensätzlichen Blase oder einem Teil-(chen) identifizieren, das in der Leere festgehalten wird.

Quantenübung 54

1. Schritt: Achten Sie darauf, wann Sie sich mit irgend jemandem in einem Konflikt befinden.
2. Schritt: Treten Sie heraus, und seien Sie Zeuge oder beobachten Sie die Glaubenssystemblase, mit der Sie sich identifizieren. Wenn Sie beispielsweise etwas wollen, und Ihr Partner will es nicht, erfahren Sie den Wunsch, achten Sie auf seine Größe und seine Form, sehen Sie ihn als Energie.
3. Schritt: Achten Sie auf den Unterschied zwischen Ihnen und diesem Teil-(chen).

4. Schritt: Achten Sie auf den Raum, der das Teil-(chen) umgibt.

5. Schritt: Achten Sie auf das gegensätzliche Teilchen namens »Ehemann« oder »Ehefrau« und auf seine Größe und Form. Tun Sie das, bis Sie beide Teil-(chen) als Energie sehen können, die in der Leere schweben.

6. Schritt: Seien Sie Teil-(chen), Blase oder Position A, und sehen Sie auf Position B.

7. Schritt: Seien Sie Teil-(chen), Blase oder Position B, und sehen Sie auf Position A.

8. Schritt: Seien Sie die Leere, und schauen Sie auf beide: Teil-(chen) Blase A und Teil-(chen) Blase B.

9. Schritt: Sehen Sie, daß die beiden Teil-(chen)-Positionen aus derselben Substanz gemacht sind wie die sie umgebende Leere.

10. Schritt: Gestatten Sie ihnen auseinanderzufallen, da es keinen Kontrast gibt.

11. Schritt: Üben Sie das Verdichten und das Ausdünnen der Leere in Teil-(chen) und der Teil-(chen) in Leere.

12. Schritt: Drehen Sie Ihre Aufmerksamkeit herum. Achten Sie darauf, wer all das tat.

Das erste, was Sie also zu tun haben, ist, sich nicht mit Ihrer Position oder mit der gegensätzlichen Position, namens Ehemann, zu identifizieren. Lassen Sie uns beispielsweise annehmen, Sie wollen ausgehen, und Ihr Ehemann will zu Hause bleiben. Sie geraten in einen bösen Streit und Sie sagen: »Ich will gehen, wir gehen nie aus« und so weiter. Er sagt: »Ich will zu Hause bleiben.« Offensichtlich haben Sie sich beide mit zwei bestimmten Teil-(chen) oder Blasen identifiziert.

Sobald die Teil-chen und der Raum als dasselbe angesehen werden – peng – fällt alles auseinander. *Keine Kontraste.*

Dieser Vorgang brachte mehrere gemischte Reaktionen von Seminarteilnehmern mit sich. Eine Frau sagte: »Es war nicht schwierig, meine Ehemann-Blasen zu sein, aber als ich fortfuhr und das Teil-(chen) meiner Tochter erfuhr, wurde es überwältigend schmerzhaft.«

Ich erwiderte: »Erst wenn Sie frei sein können, die Position Ihrer Tochter zu erfahren und auch frei sein können, die Position Ihrer Tochter nicht zu erfahren, können Sie aus diesem Teil-(chen) heraustreten und es beobachten, so daß es auseinanderfällt.«

Ein anderer Mann sagte: »Ich fühlte mich freier und das half mir, die Position meiner Ehefrau zu würdigen.« »Im allgemeinen«, antwortete ich, »müssen Sie damit spielen, die Positionen einnehmen und loslassen – wie man ein Hemd an- und auszieht – bis die Aufladung der gegensätzlichen Position so weit vermindert ist, daß Sie einfach das Teil-(chen)/die Blase in der Leere beobachten können – ohne Urteil, Bewertung oder Bedeutung, die Sie jeder gegensätzlichen Position beimessen.«

Allgemeine Fragen

Ein Schüler fragte: »Wohin geht dieses Teil-(chen)?« Ich antwortete: »Wenn es keine Gegensätzlichkeit gibt, gibt es keinen Konflikt, also fällt das Teil-(chen) auseinander oder ent-dichtet sich. Die lokale Verdichtung des Quantenfeldes beendet die Verdichtung. Es verschwindet nicht, es verändert sich zurück in sein nicht-verdichtetes Wesen, d. h. zurück zum Quantenfeld oder zur Leere.«

Eine andere Schülerin meinte: »Mein Teil-(chen) war der Ärger über meinen Ehemann, weil er mir nicht das gibt, was ich haben will. Meine Gefühle und meine Position änderten sich diesbezüglich nicht, und sie verschwanden auch nicht. Was soll ich tun?«

Ich sagte ihr: »Zuerst müssen Sie zurückgehen und Ihre Gefühle des Mangels *spüren* und *erfahren*. Zweitens würde ich empfehlen, die Gefühle des Mangels immer und immer wieder zu schaffen, bis Sie das Gefühl als Zeuge wahrnehmen oder beobachten können. Dann müssen Sie auch bereit sein, diese Gefühle zu *haben* und sie *nicht zu haben*. Ich will damit sagen: Wenn Sie diese Übungen machen, um etwas loszuwerden, dann wehren Sie sich gegen die Gefühle, die Sie loswerden wollen. Sie müssen in der Lage sein, *frei zu sein, diese Gefühle zu haben, aber auch frei zu sein, diese Gefühle nicht zu haben.* Wenn Sie dann sehen, daß die Gefühle und der Raum aus derselben Substanz bestehen, können Sie darauf achten, was geschieht, Sie können daran interessiert sein. »Achtsamkeit« und »Interesse« sind wichtige Wörter; Sie könnten sogar das Wort »Neugier« verwenden, während Sie zulassen, daß *alles* geschieht, wenn das Gefühl als dasselbe wie die es umgebende Leere gesehen wird. Denken Sie daran (wie in Kapitel 4 erwähnt), diese Übungen werden *absichtlos* ausgeführt.

Das bedeutet nicht, daß Sie das, was Sie von Ihrem Ehemann wollen, aufgeben sollten. Es bedeutet allerdings, daß die Wahl, was Sie hinsichtlich Ihrer Beziehung tun wollen oder nicht tun wollen, klarer wird, je mehr Sie die Fähigkeit entwickeln, zu beobachten, wie die Leere sich zu Form organisiert, und die Form sich zu Leere zurückbewegt,.

Der physische Körper

Es muß jedoch eine weitere Sache erwähnt werden: Der physische Körper hat eine bestimmte organische, biologische Funktionsweise. Um es mit schonungsloser Offenheit zu sagen, werde ich einen meiner indischen Lehrer zitieren, der sagte: »Wir verbringen unsere ganze Zeit damit, zu essen, zu schlafen, zu scheißen und zu bumsen oder aber damit, mehr Geld zu verdienen, damit wir uns einen schöneren Ort leisten können, an dem wir das alles tun.« *An Körperreaktionen kann man nicht arbeiten.* Der Körper muß essen, schlafen, sich entleeren und er braucht Sex. Die Probleme entstehen dann, wenn Sex ein Ersatz wird für Liebe oder wenn das Essen ein Ersatz wird für Sicherheit und Wohlbehagen. Schlaf oder Müdigkeit können das Anzeichen für eine Depression sein oder eine Möglichkeit, sich gegen Gefühle zu wehren. Man kann an diesem Vorgang, bei dem ein Individuum einen Mangel an Selbstwert durch Nahrung sublimiert oder ersetzt, *arbeiten.* Die Quantenpsychologie spricht nicht, wie so viele andere spirituelle Disziplinen, von Abstinenz oder der Verleugnung von Körperfunktionen wie Nahrung, Sex oder Schlaf. Vielmehr schlägt die Quantenpsychologie vor, die Sublimierung oder den Ersatz des

Bedürfnisses nach Liebe durch Nahrung als *Zwang* zu ent-kon-struieren, indem man seinen Ursprung, die Leere, erkennt. Die Körperfunktionen werden immer präsent sein, während die genau das Gegenteil bewirkenden Tendenzen der Sublimierung den Menschen nicht das Gefühl der Freiheit oder das Gefühl, sie würden bekommen, was sie *wirklich* wollen, geben. Der Widerstand gegen eine Körperfunktion bzw. die Abstinenz verursachen Probleme. Warum? – Weil es als »unheilig« oder »nicht göttlich« etikettiert wird, sexuelle Gefühle zu haben. Man muß sich dagegen wehren. Jene Gefühle müssen aber an Ort und Stelle gehalten werden, damit Sie auch ja immer wissen, was Sie eigentlich nicht fühlen sollten. Außerdem hat dies Sublimierung oder Substitution zur Folge.

Der bekannte Psychiater Dr. Wilhelm Reich stellt darüber hinaus fest, daß die Abstinenz vom sexuellen Orgasmus die natürliche Fähigkeit des Körpers zunichte macht, Energie zu entladen. Diese Energie, die sonst durch die Genitalien nach außen strömt, muß nun irgendwohin. Wohin geht sie? Reich nimmt an, daß sich die Energie nach oben in Richtung Kopf bewegt und weitere Gedanken verursacht. Folgerichtig könnte die sexuelle Abstinenz, die von östlichen spirituellen Disziplinen als Förderung eines »ruhigen, stillen, friedvollen Geistes« bezeichnet wird, genau gegenteilige Ergebnisse erzielen. Sicherlich traf das in meinem Fall zu, weil die Energie nicht ausfloß, sie strömte in meinen Kopf und erzeugte noch mehr von diesen Gedanken.

Außerdem vertritt Reich die Ansicht, daß erzwungene sexuelle Abstinenz (Zölibat) die Energie in die Phantasie zwingt und die phantasievolle Mystifikation der Welt verursacht. Darum neigten die Mitglieder der zölibatären, spirituellen Gemeinschaft, mit der ich zu tun hatte, ebenso wie ich dazu, in ihrer Phantasie alles zu Göttern und Göttinnen zu mystifizieren, als Teil des »magischen Denkens« ihrer täglichen Übungen. Dies würde auch die Mystifikation der Lehrer oder Gurus erklären. Auferzwungenes Zölibat verursachte in der Gemeinschaft, in der ich lebte, die Mystifikation der »Macht« des männlichen oder weiblichen Gurus. Häufig projizierten die eifrigen Anhänger solche magischen Eigenschaften auf den Lehrer und trafen Feststellungen wie »Er weiß genau, was ich brauche« oder »Er kennt jeden meiner Gedanken und Wünsche.« Diese »magische« Mystifikation eines Lehrers kann auf alters-regressive Kindheitszustände zurückgeführt werden, als Mutter und Vater für Sie verantwortlich waren und häufig aufmerksam darauf achteten, all Ihre Befürfnisse zu erfüllen. (Wolinsky, 59)

Oftmals sagten die Eltern: »Wenn du es brauchst, werde ich es dir geben.« Das Kind nimmt dieses idealisierte und spiritualisierte Elternteil und projiziert es auf den Guru oder auf Gott. Kinder glauben, daß sie, wenn sie den Eltern zu Gefallen sind, das bekommen, was sie von den Eltern brauchen; auch das wird auf den äußeren Lehrer oder auf Gott projiziert.

Es können Parallelen gezogen werden zwischen dem Wunsch, Gott oder dem Guru zu gefallen und Mutter und Vater zu gefallen. Die Co-Abhängigkeit bzw. die notwendige Abhängigkeit des Kindes, dessen Überleben von den Eltern abhängt, kann in einem alters-regressiven Ego-Zustand in den Erwachsenen hineingetragen werden, wenn er Mutter und Vater auf einen »idealisierten« Lehrer projiziert. Mitte der Siebziger nannte ich diesen Vorgang für gewöhnlich »transpersonelle Übertragung«, wobei Gott, dem Guru oder Lehrer vom Erwachsenen/Kind »magische Kräfte« zugesprochen werden. Die Wege, die so oft als die einzige Lösung vorgegeben werden, sind einfach Eltern-Kind-Trancezustände. Einem Kind wird beispielsweise gesagt: »Wenn du gut bist, wirst du geliebt.« Der mystifizierte Lehrer/das projizierte idealisierte Elternteil sagt: »Sei brav, befolge meine Regeln, und du wirst Befreiung, Seligkeit, Liebe, etc. erhalten.« Die Erleuchtung meines Vaters waren ein Haus im Vorort und zwei Kinder. Der Himmel vieler Lehrer enthält... – Füllen Sie die Lücke aus. Ich erwähne dies, weil die Quantenpsychologie sich nicht für den einzigen Weg hält.

Die Quantenpsychologie teilt nicht in gut oder schlecht ein. In dem indischen Kloster warteten meine Freunde und ich immer auf das »göttliche Schlachtbeil«, weil wir etwas getan hatten, was wir nicht hätten tun oder denken sollen, genau wie bei mir zu Hause als Kind. Ein Lehrer sagte einmal: »Die Menschen sind viel schlauer als Gott. Die Menschen wissen alles über gut und schlecht, richtig und falsch, hoch und niedrig, Sünde und Tugend. Gott weiß darüber nichts, GOTT IST EINFACH.«

Ein Kursteilnehmer meinte: »Mir blieb nichts, ich fühlte mich leer und ein wenig depressiv.«

Ich möchte ein Zitat des bekannten Physikers John Wheeler anführen:

> »*Man kann auch annehmen, daß das Nichts des Raumes aus fundamentalen Gebäudeblöcken zusammengesetzt ist. Wenn wir es mikroskopisch untersuchen könnten, würden wir herausfinden, daß sich das Gewebe der Raum-Zeit oder des ›Superraums‹ aus einem unruhigen Meer an Blasen zusammensetzt.*«
> (DeWitt und Wheeler, 60)

Das wird im Kontext der chinesischen Philosophie und hier insbesondere im Taoismus noch deutlicher. Der Chinese benützt das Wort Chi, um die grundlegende Energie zu bezeichnen, die dieser lebenden, atmenden Leere entströmt. Chi kann sich zu Objekten verdichten oder zu Leere ausdünnen.

> »*Wenn sich das Chi verdichtet, wird seine Sichtbarkeit deutlich, und es nimmt dann die Formen einzelner Dinge an. Wenn es sich auflöst, ist seine Sichtbarkeit nicht länger deutlich, und es gibt keine Formen. Die Große Leere kann nur aus Chi bestehen; dieses Chi kann sich nur zur Form aller Dinge verdichten; und diese Dinge können sich nur auflösen und (wieder) die große Leere formen.*«
> (Fung, 61)

Diese Blasen sind Kette und Verschluß des leeren Raumes und enthalten etwas, das Wheeler den »Quantenschaum« nennt. Er stellt fest:

> »*Der Raum der Geometrodynamik kann mit einem Schaumteppich verglichen werden, der sich über eine langsam wogende Landschaft breitet. Die kontinuierlichen mikroskopischen Veränderungen in dem Schaumteppich, wenn neue Bläschen auftauchen und alte verschwinden, symbolisieren die Quantenfluktuationen in der Geometrie.*«
> (DeWitt und Wheeler, 62)

221

Dieses Verständnis der Physik muß jedoch erfahren und direkt erkannt werden. Der Zweck der Übungen und aller Trainings und Seminare, die wir unter der Bezeichnung Quantenpsychologie™ abhalten, liegt nicht darin, ein weiteres Glaubenssystem hinzuzufügen, sondern vielmehr Ansätze zur Verfügung zu stellen, die ein auf Erfahrungen beruhendes Wissen dessen vermitteln, was die Physik bereits bewiesen hat.

Außerdem werden die von Wheeler erwähnten Blasen mit den Teil-(chen) oder Identitäten verglichen und an diese angeglichen. Häufig erfahren Workshopteilnehmer diese Identitäten als Blasen, die in der Leere schweben. Sobald man sieht, daß die Leere und die Blasen oder das Teil-(chen) dasselbe sind, bleibt das Nichts bzw. das, was Wheeler einen »Baustein« der Existenz nennt, bestehen. Das Nichts wird zu Etwas (bei der Verdichtung), das Etwas (verdichtetes Nichts) wird zu Nichts, wenn man es ausdünnt oder auseinandernimmt. Hierüber hat schon Lama Govinda gesprochen.

»Die Beziehung zwischen Form und Leere kann nicht als Zustand sich gegenseitig ausschließender Gegensätze wahrgenommen werden, sondern nur als zwei Aspekte derselben Wirklichkeit, die nebeneinander existieren und fortwährend kooperieren.«
(Govinda, 63)

Wheeler sagt: »Aus dem Nichts bestehen die Bausteine des Universums.« Der leere Raum besteht aus derselben Substanz wie die Teil-(chen) – sei es ein Gefühl oder ein Gedanke oder eine Emotion, etc. Sie sind alles ein und dasselbe. Jetzt kehren wir zu dem Kommentar zurück, der lautete: »Ich fühlte mich leer und depressiv.« Die Menschen fällen gern Urteile, Bewertungen und Entscheidungen über das, was die Erfahrung der Leere bedeutet, zum Beispiel, daß die Erfahrung »nicht gut« sei oder »ich bin leer oder depressiv« bedeute. Das sind Etiketten, die der reinen Leere angeheftet werden. Ohne ein Urteil oder eine Entscheidung darüber, was die Leere bedeutet, bleibt nur ISTHEIT.

Vor kurzem arbeitete ich mit einer Patientin, die dauernd versuchte, das leere Vakuum, das sie in sich fühlte und das sie als

»ungewollt« etikettierte, aufzufüllen. Indem sie versuchte, dieses leere Vakuum aufzufüllen, wehrte sie sich gegen den leeren Raum. Als wir mit der Therapie begannen, erlebte sie allmählich, daß die Leere immer da war und alles aus der Leere kam und zur Leere zurückkehrte. Mit ihren Worten: »Meine ganze Wahrnehmung hat sich verändert, ich fühle mich behaglich und friedvoll.« Eine Woche später meinte sie: »Wo waren Sie vor zwanzig Jahren, als ich Drogen nahm? Das ist besser als Drogen.« Eine andere Patientin klagte über zwanghaftes Überessen. Ich sah, daß sie sich gegen die Leere wehrte und daß sie versuchte, die Leere mit Nahrung »aufzufüllen«. Der Widerstand gegen die Leere ist bei zwanghaften Essern weit verbreitet. Interessanterweise sagen die Buddhisten oft, daß unser größter Widerstand gegen das »Nichts« gerichtet ist.*

Wenn Sie das Gefühl haben, die Leere sei »nicht in Ordnung«, dann achten Sie auf das Etikett ode das Urteil, das Sie diesbezüglich haben, und machen Sie sich klar, daß es nur ein Etikett ist, nicht wer Sie wirklich sind. Machen Sie sich dann klar, daß das Etikett und das Teil-(chen) und der Raum aus derselben Substanz bestehen.

Vor kurzem arbeitete ich in der Psychotherapie mit einem depressiven Mann. Ich fragte ihn: »Wie erfahren Sie die Depression?« Er sagte: »Als leer, als das Nichts.« Der Patient etikettierte das Vakuum als Depression. Eine Woche später sagte ein buddhistischer Freund zu mir: »Ich möchte nur die Glückseligkeit der LEERE erfahren.« Er etikettierte das Vakuum als Glückseligkeit.

Ich lachte, weil ich erkannte, daß die Hälfte meiner Bekannten versuchte, in die Leere zu gelangen, und die andere Hälfte versuchte, aus der Leere herauszukommen. *Alles hängt vom Etikett ab.*

Ein anderer Kursteilnehmer meinte: »Wie steht es mit der Erleuchtung?« Ich erwiderte: »Bei den Buddhisten wird das ›Höchste‹ Nirvana genannt, und *diese* Welt wird Samsara genannt. Buddha

---

* Das wird ausführlich in meinem nächsten Buch THE TAO OF CHAOS: *Quantum Consciousness Vol. II* besprochen, d.h. die Persönlichkeitstypen des Enneagramms organisieren sich um das Wesen im Körper.

erkannte, daß die Leere dasselbe ist wie die Form, die uns umgibt oder wie Einstein sagte: »Alles ist Leere, und Form ist verdichtete Leere«. Wenn man zwei Dinge unterschiedlich wahrnimmt, so bedeutet das, nicht zu sehen, was da ist. Um Buddha frei wiederzugeben: Ein Mensch, der das »Höchste« (Nirvana) sucht, ist ein Ignorant; ein Mensch, der die Welt (Samsara) sucht, ist ein Ignorant.

Da die Leere und die Form dasselbe sind, so bedeutet das, daß man, wenn man das eine anstrebt und sich dem anderen widersetzt, nicht das Wesen des Universums versteht, oder nur die explizite Ordnung der Trennung sieht und nicht die implizite Ordnung bzw. die Quanteneinheit. Dies führt zu Buddhas historischer Feststellung:

> *»Nirvana (das »Höchste«) ist Samsara,*
> *Samsara (die Welt) ist Nirvana.«*

Whittaker, ein anerkannter Physiker, sagt es auf seine Weise:

> *»In Einsteins Konzept ist der Raum nicht länger die Bühne, auf der sich das Schauspiel der Physik abspielt; der Raum wird selbst zum Darsteller.«* (Whittaker, 64)

Was sagt uns das über die Erleuchtung? Sie ist wahrscheinlich einfach nur ein weiteres Konzept, das von Leere umgeben ist.

Zu guter Letzt bemerkte ein Schüler: »Mir bleibt überhaupt kein Modell mehr; nichts, womit ich herausfinden könnte, wer ich bin.«

Ich antwortete, indem ich einen indischen Lehrer zitierte, mit dem ich gearbeitet habe: »Um herauszufinden, wer man ist, muß man sich mit einem Stabhochspringer vergleichen, der über eine Stange springt. Um auf die andere Seite zu gelangen, muß er den Stab loslassen. Ebenso müssen Sie Ihre Vorstellungen und Modelle der Wirklichkeit loslasssen.«

Das führt uns geradewegs zum nächsten Kapitel. Nun, da die Leere vor uns liegt: *Wer sind wir?*

KAPITEL 9

Jenseits der normalen Wirklichkeit

Bis jetzt haben wir uns vom Zeugen zum Schöpfer und vom Schöpfer zu seiner Beziehung zu Energie, Raum, Masse und Zeit bewegt. In diesem Kapitel werden wir folgendes behandeln: 1. Wir begeben uns jenseits des Beobachters/Schöpfers von Erfahrungen und 2. wir entdecken, daß der Beobachter/Schöpfer und seine Schöpfung [die Teil-(chen)-Identität namens »Ich hasse mich« oder die Teil-(chen)-Identität namens »Ich liebe mich, Ich bin wütend, etc.«] aus derselben grundlegenden Substanz bestehen wie der Beobachter.

Aber das Wichtigste zuerst: die Erfahrung, daß Sie mehr sind als Schöpfer/Beobachter.

Ebene 7
Der Beobachter ist die Beobachtung.

Quantenübung 55

Bevor wir diese Übungen durchführen, sollten wir wohl unsere Quantenmuskeln s-t-r-e-c-k-e-n, um uns aufzuwärmen.

Quanten-Aufwärmübungen: Sich über den Beobachter hinaus bewegen, der die Wirklichkeit schafft.

Teilen Sie sich in Zweiergruppen auf. Eine Person ist Person A, die andere Person B. Person A sitzt Person B gegenüber.

1. Person A fragt: »Nenne mir den Unterschied zwischen dir und deinem Verstand.«

   Person B antwortet. (Person A fragt zehn Minuten lang weiter die gleiche Frage.)

Dann gibt es einen Wechsel, und Person B fragt und Person A antwortet.

2. Person A: »Nenne mir den Unterschied zwischen dir und deinem Körper.«

   Person B antwortet. (und umgekehrt)

3. Person A: »Nenne mir den Unterschied zwischen dir und deinem Bewußtsein.«

   Person B antwortet. (und umgekehrt)

(Hier meinen wir mit Bewußtsein das Mittel, das Sie benützen, um sich einer Sache bewußt zu werden.)

Dieser Ansatz kann angewendet werden, wenn Sie an sich selbst arbeiten. Lassen Sie uns beispielsweise annehmen, ein Gedanke, ein Gefühl, eine Emotion, ein Bild etc. taucht in Ihnen auf. Wenn Sie sich umgehend fragen: »Worin liegt der Unterschied zwischen mir und dem Gedanken oder zwischen mir und der Emotion«, fangen Sie an, zu beobachten und eine Trennung zu sehen. Da Sie der Beobachter davon sind, sind es nicht Sie.

Quantenübung 56

Bei der letzten Gruppe von Übungen handelte es sich um Aufwärmübungen. Der nächste Sprung führt uns dazu, uns des Beobachters bewußt zu werden. Da wir uns des Beobachters und des Schöpfers bewußt sein können, befinden wir uns jenseits von Beobachter und Schöpfer. Es gilt wieder einmal: »*Alles, worüber Sie etwas wissen, das können Sie nicht sein.*« (Alfred Korsybski). Einfacher gesagt, wir fordern Sie auf, sich des Bewußtseins bewußt zu sein bzw. sich des Beobachters bewußt zu sein.

Diese Übung wird zu zweit durchgeführt. Eine Person ist Person A, die andere Person B.

Person A: »Nenne mir den Unterschied zwischen dir und dem Beobachter.«

Person B: antwortet.

Nach zehn Minuten tauschen sie die Seiten: Person B fragt, Person A antwortet.

Person A: »Nenne mir den Unterschied zwischen dir und dem Beobachter des Gefühls.«

Person B: antwortet.

Nach zehn Minuten tauschen sie die Seiten.

Person A: »Nenne mir den Unterschied zwischen dir und dem Beobachter der Gedanken.«

Person B: antwortet.

Nach zehn Minuten tauschen sie die Seiten.

Person A: »Nenne mir den Unterschied zwischen dir und dem Beobachter der Empfindungen.«

Person B: antwortet.

Nach zehn Minuten tauschen sie die Seiten.

Das kann solange fortgeführt werden, bis die Person Ihnen gegenüber anfängt, Gedanken als Teil-(chen) oder als Blase zu sehen, die durch die Leere schweben. Jede Teil-(chen)-Blase trägt die Erfahrung mit sich, die Überzeugungen und Ideen, die Handlung, um das, was es erfährt, auch zu beweisen. Dies ist, wie schon in meinem letzten Buch DIE ALLTÄGLICHE TRANCE: *Heilungsansätze in der Quantenpsychologie* erwähnt, eine Trance, denn Sie müssen zu einem winzigen Teil-(chen) werden und sich selbst zu einem Teil-(chen) oder Standpunkt herunterschrumpfen. In der Psychotherapie würde man das ein »falsches Selbst« nennen, eine Sub-Persönlichkeit, einen Teil, eine Identität oder einen Zustand des Ego. Auch der Beobachter ist eine Trance. Warum? Da Sie sich des Beobachters bewußt sein können, können Sie sich des Bewußtseins bewußt sein; daher sind Sie mehr als der Beobachter. Wenn Sie sich jedoch selbst herunterschrumpfen und zum Beobachter werden, dann werden Sie etwas *erschaffen*, das Sie beobachten können, denn das ist die Funktion des Beobachters: teilzunehmen an der Schöpfung des beobachteten Gegenstandes.

Nehmen Sie zum Beispiel eine Überzeugung oder eine Erfahrung namens »Ich mag mich« oder eine Erfahrung namens »Ich mag mich nicht«, und achten Sie auf die Form dieser bestimmten Überzeugung. Alle Überzeugungen, Teil-(chen) oder Blasen haben eigene Formen, wie in Kapitel 5 erwähnt. Wenn Sie auf die

Form achten, dann achten Sie darauf, daß in die Erfahrung oder in das Teil-(chen) namens »Ich mag mich nicht« all die Situationen, all die Erfahrungen, all die Geschichten einfließen, die diese Feststellung, diese Überzeugung untermauern. Es ist eine Tautologie, d. h. es organisiert sich immer wieder selbst: Wenn Sie nämlich glauben »Ich mag mich nicht«, dann wird das permanent verstärkt. Es ist ein geschlossener Stromkreis. Der Beobachter schafft »Ich mag mich nicht«. Das erschafft eine Geschichte mit Gedanken, Gefühlen, Emotionen, etc., die die Gültigkeit dieser Schöpfung beweisen. Im wesentlichen organisiert der Beobachter/Schöpfer den leeren Raum so, daß sich der leere Raum verdichtet und real und wahr erscheint. Der Beobachter verschmilzt mit der verdichteten Leere als Wirklichkeit, und es entsteht ein geschlossener Stromkreis (psychologisch gesprochen). Mit anderen Worten, alles, was der Beobachter erschafft, verstärkt alles andere. Zur Verdeutlichung: Wenn der Beobachter den leeren Raum organisiert und ein »Ich mag mich nicht« erschafft, dann agiert diese geschaffene Wirklichkeit als Filter und interpretiert Interaktionen durch diesen Filter. Dies wird dann zu einem geschlossenen Stromkreis:

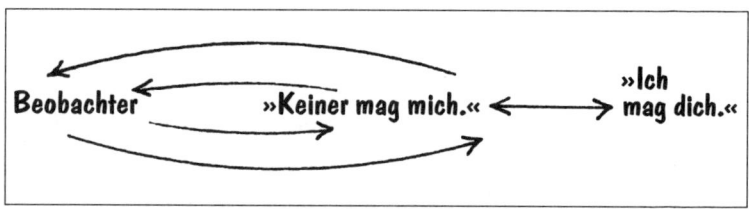

In dieser Abbildung kann der geschlossene innerpsychische Kreis des beobachter-geschaffenen »Keiner mag mich« keine andere Information zulassen. Er kann die Information »Ich mag dich« als »Dem ist nicht so« interpretieren oder indem er diese Information gar nicht erst in das System hineinläßt.

Quantenpsychologie und New Age

In den Workshops kommt häufig die Frage auf, ob Überzeugungen externe Ereignisse schaffen. Ich hatte New-Age-Anhänger, die glaubten, sie würden ihre externen Ereignisse schaffen, weil die Überzeugungen, die sie hegten, wahr seien. Die Quantenpsychologie unterscheidet sich sehr von den New-Age-Schulen, die sich einbilden, weil Sie eine bestimmte Überzeugung haben, wie »Keiner mag mich«, würde das Menschen anziehen, die mich nicht mögen, um mein »Keiner mag mich« zu verstärken. Die Quantenpsychologie stellt fest, daß das Überzeugungs-Teil-(chen) »Keiner mag mich« als Filter agiert und diese Erfahrung *subjektiv* erschafft, ob sie da ist oder nicht. Beispiel: Wenn ich bei deinem Anblick glaube, daß du mich nicht liebst, werde ich »*Du liebst mich nicht!*« erfahren. Das bedeutet nicht, daß du mich nicht liebst. Subjektiv bedeutet es, daß ich nur meine Überzeugungen erfahre, und daher kommt die Erfahrung »*Du liebst mich nicht!*« Das ist der sich selbst organisierende Aspekt eines Teil-(chens) bzw. einer Identität. Das Identitäts-Teil-(chen) hält sich selbst masse-artig und fest, indem es fortwährend die Wirklichkeit so wahrnimmt, daß es seine eigenen Überzeugungen verstärkt. Das ist ausschließlich *subjektiv*. Ich schaffe kein »*Ich liebe dich nicht*« in dir. Ich erschaffe nur meine eigene subjektive Erfahrung des »*Du liebst mich nicht!*«. Daher erschaffe ich auch meine eigene *subjektive* Wirklichkeit!

In der kognitiven Therapie nennt man das »Gedankenlesen«. Einfacher gesagt, wenn ich der Überzeugung bin »Keiner mag mich«, dann projiziere ich, daß du mich nicht magst, und dann handle ich, »als ob« dieses Gedankenlesen die Wahrheit ist. Oftmals entwickeln Menschen als Kinder diese »kognitive Verzerrung«, als Möglichkeit, ihre elterliche Situation in den Griff zu bekommen. Die Wünsche von Mutter oder Vater per Gedankenlesen zu erkennen, konnte einem Kind mit Sicherheit dabei helfen, seinen Eltern zu gefallen und zu überleben. Das Kind lernte, daß Gedankenlesen oder Gefälligkeiten bei einem alkoholkranken oder mißbrauchenden Elternteil eine Möglichkeit war, »Frieden zu halten«. Unglücklicherweise nehmen solche Kinder, wenn sie zu Erwachsenen werden, dieses Gedankenlesen als Automatismus mit. Der Erwachsene, bei dem dieser Mechanismus abläuft, wird unwissentlich Gedankenlesen und die Gegenwart behandeln, »als ob« sie die bedrohliche Vergangenheit sei.

Viele Patienten haben mir erzählt: »Keiner mag mich«. oder »Mein Ehemann/meine Ehefrau liebt mich nicht.« Sie haben dieses *Gefühl* auch dann, wenn Freunde sie mögen oder ihre Partner mit Wort und Tat liebevoll interagieren. Warum? Weil der Beobachter, sobald er einmal das »Keiner liebt mich« geschaffen hat, alles andere herausfiltert und das »Keiner liebt mich« sogar zu seiner *subjektiven* Wirklichkeit macht (siehe auch Kapitel 5). Sobald eine Blase oder eine Teil-(chen)-Identität derart definiert und gefestigt wird, kann keine Information, die dieser Überzeugungsstruktur zuwiderläuft, hereingelangen!!!

Das unterscheidet sich beträchtlich von den New-Age-Denkern, die glauben, daß wir selbst unsere »externen« Bedingungen erstellen, um unsere Überzeugungsstruktur zu bekräftigen. In der Quantenpsychologie sind wir der Ansicht, daß der Beobachter die Quelle seiner internen subjektiven Erfahrung ist, nicht die interne subjektive Erfahrung eines anderen. Lassen Sie mich ein Beispiel aus der Einleitung zu meinem Buch *DIE ALLTÄGLICHE TRANCE: Heilungsansätze in der Quantenpsychologie* aufführen:

> *»Wenn ich beispielsweise sage »Ich mag dich«, können Sie eine Reihe von Erwiderungen schaffen: 1. »Das ist nett«; 2. »Das hat er nicht wirklich so gemeint«; 3. »Wenn er wüßte, wie ich wirklich bin, würde er das nie empfinden«; 4. »Ich frage mich, was er von mir will.«*

Hier ist der Beobachter die Quelle seiner inneren *subjektiven* Reaktionen darauf, daß eine bestimmte Person zu ihm sagt: »Ich mag dich.« Viele New-Age-Denker könnten jetzt sagen: »Warum habe ich diesen Menschen veranlaßt, ›Ich mag dich‹ zu sagen?« Oder : »Was soll ich hieraus lernen?« Und so weiter. Das nennen wir die »Super-Quelle«. Bei der Super-Quelle stellen Sie sich vor, daß Sie die Quelle der Erfahrung eines anderen Menschen sind. (Sie schaffen diese Erfahrung.) Das ist natürlich eine »alters-regressive« Haltung, die aus der Kindheit stammt. In der Psychologie nennt man dies »infantilen Größenwahn«. Das Kind glaubt, es sei die *Ursache* dafür, daß sich Mutter oder Vater gut oder schlecht fühlen oder daß es für Mammis oder Pappis Erfahrung *verantwortlich* sei. Ein mögliches Szenario: Das Baby liegt in der Krippe und friert. Die Mutter kommt und deckt es zu. Das Baby will in den Arm genommen werden. Der Vater kommt und hebt das Kind hoch. Das Baby ist hungrig. Jemand kommt und füttert es. Das Baby kommt in etwa zu dem Schluß: »Durch meine Gedanken oder Gefühle kann ich Menschen dazu bringen, mir das zu geben, was ich brauche. Ich erschaffe das Kommen von Mutti und Vati.« Das wird natürlich ganz leicht dadurch verstärkt, wenn die Mutter oder der Vater sagen: »Du machst mich wütend.«

Davon ernährt sich obsessives Denken. Wir wollen uns vorstellen, das Kind sei hungrig, aber die Mutter bzw. der Vater wachen nicht sofort auf, um das Kind zu füttern. Das Baby denkt: »Nun gut, da meine Gedanken ihr Kommen zuvor veranlaßte, muß ich einfach *intensiver* nachdenken, dann kriege ich sie dazu, zu kommen und mir das zu geben, was ich brauche. Vielleicht sollte ich sehen (visualisieren), wie sie kommen und mir geben, was ich brauche.« In der psychoanalytischen Terminologie nennt man das Primärprozeß, und dieser Primärprozeß ist so grundlegend, daß er in viele Gebiete unseres Leben hineinreicht.

In diesem alters-regressiven Zustand des Größenwahns, einer Trance, haben die Menschen das Gefühl, sie seien verantwortlich dafür, was andere Menschen fühlen, denken oder tun. Viele Bücher wurden über die Co-Abhängigkeit geschrieben; es genügt, wenn ich sage, daß der Beobachter (Sie) die Quelle seiner eigenen subjektiven Erfahrung ist, und nicht die der Reaktion eines anderen auf Sie. In Workshops sage ich häufig: »Ich habe keine Ahnung, wie subjektiv Sie mich in sich selbst erschaffen. Ich muß jedoch feststellen, als ich den Versuch aufgab, die Art und Weise zu kontrollieren, wie mich andere Menschen konstruierten und in ihrer subjektiven Erfahrung erschufen, fühlte ich mich viel freier. Ich verbrauchte meine Energie nicht länger damit, andere Menschen dazu zu bringen, mich auf eine bestimmte Art und Weise zu sehen. Ich war in der Lage, den Menschen zu erlauben, jede Erfahrung zu haben, die sie von mir hatten.« Die Menschen nehmen Identitäten ein, die der subjektiven Schöpfung, die sie voneinander haben, zuwiderlaufen. So »sorgte« sich beispielsweise eine 45jährige Frau, mit der ich zusammengearbeitet habe, immer noch um ihre Mutter, die bedürftig und abhängig war. Ich fragte sie: »Gestatten Sie Ihrer Mutter, ihren Schmerz zu haben?« Sie sagte: »Nein.« Hier muß die Therapie einsetzen. Warum wehrt sich ihre alters-regressive Identität dagegen, daß sich ihre Mutter subjektiv Schmerz erschafft?

Dieser Größenwahn weist die Schuld für externe Ereignisse der eigenen Person zu oder versucht, unangenehme äußere Ereignisse zu »Lektionen« zu machen.

Die Quantenpsychologie schlägt einen inneren Fokus vor, bei dem Sie darauf achten, daß der Beobachter und das, was er erschafft, aus derselben grundlegenden Substanz bestehen – keine Schuld, keine Lektionen, keine Beweggründe, kein Zweck, kein Urteil, keine Bewertung oder Bedeutung, keine Scham. Die Leere organisiert oder verdichtet sich selbst zu Form, Form ent-verdichtet sich oder ent-konstruiert sich zu Leere.

Die Psychologie früher erschaffener Teil-(chen)-Identitäten

In der Psychotherapie wird dem Patienten oft eine neue Entscheidung *über* die alte Entscheidung (siehe Kapitel 5) angeboten. Wenn jemand zum Beispiel zu der Entscheidung gelangt ist, »Männer oder Frauen kann man nicht trauen«, so bieten viele Formen der Therapie die neue Entscheidung an: »Manchmal kann man Männern/Frauen trauen« oder »Es ist okay, zu vertrauen« oder irgend ein Faksimile hiervon. Dieser Versuch, Erfahrung neu zu organisieren, indem man Überzeugungen neu organisiert, erzielt für gewöhnlich nur Teilerfolge.

PRINZIP: Sobald ein Beobachter eine Überzeugung erschafft, ist die erste Überzeugung die stärkste. Daher verursacht das Schaffen einer neuen Überzeugung über eine frühere Überzeugung nur größeren Konflikt.

Hoffentlich erklärt dieses Prinzip den teilweisen Mißerfolg der Neuentscheidung in der Psychologie und der gedanklichen Affirmationen der New-Age-Denker. In beiden Fällen schafft der Beobachter »eine ungewollte Überzeugung«, wie zum Beispiel »Die Welt ist nicht sicher« und versucht, die Überzeugung in »Die Welt ist sicher« zu ändern. Jedesmal, wenn Sie »Die Welt ist sicher« schreiben, affirmativ bestätigen oder sich neu dafür entscheiden, verstärken sie das Gegenteil. Sie müssen die erste Entscheidung lebendig halten, um zu wissen, was Sie nicht wollen.

Lassen Sie uns nun ein weiteres Beispiel betrachten: Ein Patient kommt in die Sprechstunde und klagt über seine Unfähigkeit, mit Autorität zurechtzukommen. Während der Sitzung sagt er: »Ich wollte nicht wie mein Vater sein; ich habe mich dafür entschieden, das Gegenteil zu sein.« Aus der Quantenperspektive muß dieser Patient seinen Vater im Bewußtsein verankern, damit er immer weiß, wie er nicht sein will. Die erste Schöpfung ist ein Eindruck vom Vater, und der gegensätzliche Eindruck lautet: »Ich werde nicht wie er sein.« Zwei Dinge geschehen. Erstens, unter Streß klingen Erwachsene genauso wie ihre Mutter oder ihr Vater (der zuerst geschaffene Eindruck). Zweitens, wenn beide Wirklichkeiten vom Beobachter festgehalten werden, dann können Vater und Mutter auf einen Chef, einen Ehemann oder eine Ehefrau oder auf den Kreditsachbearbeiter bei der Bank projiziert werden. In einem anderen Szenario könnte es sein, daß Sie selbst als Chef oder als Autoritätsfigur genauso werden wie Ihr Vater oder Ihre Mutter, Informationen ausfiltern und Angestellte als hilflose Kinder wahrnehmen; der zweite selbstgeschaffene Eindruck.

Das sind Beispiele dafür, wie ein Beobachter verschiedene Blasen erschafft und das Leben durch diese Strukturen erfährt.*

In Quantenübung 55 wurde uns die vom Beobachter geschaffene Wirklichkeit klarer, sowie auch der Unterschied zwischen dem Beobachter und dem Beobachteten. In Übung 56 for-

---

* Die Themen *Gegensätzliche Identitäten* und *Größenwahn alters-regressiver Kinder* wird ausführlich in dem Buch *The Dark Side of the Inner Child* von Dr. Stephen Wolinsky besprochen. Voraussichtliches Erscheinungsdatum: Frühjahr 1995.

dern wir Sie zu der Einsicht auf, daß Sie jenseits des Beobachters und des Beobachteten stehen, oder man könnte auch sagen: sich des Bewußtseins bewußt zu werden. Bitte MACHEN SIE KEINES- FALLS Quantenübung 57 bevor es Ihnen völlig klar ist, daß Sie sich des Beobachters und seiner Schöpfung *bewußt* sein können. Sie können einen Tag, eine Woche oder wieviel Zeit auch immer mit der Übung verbringen, sich des Beobachters bewußt zu wer- den. Sie können es tun, indem sie sich ständig die Fragen der vori- gen Übungen stellen. »Nenne mir den Unterschied zwischen mir und dem Beobachter der Gefühle, Gedanken oder Emotionen.«

Wenn Sie es nicht erfahren können, dann halten Sie inne, und arbeiten so lange daran, bis es erfahrbar wird.

Der nächste Quantensprung erfordert die Klarheit des da- vorliegenden Schrittes.

Quantenübung 57

»Alles besteht aus Leere, und Form ist verdichtete Leere.«
Albert Einstein

1. Schritt: Achten Sie auf eine Erfahrung, eine Überzeugung oder eine Identität, die Ihnen Schwierigkeiten bereitet, wie zum Beispiel »Ich mag mich nicht.«
2. Schritt: Achten Sie auf die Gestalt der Teil-(chen)-Identität. Das führt Sie aus der Teil-(chen)-Identität heraus.
3. Schritt: Fahren Sie damit fort, Ihr Bewußtsein noch mehr zu er- weitern, damit Sie darauf achten können, daß die Teil- (chen)-Identität namens »Ich mag mich nicht« wie eine Blase in der Leere schwebt.
4. Schritt: Lassen Sie zu, daß die Blase, die in der Leere schwebt, als verdichtete Leere gesehen wird. Mit anderen Wor- ten, achten Sie darauf, daß sich die Leere verdichtet hat und zu dieser Blase wurde. Wenn es wieder ausgedünnt würde, wäre es Leere.
5. Schritt: Achten Sie darauf, was geschieht, wenn Ihnen das klar wird.

Der Beobachter besteht aus derselben Substanz wie die Beobachtung

Um einen Problemzustand zu erfahren, müssen Sie sich vorstellen und vorgeben, daß es einen Unterschied gibt zwischen dem Beobachter und der Erfahrung, die der Beobachter erschafft. Wenn ein Beobachter beispielsweise die Erfahrung des »Ich mag mich« schafft, muß der Beobachter vorgeben, daß es aus einer anderen Substanz gemacht sei als das Beobachtete. Wenn ein Beobachter das *nicht* vorgibt und die Substanzen als ein und dasselbe ansieht, dann kann es keine Kontraste geben und daher auch keine Erfahrung.

Probleme können nur entstehen, solange es ein »Ich« gibt, das vom Problem getrennt ist. Sobald die Substanz, d. h. der Beobachter und das Beobachtete, als dasselbe gesehen werden, verschmelzen das Problem und der Erfahrende des Problems.

Quantenübung 58

»In der Quantenphysik sind die Wissenschaftler in einem komplexen System vereint, ohne klar umrissene, genau definierte Teile, und der experimentelle Ablauf muß nicht als eine isolierte physikalische Einheit beschrieben werden, damit der Wissenschaftler in das wissenschaftliche Experiment aufgenommen werden kann. Man kann es auch anders ausdrücken: Subjekt und Objekt sind verbunden ... *oder das Subjekt und das Objekt existieren nur als Einheit.*« (Capra, 66)

1. Schritt: Achten Sie darauf, wann Sie eine Erfahrung machen, z. B. »Ich liebe mich«, Wut, etc.
2. Schritt: Achten Sie auf den Beobachter der Erfahrung.
3. Schritt: Achten Sie auf den Unterschied zwischen sich und dem Beobachter, indem Sie sich selbst fragen: »Worin liegt der Unterschied zwischen mir und dem Beobachter?«
4. Schritt: Sehen Sie, daß der Beobachter und sein Objekt (die beobachtete Erfahrung) aus derselben Substanz bestehen.
5. Schritt: Achten Sie darauf, was geschieht.

PRINZIP: Jedes Mal, wenn ein Problem auftaucht, achten Sie darauf, daß der Problemzustand, der Erfahrende des Problems und das Problem keine inhärente Eigennatur besitzen, d.h. sie sind nicht voneinander getrennt.

In der buddhistischen Literatur wird häufig der Begriff Eigennatur gebraucht, man besitzt keine inhärente Eigennatur. Das läßt sich so verstehen, daß der Beobachter, das Beobachtete und der sie umgebende leere Raum aus demselben Quantenfeld, aus derselben Leere gemacht sind. Um ein getrenntes Selbst zu haben, wäre es notwendig, daß die Dinge aus verschiedenen Substanzen bestünden.

Mit anderen Worten: Nehmen Sie den Beobachter des Problems und das Problem selbst als Einheit wahr. Lassen Sie zu, daß sie eine Einheit bilden. Wenn sie als Einheit gesehen werden, verschmilzt alles und verliert seine *Gegensätzlichkeit*.

Da alles voneinander abhängig ist und alles von allem durchdrungen wird, gibt es keine *unabhängige* Natur. Sobald man sich das klar gemacht hat, ent-konstruiert sich das Problem, weil es keine Kontraste mehr gibt.

PRINZIP: Der Beobachter und das Beobachtete bestehen aus demselben Quantenfeld. Der Beobachter taucht gleichzeitig mit dem Beobachteten auf und verschwindet auch gleichzeitig.

Quantenübung 59

Der Beobachter und das Beobachtete tauchen zusammen auf und lösen sich auch gemeinsam auf.

1. Schritt: Achten Sie auf eine Erfahrung.
2. Schritt: Achten Sie auf den Beobachter der Erfahrung.
3. Schritt: Achten Sie auf den Unterschied zwischen sich und dem Beobachter.
4. Schritt: Lassen Sie es zu, daß der Beobachter und das Objekt (das Beobachtete) gemeinsam auftauchen und abtauchen.

Es gibt nicht nur einen einzigen Beobachter

Um jenseits des Beobachters und des Beobachteten zu gelangen, müssen wir verstehen, daß zu jeder Identität ein Beobachter gehört. Mit anderen Worten, der Beobachter und das Beobachtete bilden eine Einheit. Es scheint, als ob jedes »Ich« unabhängig von einem Beobachter auftaucht und derselbe Beobachter all die verschiedenen »Ich«-Formen beobachtet. Aber in Wirklichkeit kann jedem »Ich« ein eigener Beobachter zugeordnet werden. Was bleibt uns, wenn der Beobachter und das Beobachtete als eine Einheit gesehen werden und sie aus derselben Substanz bestehen? Uns bleibt das, was der berühmte indische Lehrer Ramana Maharshi das »Ich-Ich« nannte. In der Tradition des Vierten Weges von G. I. Gurdjieff nennt man es »das wirkliche Ich«. In der Quantenpsychologie nennen wir es den zustandslosen Zustand, bei dem man weiß, ohne daß es einen Wissenden gibt, oder in dem man ein Bewußtsein hat, ohne daß es ein Objekt gibt, dessen man sich bewußt ist.

Quantenübung leichtgemacht

1. Achten Sie auf eine Identität, ein Teil-(chen) oder eine Erfahrrung, die geschieht.
2. Achten Sie auf den Beobachter, der das »Ich« beobachtet.
3. Fragen Sie sich selbst: »Welcher Beobachter beobachtet diese Identität, dieses Teil-(chen), diese Erfahrung?«
4. Achten Sie darauf, was geschieht.

Das Erscheinen des Beobachters

Um es noch einmal zu sagen, es scheint, als ob es nur einen unveränderlichen Beobachter gebe, der alles Kommen und Gehen beobachtet. In Wirklichkeit erscheint bei jedem Ereignis ein Beobachter. Der Beobachter und die Beobachtung erscheinen gemeinsam und lösen sich auch zusammen auf. Dieses subtile Verständnis und diese subtile Erfahrung bringen uns jenseits der Beobachter-Beobachtung-Dyade zum Ich-Ich, dem wirklichen »Ich« bzw. dem zustandslosen Zustand.

Auf dieser Ebene können wir allmählich verstehen und es zu würdigen wissen, daß der Beobachter und das Beobachtete nicht nur eine Einheit sind, sondern auch, daß sie aus verdichteter Leere bestehen. Der Beobachter, der in vielen Traditionen so wichtig ist, ist in Wirklichkeit ein »Ich«. Obwohl man darüber diskutieren kann, ob es ein »höheres Ich« ist als das »gewöhnliche Ich«, ist es dennoch ein »Ich«.

Wenn wir unseren Pfad von Ebene 1 zurückverfolgen, können wir die Notwendigkeit erkennen, die Persönlichkeit in Beobachter und Beobachtetes aufzusplitten. Auf dieser Ebene können wir jedoch sehen, daß wir, indem wir des ›Beobachters‹ oder des ›Beobachtens‹ gewahr sind, zu einem Ort jenseits der gewöhnlichen Beobachter-Beobachtung-Wirklichkeit geführt werden.

»Unsere objektive Wirklichkeit setzt sich zusammen aus einer Leere, die voll ist von pulsierenden Feldern. Wenn wir das Pulsieren der Felder beenden, kehren wir zum Absoluten zurück.«
(Bentov, 67)

Hier deutet Bentov an, daß dieser Prozeß einem Pendel gleicht: Der Beobachter und seine Erfahrung gehen von der Leere auf der Höhe des Schwunges zur verdichteten Leere. Das Pendel bewegt sich, dann hält es an und dünnt sich aus, bevor es sich wieder in Bewegung verdichtet. Bentov meint, daß dieser Zyklus bis zu vierzehn Mal in der Sekunde abläuft.

Achten Sie darauf, daß die Leere sich wie die Bewegung eines Pendels verdichtet und ausdünnt. Das kann man mit dem *Spanda* oder dem göttlichen Pulsieren aus Kapitel 3 vergleichen, bei dem die Form zur Leere wird und die Leere zur Form. Dieses Verständnis ist das Herz-Sutra, das Herz des Buddhismus.

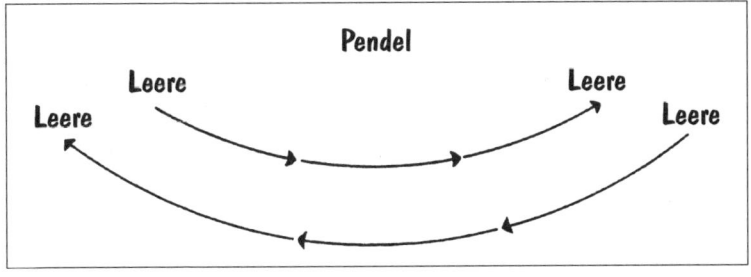

ABBILDUNG 13

Das bedeutet, daß wir, ob wir es wissen oder nicht, den kontrastlosen Zustand und das Quantenbewußtsein vierzehn Mal in der Sekunde erfahren. Warum wissen wir das nicht? Weil es ohne einen Kontrast in dem Raum am Ende des Pendelschwunges kein »Sie« gibt, daß dies beobachten könnte.

Quantensprung

In den vorigen Kapiteln ging es darum, daß »die Beobachtung die Wirklichkeit erschafft«. Jetzt wollen wir uns einen weiteren Aspekt der Quantenwirklichkeit konzentrieren: »Es gibt keine Wirklichkeit ohne Beobachtung.« (Herbert, 68)

Quantenübung 60

Diese Übung bezieht sich nochmals auf das Kapitel über die Zeit. Eine große Illusion besteht darin, daß der Beobachter schon »da« sei und beobachtet, *bevor* das Beobachtete oder das Objekt (Gefühl, Gedanke, etc.) auftauchte. Viele New-Age-Anhänger und Ausübende östlicher Religionen sprechen vom Zeugen, der entweder erschafft oder immer da ist, »als ob Sie der Beobachter seien.«
In Kapitel 3, 4 und 5, wurden wir aufgefordert, Zeuge oder Beobachter zu sein. Achten Sie darauf, wie der Beobachter die Wirk-

lichkeit durch den Akt des Beobachtens erschafft. Hier werden wir wie ein Stabhochspringer zu einem »Quantensprung« aufgefordert, um diese Sprungbretter hinter uns zu lassen. Vorher wurden wir aufgefordert, eine weitere *Illusion* der Zeit zu durchdringen und uns klar zu machen, daß Sie als Zeuge oder Beobachter *vor* dem Beobachteten da waren. Bei diesem Quantensprung dringen wir noch tiefer ein, das Beobachtete und der Beobachter bestehen nicht nur aus derselben Substanz, sondern sie tauchen auch gemeinsam auf und lösen sich zusammen auf.

1. Schritt: Achten Sie auf eine Erfahrung.
2. Schritt: Achten Sie auf den Beobachter der Erfahrung.
3. Schritt: Beobachten Sie den Unterschied zwischen Ihnen und dem Beobachter.
4. Schritt: Lassen Sie es zu, daß der Beobachter und das Objekt (das Beobachtete) – Gedanke oder Emotion, etc. – zusammen auftauchen und abtauchen.
5. Schritt: Beobachten Sie das »Kein-Sie«-Sie, das während des Auftauchens und Abtauchens anwesend ist.

QUANTENKONTEMPLATION

Wenn es kein »Sie« gäbe, das beobachtet, würden Sie dann wissen, daß es ein Problem gibt?

Denken Sie darüber nach: Wenn es kein »Sie« gäbe, das das Problem beobachtet, würde es auch niemanden geben, der wüßte, daß es ein Problem ist.

In seinem Buch *Das Spektrum des Bewußtseins. Die östliche und die westliche Sicht des menschichen Reifungsprozesses* stellt Ken Wilber fest: *»Es gibt keine Grenze zwischen Subjekt und Objekt, Selbst und Nicht-Selbst, Seher und Gesehenem.«* (Wilber, 69)

Hier sagt Wilber genau das, was Sie durch diese Übung erfahren sollen: Der Beobachter und das Beobachtete sind dasselbe, es gibt zwischen ihnen keine Grenze. Viele Schulen haben vielfältige Möglichkeiten angeboten, die Grenze zwischen Beobachter und Beobachtetem zu zerstören oder loszuwerden.

»Wir müssen uns wirklich nicht der Mühe unterziehen, die primäre Grenze zu zerstören und dies aus einem extrem einfachen Grund: die primäre Grenze existiert überhaupt nicht.«

(Wilber, 70)

Lassen Sie mich das mit der Zeit verbinden, die ich 1988 in Santa Rosa, Kalifornien, verbrachte. Ich saß in meinem Meditationszimmer und beschloß, nach dem zu suchen, der Vorlesungen über Quantenphysik hielt und jahrelang all diese psycho-spirituellen Übungen durchführte. Als ich *meine Aufmerksamkeit umkehrte* und versuchte, das Selbst zu finden, das all dies tat, konnte ich es nicht finden. *Da war nichts und niemand.* Der Suchende war nicht da. Ich realisierte, daß der Suchende und das Gesuchte aus derselben Substanz bestanden.

PRINZIP: Es gibt keinen Denker, nur das Denken.

Quantenübung 61

1. Schritt: Achten Sie auf einen Gedanken, der vorbeikommt.
2. Schritt: Kehren Sie Ihre Aufmerksamkeit um, und versuchen Sie herauszufinden, wer den Gedanken denkt. Machen Sie sich klar, daß es niemanden gibt.
3. Schritt: Achten Sie darauf, daß es keinen Denker gibt – nur das Denken. *Der Denker ist das Denken.*
4. Schritt: Der Denker und das Denken sind eins.

PRINZIP: Es gibt keinen Fühlenden.

Quantenübung 62

1. Schritt: Achten Sie auf ein Gefühl.
2. Schritt: Kehren Sie Ihre Aufmerksamkeit um, und versuchen Sie herauszufinden, wer das Gefühl fühlt. Machen Sie sich klar, daß es nur Gefühl gibt, keinen Fühlenden.

3. Schritt: Achten Sie darauf, daß es »Sie« als Fühlenden nicht gibt, nur das Gefühl.

4. Schritt: Der Fühlende ist das Gefühl, daher gibt es keinen Fühlenden.

PRINZIP: Es gibt keinen Wahrnehmenden.

Quantenübung 63

1. Schritt: Achten Sie auf eine Wahrnehmung.

2. Schritt: Kehren Sie Ihre Aufmerksamkeit um, und versuchen Sie herauszufinden, wer die Wahrnehmung wahrnimmt. Machen Sie sich klar, daß der Wahrnehmende die Wahrnehmung des Wahrgenommenen ist.

3. Schritt: Achten Sie darauf, daß es »Sie« als Wahrnehmenden nicht gibt, nur die wahrnehmende Wahrnehmung.

4. Schritt: Der Wahrnehmende ist die Wahrnehmung, daher gibt es keinen Wahrnehmenden.

Quantenübung 64

1. Schritt: Achten Sie auf eine Emotion.

2. Schritt: Kehren Sie Ihre Aufmerksamkeit um, und versuchen Sie herauszufinden, wer diese Emotionen hat. Machen Sie sich klar, daß es nur Emotionen gibt, ohne eine Person, die diese Emotionen hat.

3. Schritt: Achten Sie darauf, daß es kein »Sie« als denjenigen, der Emotionen erfährt, gibt.

4. Schritt: Der »Emotion-Erfahrende« ist die Emotion, daher gibt es keinen »Emotion-Erfahrenden«.

PRINZIP: Es gibt keinen Menschen, der Assoziationen hat, es gibt nur Assoziationen.

PRINZIP: Es gibt keinen Hörenden, es gibt nur das Hören an sich.

Quantenübung 65

1. Schritt: Achten Sie auf das Hören.
2. Schritt: Kehren Sie Ihre Aufmerksamkeit um, und versuchen Sie herauszufinden, wer hört. Machen Sie sich klar, daß es nur das Hören gibt, ohne einen Hörenden.
3. Schritt: Achten Sie darauf, daß das Hören und der Hörende eins sind, daher gibt es keinen Hörenden.

Es wird ganz deutlich, daß es kein individuelles Selbst gibt, nur Fühlen, Hören, Denken.

PRINZIP: Sobald konzeptionelle Ideen oder Überzeugungen entkonstruiert werden, bleibt das »Sein« übrig.

Quantenübung 66

1. Schritt: Schauen Sie auf ein Objekt. Ziehen Sie Ihre Aufmerksamkeit von diesem Objekt ab, und gehen Sie in sich, durch alle Vorstellungen und Informationen über das Objekt hindurch.
2. Schritt: Achten Sie auf die Leere bevor die Vorstellung eines Objektes auftaucht.
3. Schritt: Kehren Sie Ihre Aufmerksamkeit um, und versuchen Sie, den Wahrnehmenden zu finden.
4. Schritt: Achten Sie darauf, daß es keinen Wahrnehmenden des Objektes gibt, nur das Wahrnehmen an sich. Daher gibt es keinen Wahrnehmenden.

PRINZIP: »*Immer wenn Sie bereit sind, das Vakuum zu erfahren, steht es Ihnen zur Verfügung.*« (Wilber, 71)

»*Sie können einen Hörenden nicht hören, weil es keinen gibt. Was Sie einen Hörenden nennen, ist in Wirklichkeit nur die Erfahrung des Hörens; das Hören hören Sie nicht.*« »*Je mehr ich*

versuche, den Sehenden zu sehen, desto mehr beginnt seine Ab-
wesenheit mich zu verwirren.« *»Es scheint, wann immer wir*
nach einem Selbst suchen, das von der Erfahrung getrennt ist,
verschwindet es. Das Subjekt und das Objekt erweisen sich im-
mer als Einheit.« (Wilber, 72)

Schlußfolgerung

Dieses Kapitel und seine Übungen bringen uns auf eine neue Ebene.
Im nächsten Kapitel werden wir aufgefordert, einen weiteren
»Quantensprung« zu machen und gleich einem Stabhochspringer
über unsere Vorstellung dessen, wer wir sind, hinwegzuspringen
und diese Vorstellung loszulassen. Es ist die Vorstellung dessen,
wer wir sind, die uns von dem, wer wir sind, trennt. In *Krieg der*
Sterne: Das Imperium schlägt zurück faßt es Yoda, Luke Skywal-
kers Lehrer, wie folgt zusammen: »Du mußt vergessen, was du gelernt hast.«

KAPITEL 10

Die letzte Reise

»Der Geist ist frei von Geist.«
Seine Heiligkeit der Dalai Lama,
San Jose, Kalifornien, 1989

Ich glaube, wenn Captain Kirk in *Raumschiff Enterprise* sagt, »um neue Welten zu erforschen, die nie ein Mensch zuvor gesehen hat«, so kann das in der Quantenpsychologie als wahr angesehen werden, weil bis dahin keiner mehr übrig sein wird.

In den vorigen Kapiteln haben wir gesehen und hoffentlich auch erlebt, daß alle Erfahrungen, der Raum, der diese Erfahrungen umgibt und ihr Beobachter/Schöpfer ein und dasselbe sind. Dies hat uns durch die aufeinander folgenden Schritte auf unserer Quantenreise geführt.

Bei der Überprüfung eines jeden »Quantensprunges« ist es wichtig, sich an zwei Dinge zu erinnern. Zuerst einmal an *Wittgensteins Leiter*. Um den weltberühmten Philosophen Ludwig Wittgenstein zu zitieren:

»Meine Behauptungen dienen auf folgende Weise als Aufklärung: Jeder, der mich versteht, wird meine Behauptungen schließlich als unsinnig erkennen, wenn er sie – als_Stufen – benutzt, erklommen und verstanden, und sie schließlich nicht länger benötigt.« (Er muß sozusagen die Leiter wegwerfen, nachdem er an ihr hochgeklettert ist.) (Wittgenstein, 73)

Der Sufi-Lyriker Rumi sagte es im 13. Jahrhundert auf seine Weise:

Ich bin ein Sklave all derer, die sich nicht bei jedem Schritt vorstellen, sie seien am Ende ihrer Reise angekommen. Viele Orte muß man hinter sich lassen, bevor der Reisende sein Ziel erreicht.« (Shah, 74)

Wie ein Stabhochspringer seinen Stab loslassen muß, um auf die andere Seite zu gelangen, so dienen auch die Schlüsse, Überzeugungen und Vorstellungen auf jeder Ebene nur als Sprungbretter, die man hinter sich lassen muß, um mit der Reise fortzufahren.

Eine andere Metapher wird in Indien verwendet und heißt: »Benütze einen Dorn, um einen Dorn zu entfernen.« Stellen Sie sich vor, Sie seien mit dem Fuß in einen Dorn getreten (das Problem, nicht zu wissen, wer Sie sind, Trennung, Schmerz, etc.). Sie nehmen einen anderen Dorn (Quantenpsychologie), um den ersten Dorn (das Schmerzproblem, etc.), der in Ihrem Fuß steckt, zu entfernen. Nachdem der Dorn aus Ihrem Fuß entfernt ist, werfen Sie beide Dorne weg (den Schmerz der Trennung und die *Quantenpsychologie*).

Es ist wie in dem alten chinesischen Sprichwort: Wenn man eine Treppe hochsteigt, so ist jede Stufe wichtig, aber um auf die nächste Stufe zu kommen, muß man jene Stufe, auf der man gerade steht, hinter sich lassen. Obwohl eine Ebene der vorigen Ebene zu widersprechen scheint, sind konsequenterweise die anfänglichen Stufen nötig, bevor wir sie hinter uns lassen und unser Ziel erreichen können. In Kapitel 5 haben wir zum Beispiel entdeckt, daß wir sowohl die Schöpfer der Erfahrung als auch die Beobachter des Gedankens sind, und nun, in Kapitel 9, entdecken wir, daß wir jenseits des Schöpfers unserer Erfahrung stehen.

Lassen Sie sich dadurch nicht verwirren; Sie müssen zuerst zum Schöpfer Ihrer Erfahrung »werden«, bevor Sie fassen können, daß Sie sich sogar jenseits dieser Vorstellung befinden, oder wie es Ram Dass zu formulieren pflegte: *»Zuerst muß Ihnen einmal klar werden, daß Sie sich im Gefängnis befinden, bevor Sie ausbrechen können.«* (Ram Dass, 75)

Quantenpsychologische Zusammenfassung

Ebene 1: Sie sind der Beobachter bzw. der Zeuge Ihrer Erfahrungen (d. h. der Gedanken, Gefühle, Emotionen und Assoziationen), daher sind Sie *mehr als* diese.

Ebene 2: Das Universum besteht aus Energie.

Ebene 3: Der Beobachter ist der Schöpfer des Teil-(chen)/Masse-Aspekts des Universums.

Ebene 4: Der Zeit-Aspekt des Bewußtseins.

Ebene 5: Der »Raum«-Aspekt des Bewußtseins.

Ebene 6: »Alles durchdringt alles andere.« (David Bohm)

Ebene 7: »Alles besteht aus Leere, und Form ist verdichtete Leere.« (Einstein) Mit anderen Worten: Alles besteht aus derselben Substanz.

Bells Theorem: Teil 1

Nun, da wir einen Blick zurück auf unsere Quantensprünge geworfen haben, lassen Sie uns vorwärts schreiten. Wie in Kapitel 1 erwähnt, nennt Henry Stapp in F. David Peats Buch *Einstein's Moon* Bells Theorem »die bedeutendste Entdeckung der Wissenschaft«.

Bells Theorem besagt in aller Kürze, daß »die Wirklichkeit nicht-lokal ist« und daß es keine lokalen Ursachen gibt. Was bedeutet das? Lassen Sie uns zuerst den ersten Begriff anschauen: Nicht-Lokation oder Lokalität. Im Laufe des Kapitels werden auf Erfahrung beruhende Übungen erforscht. Nicht-Lokation bedeutet eben dies, daß es keine Lokation gibt. Warum? Um eine Lokation zu haben, zum Beispiel »Ich bin hier«, »Du bist dort«, muß man als Voraussetzung annehmen, daß es etwas gibt, was sich von etwas anderem unterscheidet.

»In Wirklichkeit besteht alles aus derselben Art von Substanz; ich nenne sie den Quantenstoff.«   (Herbert, 76)

PRINZIP: Alle Lokationen können nur relativ positioniert werden.

Wenn alles aus demselben »Quantenstoff« besteht, dann kann es keine Position geben, die von irgendeiner anderen Position getrennt wäre.

Quantenübung 67

1. Schritt: Lassen Sie Ihre Augen zufallen, und sehen Sie den leeren Raum.
2. Schritt: Achten Sie darauf, daß die Leere sich bereits zu einer beobachter-beobachtenden Leere organisiert hat.
3. Schritt: Lassen Sie zu, daß sich die Leere in eine Vorstellung bzw. in ein Teil-(chen) namens getrenntes, individuelles Selbst organisiert.
4. Schritt: Lassen Sie zu, daß sich die Leere zu einer Idee namens Lokation organisiert (d. h. dieses beobachtende Selbst hat eine andere Lokation als der Beobachter und als die Beobachtung und als der Raum, der alles umgibt.)
5. Schritt: Kehren Sie Ihre Aufmerksamkeit herum und »sehen« Sie, was all das getan hat, wenn überhaupt.

Hier machen wir deutlich, daß es nur Leere und verdichtete Leere gibt und daß, wenn alles dasselbe ist, selbst das »Sie«, das diese Lokation und Unterscheidung trifft, verdichtete Leere ist. Das läutet den Prozeß ein, uns selbst von der Vorstellung eines abgetrennten lokalen Selbst zu befreien und *verursacht* ein ganz besonderes Ergebnis. Warum? Weil alles mit allem anderen verbunden ist und aus derselben Substanz besteht, aus demselben Quantenstoff.

»Nehmen Sie an, die Wirklichkeit bestünde aus normalen Objekten, die ihre Attribute von Natur aus besitzen. Bells Theorem fordert für eine solche Welt, daß ihre Objekte durch nicht-lokale Einflüsse verbunden sind. Bohms Modell ist ein Beispiel für eine solche Welt. In diesem Modell informiert ein unsichtbares Feld das Elektron in superluminaler Reaktionszeit über Umweltveränderungen. Bells Theorem zeigt den schneller-als-das-Licht-Charakter von Bohm. Ohne Verbindungen, die schneller als das Licht sind, kann ein gewöhnliches Objekt-Modell der Wirklichkeit einfach nicht die Tatsache erklären. Wenn Bells Theorem Gültigkeit besitzt, leben wir in einer superluminalen Wirklichkeit.«

(Herbert, 79)

QUANTENKONTEMPLATIONEN

Wie wäre es, wenn es keine Lokation gäbe?

Wie wäre es, wenn es eine universelle Kommunikation zwischen Menschen, Objekten, etc. gäbe, die schneller als das Licht ist?

Wie wäre es, wenn es so etwas wie Ursachen nicht gäbe?

Spüren Sie die Freiheit und die Leichtigkeit, wenn Sie die Vorstellung von *Ursache* fallenlassen. Das eliminiert den gewaltigen Druck der gedanklichen Vorstellung: »Ich bin gut, ich werde dies oder das bekommen« oder »Ich werde es bekommen, weil ich das getan habe.«

Wenn wir von lokalen Ursachen sprechen, so ist es unmöglich, das Universum auf die Aussage zu reduzieren, daß *dieses lokale Ereignis* hier jenes Ereignis dort verursacht habe. Alles verursacht alles andere.

»Bells Theorem beweist, daß das Prinzip der lokalen Ursachen falsch sein muß. Wenn das Prinzip der lokalen Ursachen jedoch versagt, und die Welt daher nicht so ist, wie sie zu sein scheint, was ist dann die wahre Natur der Welt (oder des Geistes)? Es gibt mehrere Möglichkeiten, die sich gegenseitig ausschließen: Die erste Möglichkeit, die wir diskutiert haben, lautet, daß im Gegensatz zur scheinbaren Wirklichkeit es in unserer Welt so etwas wie getrennte Teile nicht gibt. Im Jargon der Physik: die Lokalität versagt. In diesem Fall ist die Vorstellung von Ereignissen und autonomen Geschehnissen eine Illusion. Dies träfe auch auf alle getrennten Teile zu, die zu irgendeiner Zeit der Vergangenheit miteinander interagiert haben. Diese Möglichkeit hat eine Kommunikation zur Folge, die schneller als das Licht ist und sich von allem unterscheidet, was die konventionelle Physik erklären kann. In diesem Bild ist das, was geschieht, eng und unmittelbar verbunden mit dem, was anderswo im Universum geschieht; das wiederum ist eng und unmittelbar verbunden mit dem, was irgendwo im Universum geschieht, und so weiter, einfach, weil getrennte Teile des Universums keine getrennten Teile sind.« (Zakov, 78)

Lokation und getrennte Teile können zusammen mit der Zeit (Vergangenheit, Gegenwart und Zukunft) nur in einer Welt existieren, in der unterschiedliche Substanzen existieren. Da alles aus derselben Substanz besteht, kann es keine getrennten Teile geben, keine Lokation, und keine Vergangenheit, Gegenwart oder Zukunft. Warum? Damit es Lokation, getrennte Teile oder eine Vergangenheit, Gegenwart und Zukunft geben kann, müßte ein getrenntes Selbst existieren, das besagt, es sei so.

Bells Theorem: Teil 2

Der zweite Teil von Bells Theorem besagt, daß es keine lokalen Ursachen gibt. Die Vorstellung der Ursachenlosigkeit wird in einem der ältesten und hochgeachtesten Texte Indiens, dem *Yoga Vasistha*, veranschaulicht.

> *»Eine Krähe läßt sich auf einer Kokosnußpalme nieder, und in eben diesem Augenblick fällt eine reife Kokosnuß herunter. Zwei Ereignisse,* die nicht miteinander in Verbindung stehen, scheinen *miteinander in Zeit und Raum in Verbindung zu stehen, obwohl es keine kausale Beziehung gibt ... das ist die Schöpfung. Aber der Geist ist gefangen in seiner eigenen Falle der logischen Frage »Warum?«,* er *erfindet ein »Warum« und ein »Deswegen«, um sich selbst zufriedenzustellen. Vasistha fordert die direkte Beobachtung des Geistes, seiner Bewegungen, seiner Annahmen, seiner Schlußfolgerungen, der* sicheren *Ursache, der projizierten Ergebnisse und sogar des Beobachters, des Beobachteten und der Beobachtung – und* der Vergegenwärtigung ihrer unsichtbaren Einheit als grenzenlosem Bewußtsein.«
> (Venkatesananda, 79)

Alles besteht aus demselben Quantenstoff, daher können Sie nicht sagen, irgend etwas verursache etwas anderes. Mit Sicherheit macht es in der Psychologie Sinn, es auf einfache Einheiten von Ursache und Wirkung zu reduzieren. Das Problem ist, daß das unterschiedliche Substanzen impliziert. Das aber ist imaginär, da alles aus derselben Substanz besteht und zur gleichen Zeit alles andere *ist*.

Der bekannte Physiker Dr. Feynman stellt den Quantenstoff als Summe der Möglichkeiten dar.

> *»Alles, was geschehen sein könnte, beeinflußt das, was wirklich geschieht.«* (Herbert, 80)

Vor kurzem fragte mich ein Teilnehmer an einem Workshop: »Wie steht es mit dem Karma, dem Gesetz von Ursache und Wirkung? Ich war bei einem Medium, das mir sagte, das und das sei in einem vergangenen Leben geschehen, und darum müsse ich es in diesem Leben durchstehen, um das Karma auszugleichen.« Ich sagte: »Da man das Karma zusammenfassen kann als ›Was du säst, sollst du ernten‹, trifft es aus der Quantenperspektive heraus zu. Wenn alles aus demselben Quantenstoff besteht, und Sie alles *sind* und alles, was geschieht, alles andere ist, dann ist das, was *Sie* als ›Alles‹ säen, das, was *Sie* als ›Alles‹ ernten werden.« Alles ist alles andere. Karma, wie es derzeit interpretiert wird, erfordert die Illusion der Trennung und die Illusion der lokalen Ursache A, die die lokale Wirkung B verursacht. Das ist vergleichbar mit Newtons Billiardball A, der die Bewegung von Billiardball B verursacht. *Karma ist das, was ist.* Aus der Welt des getrennten Selbst, die linear ist, scheint alles Ursache und Wirkung zu sein. Quantenkarma ist einfach das, was ist.

Um Bells Theorem »erfahrungstechnisch« zu verstehen, werden Übungen angeboten. Wir wollen uns daran erinnern, daß, durch eine subatomare Linse gesehen, alles aus derselben Substanz besteht; das bedeutet, daß alles dieselbe Substanz *ist*. Ursache und Wirkung würden implizieren, daß etwas von etwas anderem getrennt und deutlich anders ist. Wenn es keine Unterscheidungen gibt, dann gibt es auch keine Ursache und keine Wirkung. Wenn Bell sagt »keine lokalen Ursachen«, dann meint er, daß alles derart mit allem anderen verbunden ist, daß es unmöglich wäre, das Universum auf die Aussage zu reduzieren: »Dies verursachte das.«

1988 hatte ich die Gelegenheit, mit dem bekannten Physiker Nick Herbert, den ich in diesem Buch viele Male zitiert habe, zu

Mittag zu essen. Zu dieser Zeit diskutierte ich mit ihm die grundlegenden Vorstellungen der Quantenpsychologie, und da ich kein
Physiker bin, bat ich ihn um »*sein Nicken*«, wenn das, was ich
sagte, auch zutraf. Als ich auf Bells Theorem zu sprechen kam –
keine Lokation und keine lokalen Ursachen – sagte Nick: »Das ist
die beweisbarste Sache in der Quantenphysik.«

»*Erst 1964 ersann John Bell, ein Physiker bei der europäischen
Organisation für Nuklearforschung (CERN) in der Schweiz,
eine Möglichkeit, ein wirkliches Experiment durchzuführen, um
diese Sache ein und für allemal zu klären. Mit einem brillianten
mathematischen Beweis, der heutzutage unter der Bezeichnung
Bells Theorem bekannt ist, bewies Bell, daß, wenn die Quanten-
theorie korrekt ist, man zumindest eine von zwei Optionen akzeptieren muß – entweder ist die Welt nicht-objektiv und existiert nicht in einem bestimmten Zustand, oder sie ist ›nicht-lokal‹
mit unmittelbaren Aktionen-auf-eine-Entfernung-hin. So einfach war das.*«
                                                    (Talbot, 81)

Keine lokalen Ursachen oder keine Möglichkeit, auf irgendeine
bestimmte Sache zu deuten und zu sagen, sie verursache irgend
etwas, das ist die zentrale Botschaft dieser Überzeugung. Dadurch
haben wir keine Antwort auf die immerwährende Frage: »Warum?«,
denn alles ist aus derselben Substanz gemacht, und daher kann es
kein »Warum?« geben. Nicht nur das »Warum?« verliert seine
Aufladung, sondern auch das »Wo« – da es keine Lokalität gibt,
kann es auch kein »Wo« geben, weil Lokation sich auf die Position
bezieht. Das eliminiert auch das »Wie«, welches Trennung impliziert und das »Wann«, da Zeit eine Vorstellung ist, die wir in Kapitel 6 hinter uns gelassen haben.

Lassen Sie uns nun herausfinden, ob wir dieses Verständnis
durch Übungen erleichtern können. Wieder einmal wäre das ein
fünfzehntägiger Workshop in der Quantenpsychologie® und, wie
schon zuvor erwähnt, ist es unmöglich, *alles* in dem begrenzten Umfang dieses Buches unterzubringen. Wir werden jedoch einen Über-
blick über die Höhepunkte vorstellen, um Ihnen die Möglichkeit
und die Offenheit zu dieser Quanteneinheit zu erschließen.

Lassen Sie uns dies von unserem eigenen Standpunkt aus und in der Form von Übungen erforschen.

Quantenübung 68

Versenken Sie sich geistig dahinein, daß »jegliche Information (jegliches Wissen) ohne Ursache ist.« (Singh, 82)

Ich werde das Wort »Wissen« und das Wort »Information« austauschbar verwenden, so daß jedes Wort alles bedeutet, was Sie über sich selbst oder über die Welt wissen. Das ist deswegen angebracht, weil in den *Siva Sutras,* dem alten Sanskrittext, die Sutras *Wissen mit Knechtschaft* (Singh, 83) gleichsetzen. Bewohner des Westens verwechseln das Wort »Wissen« mit der westlichen Vorstellung, daß Wissen ein Wert ist. Tatsächlich bedeutet es, daß die Informationen, die Sie über Ihr Selbst haben, eine Fessel ist, weil alle Informationen, die Sie über sich selbst haben, Sie begrenzen. Zum Beispiel sind »Ich bin klug« oder »Ich bin häßlich« oder »Ich bin dumm« Informationen, die Sie über sich selbst haben. Daher bestimmen und begrenzen alle Informationen die Erfahrung Ihrer selbst. Wie in Kapitel 3 diskutiert, befinden Sie sich jenseits dieser eingeengten Definition.

Mögliche Gestaltungsform für Gruppen mit wechselndem Gruppenleiter.

Übung
Lassen Sie Ihre Augen zufallen, und begeben Sie sich in diesen ruhigen Raum. Wenn irgendeine Information über Sie selbst in Ihr Bewußtsein tritt, so versenken Sie sich geistig in die Möglichkeit, daß jegliche Information ohne Ursache ist. Versenken Sie sich geistig dahinein, daß jede Information ohne Ursache ist. Wann immer Sie dazu bereit sind, lassen Sie Ihr Bewußtsein in das Zimmer zurückkehren, achten Sie darauf, wo Sie sitzen, und lassen Sie Ihre Augen sich öffnen.

Ein Schüler sagte zu mir: »Für mich ist das irgendwie eine vertrackte Sache, weil ich denke, daß ich nie das Gefühl hatte, irgend etwas hätte seinen Ursprung in Ursache und Wirkung. Ich sehe Zusammenhänge zwischen den Dingen, die andere nicht sehen. Manchmal dachte ich schon, ich sei verrückt. Zu denken, daß wir nach dem Ursache-Wirkungs-Prinzip funktionieren, könnte ein erdender Mechanismus sein. Aber ich hatte das nie, um mich damit zu erden. Das hat mir nie viel bedeutet. Ich habe Angst, daß meine gesamte Wahrnehmung der Wirklichkeit durcheinandergerät, wenn nichts so in Verbindung steht, und dann habe ich wirklich ein komisches Gefühl.«

Ein anderer Schüler berichtete: »Meine Erfahrung war, daß es einfach keine Macht in meinen Gedanken, meinen Vorstellungen oder in meinem Wissen gab, einfach nichts, was mit mir verbunden wäre.« Ich antwortete: »Ich nehme an, wenn Sie Ihre Macht von den Gedanken abziehen, wie Sie sie von Menschen abziehen, dann werden Sie sich machtvoller fühlen.«

Mit anderen Worten: Wenn Sie sich in einer Beziehung befinden, in der Ihr Gefühl über sich selbst abhängig davon ist, was die andere Person zu diesem Zeitpunkt von Ihnen hält, dann besitzt dieser andere Mensch die Macht. Ihr Wohlbefinden hängt von diesem Menschen ab. Wenn Sie einen Gedanken namens »Ich will im Urlaub nach Hawaii« haben und ihm Ihre Macht geben, dann wird dieser Gedanke ebenso Macht über Sie haben. Plötzlich fällt Ihnen auf, daß Sie Überstunden arbeiten, um Ihre Reise nach Hawaii bezahlen zu können: Wer hat die Macht? Der Gedanke an die Hawaii-Reise besitzt die Macht, weil Sie auf diesen Gedanken reagieren; aber Sie können Ihre Energie davon abziehen, und dann wird der Gedanke keine Macht mehr über Sie haben; Sie können sich dafür *entscheiden*, es zu tun oder aber sich dafür *entscheiden*, es nicht zu tun.

An dieser Stelle brachte ein Physiker, der an meinem Workshop teilnahm, eine interessante Frage auf: »Ich konnte nicht anders als ›Dieser Gedanke hat keine Ursache‹ so zu verstehen, daß ›Dieser Gedanke keine Quelle hat‹. Dann sagte ich mir, daß ich nicht nur den Gedanken erzeuge, sondern als Wissenschaftler auch Tatsachen erzeuge. Die Aussage, ich hätte keine Quelle, würde folglich bedeuten, daß ich nicht existiere. Damit konnte ich nicht fertig werden.« Ich hielt ihm entgegen, daß er seine eigene Existenz mit Tatsachen und Gedanken verschmolzen hatte.

Quantenübungen (Rückblick)

Quantenübung 69

Die Welt als leerer Raum und als Teil-(chen)

Schauen Sie eine oder zwei Minuten auf Ihre Hand. Ziehen Sie Ihre Aufmerksamkeit zurück in die Leere, die vor dem Wissen und vor der Vorstellung Ihrer Hand liegt. Stellen Sie sich – ohne zu blinzeln – vor, Ihre Hand bestünde aus winzigen Teilchen, die im leeren Raum schweben. Nun lassen Sie die Erfahrung zu, daß Ihr Körper ein Teil-(chen) ist, das durch den Raum schwebt und durch die Wand, auf die Sie schauen. Achten Sie darauf, wie befreiend und erweiternd diese Erfahrung wirkt. Diese einfache Übung kann überall durchgeführt werden.

Einstein erklärt (wie auch das buddhistische *Herz-Sutra*), daß diese Teil-(chen) aus verdichteter Leere bestehen und daß die Leere aus ausgedünnten und verflüssigten Teilchen besteht. Wenn Sie diese Übung durchführen, fragen Sie sich: »Wer führt diesen Prozeß durch?«

QUANTENKONTEMPLATION

Wie wäre es, wenn Sie Leere wären? Erfahren Sie sich selbst als komprimierte Leere.

Quantenübung 70

1. Schritt: Sehen Sie die Leere vor sich.
2. Schritt: Verdichten Sie die Leere zu etwas Festem, d.h. zu einem Gedanken, Gefühl, etc.
3. Schritt: Dünnen Sie es zu Leere aus.

4. Schritt: Tun Sie dies mehrere Male (verdichten und verdün-
nen).

5. Schritt: Erfahren Sie das »Sie«, das all das tut, als verdichtete
Leere.

Das Nichts tut dem Nichts nichts

Das ist wahrscheinlich der interessanteste Teil. Derjenige, der
diese Übungen durchführt, besteht aus derselben verdichteten
Leere wie der Gedanke, das Gefühl, der Stuhl oder der Tisch.

Quantenübung 71

Lokation

Führen Sie diese Übung unter Anleitung eines Gruppenleiters
aus.

1. Schritt: Achten Sie auf die Leere vor sich.

2. Schritt: Lassen Sie es zu, daß sich die Leere verdichtet und zu
einer Erfahrung wird.

3. Schritt: Gestatten Sie der Leere, ein Beobachter der Erfahrung
zu werden.

4. Schritt: Gestatten Sie dem Beobachter (der Leere), eine Vorstellung von Lokation zu erschaffen.

5. Schritt: Tun Sie so, als ob diese Vorstellung wahr wäre.

6. Schritt: Tun Sie so, als ob Sie nicht vorgäben, daß diese Vorstellung wahr ist.

7. Schritt: Erfahren Sie, daß der Beobachter, die Erfahrung, das
Konzept von Lokation und das Konzept von Ursache
und Wirkung dieselbe Substanz sind: Leere und verdichtete Leere.

8. Schritt: Kehren Sie Ihre Aufmerksamkeit um, und schauen Sie,
ob Sie denjenigen finden können, der all das tat.

Quantenübung 72

Ursache und Wirkung

Der Gruppenleiter führt die Gruppe wie folgt.

1. Schritt: Achten Sie auf die Leere vor sich.
2. Schritt: Lassen Sie es zu, daß sich die Leere verdichtet und zu einer Erfahrung wird.
3. Schritt: Lassen Sie es zu, und weisen Sie einem Teil der Leere die Rolle eines Beobachters der Erfahrung zu.
4. Schritt: Verdichten Sie die Leere, und schaffen Sie das Konzept der Lokation.
5. Schritt: Verdichten Sie die Leere, und schaffen Sie die Vorstellung von Ursache und Wirkung.
6. Schritt: Tun Sie so, als ob diese Vorstellung wahr wäre.
7. Schritt: Tun Sie so, als ob Sie nicht vorgäben, daß diese Vorstellung wahr ist.
8. Schritt: Erfahren Sie, daß der Beobachter, die Erfahrung, das Konzept von Lokation und das Konzept von Ursache und Wirkung dieselbe Substanz sind: Leere und verdichtete Leere.
9. Schritt: Kehren Sie Ihre Aufmerksamkeit um, und sehen Sie, ob Sie denjenigen finden können, der all dies tat.

Sogar der Beobachter oder Zeuge besteht aus verdichteter Leere. Das bedeutet, daß nicht nur alles dasselbe ist, sondern daß das »Sie«, für das Sie sich hielten, aus derselben verdichteten Leere besteht wie der Stuhl, auf dem Sie sitzen. Das bedeutet, daß der Stuhl, auf dem Sie sitzen, nur solange existiert, wie die verdichtete Leere, die Sie »Ich« nennen, existiert und den Stuhl sehen kann.

»Es gibt keine Wirklichkeit in der Abwesenheit von Beobachtung.« (Herbert, 84)

QUANTENKONTEMPLATION
Wie wäre es, wenn der Beobachter, das Beobachtete und der sich Versenkende alle aus derselben verdichteten Leere bestehen würden?

Tatsächlich bestehen Sie und das ganze phänomenologische Universum aus verdichteter Leere, d. h. aus demselben »Quantenstoff«. Sie existieren nur als der vom Gesehenen getrennte Sehende, als eine augenscheinlich verdichtete Leere und *geben nur vor*, Sie seien keine komprimierte Leere. Daher sind Sie, der Beobachter, und die Erfahrung dasselbe – nämlich verdichtete Leere. Anders gesagt, Erfahrungen existieren nur, solange Sie nicht wissen, wer Sie sind. Sobald Sie einmal wissen, wer Sie sind, gibt es keinen Erfahrenden und keine Erfahrung mehr, es gibt nur Leere oder die erfahrungslose Erfahrung des Quantenfeldes.

In der Hindu-Schrift *Ramayana* hat Fürst Ram, der das Quantenbewußtsein ist, einen Diener namens Hanuman. Eine der klarsten Feststellungen Hanumans gegenüber Fürst Ram lautet: »Wenn ich nicht weiß, wer ich bin, diene ich. Wenn ich weiß, wer ich bin, so bin ich Du.«

Das ist der Kern Hanumans. Er dient dem Quantenbewußtsein, wenn er Trennung wahrnimmt. Wenn er das Quantumbewußtsein oder Ram ist, dann kennt er sich selbst und ist das Quantenbewußtsein (Ram). In Wirklichkeit verändert Hanuman sich niemals: Hanuman ist Ram, Ram ist Hanuman. Auf dieselbe Weise sind wir im Quantenbewußtsein und *sind* das Quantenbewußtsein, selbst wenn wir das nicht wissen.

Das heißt im Quantenverständnis: Das Nichts tut dem Nichts nichts, und *sogar das ist nicht wahr*, weil es nur dann wahr wäre, wenn es jemand beobachtete. *Daher IST das Quantenbewußtsein* und *Quantenbewußtsein ist nicht*. Das ist wie in dem alten Witz: »Wie viele Zen-Meister sind nötig, um eine Glühbirne zu wechseln?« »Zwei. Einer, der es tut, und einer, der es nicht tut.«

Quantenübung 73

Diese Übung ist eine Erweiterung, die die Umkehrung Ihrer Aufmerksamkeit veranschaulicht. Sie wurde dem Buch *On Having No Head* von Douglas Harding entnommen. (Harding, 85)*
1. Schritt: Nehmen Sie Ihren Zeigefinger, und zeigen Sie damit auf Ihren Kopf.
2. Schritt: Achten Sie darauf, ob da irgend etwas ist.

Diese Erfahrung machte ich, als ich 1988 im Sitzen meditierte und die Entscheidung traf, nach demjenigen Ausschau zu halten, der meditierte. Es war keiner da.

Quantenübung 74

Von Douglas Harding.
Für Gruppen geeignet, bei denen ein wechselnder Gruppenleiter das Folgende vorliest.
Schließen Sie Ihre Augen, und fragen Sie sich selbst:
1. Gemäß Ihrer gegenwärtigen Erfahrung und ohne Ihre Erinnerung oder Ihren Verstand einzuschalten: Sind Sie ein Mann, eine Frau oder keines von beiden?
2. Gemäß Ihrer gegenwärtigen Erfahrung und ohne Ihre Erinnerung oder Ihren Verstand einzuschalten: Sind Sie in einem Körper oder außerhalb eines Körpers oder keines von beidem?
3. Gemäß Ihrer gegenwärtigen Erfahrung und ohne Ihre Erinnerung oder Ihren Verstand einzuschalten: Sind Sie eine Form, sind Sie formlos oder keines von beidem?
4. Gemäß Ihrer gegenwärtigen Erfahrung und ohne Ihre Erinnerung oder Ihren Verstand einzuschalten: Sind Sie definiert, undefiniert oder keines von beidem?

---

* »Den Pfeil der Aufmerksamkeit umzukehren ... wenn er nur bereit wäre, einen Augenblick lang seine Ansichten über sich selbst, die sich auf Hörensagen, Erinnerung und Imagination gründen, fallen zu lassen und sich auf die GEGENWÄRTIGE EINSICHT zu verlassen.«

In den Workshops und bei vielen Patienten, die ich gesehen habe, waren die Antworten häufig dieselben: »Keines von beidem.« Das zeigt deutlich, daß sich die Menschen jenseits von »normal« und »konventionellen Definitionen« erfahren.

>*»So ... ins Nichts sehen – das ist ganz am Anfang eines spirituellen Lebens.«* (Harding, 86)

Quantenübung 75

Mit geschlossenen Augen und umgekehrter Aufmerksamkeit sagt der Gruppenleiter:

1. Gemäß den vorliegenden Beweisen und ohne Ihre Erinnerung oder Ihren Verstand einzuschalten: Gibt es irgend etwas, was Sie tun könnten, um vollkommener zu sein?
2. Gemäß den vorliegenden Beweisen und ohne Ihre Erinnerung oder Ihren Verstand einzuschalten: Haben Sie Qualitäten?
3. Gemäß den vorliegenden Beweisen und ohne Ihre Erinnerung oder Ihren Verstand einzuschalten: Gibt es irgend etwas, was Sie zu einem besseren Menschen machen könnte?
4. Gemäß den vorliegenden Beweisen und ohne Ihre Erinnerung oder Ihren Verstand einzuschalten: War es schon immer so?
5. Gemäß den vorliegenden Beweisen und ohne Ihre Erinnerung oder Ihren Verstand einzuschalten: Würde es irgend etwas ausmachen, ob Sie sich daran erinnern oder nicht?
6. Gemäß den vorliegenden Beweisen und ohne Ihre Erinnerung oder Ihren Verstand einzuschalten: Gibt es irgend etwas, was Sie dem hinzufügen könnten, um sich selbst besser, reiner, heiler zu machen oder sich näher zu Gott zu bringen?
7. Gemäß den vorliegenden Beweisen und ohne Ihre Erinnerung oder Ihren Verstand einzuschalten: Muß dies in einen neuen Bezug gesetzt werden, geheilt oder auf irgendeine Weise verändert werden?

Der Quantenbewußtseinsprozeß

Der Quantenbewußtseinsprozeß ist der Höhepunkt dieses Ansatzes. Diese beiden Vorgehensweisen können den Ausübenden, wenn er sie versteht und erfährt, in den zustandslosen Zustand des nicht-seienden Seins führen. Daher geschieht nicht nur nichts; es gibt weder ein Sein, noch ein Nicht-Sein. Versuchen Sie es, und achten Sie darauf, was geschieht.

Teil I
Mögliche Gestaltungsform für eine Gruppe mit wechselndem Gruppenleiter.

1. Schritt: Schließen Sie die Augen, und machen Sie sich klar, daß Sie der Hintergrund Ihrer Erfahrung sind.
2. Schritt: Gestatten Sie der Leere, sich zu Form zu verdichten und zu einer Erfahrung zu werden.
3. Schritt: Geben Sie vor, Sie wüßten nicht, daß die Form verdichtete Leere ist.
4. Schritt: Seien Sie sich bewußt, daß die Form verdichteter Hintergrund bzw. verdichtete Leere ist.
5. Schritt Kehren Sie Ihre Aufmerksamkeit um, und achten Sie darauf, wer oder was, wenn überhaupt, all das tun.

Teil II
Mögliche Gestaltungsform für eine Gruppe mit wechselndem Gruppenleiter.
(Mit geschlossenen Augen)

1. Schritt: Seien Sie der Hintergrund Ihrer Erfahrung.
2. Schritt: Gestatten Sie dem Hintergrund, Leere zu sein, sowie dem Vordergrund, auf den Sie schauen, um zu ausgedünnter Leere zu werden.
3. Schritt: Geben Sie vor, Sie wüßten nicht, daß der Hintergrund Leere ist, und daß die Leere im Vordergrund ausgedünnte Form ist.
4. Schritt: Lassen Sie zu, daß die Leere im Hintergrund und die Leere im Vordergrund und Sie selbst als Leere gesehen werden.

5. Schritt: Kehren Sie Ihre Aufmerksamkeit um und achten Sie darauf, was, wenn überhaupt, all dies tut.

Teil III
Wird vom wechselnden Gruppenleiter laut vorgelesen.
1. Schritt: Erfahren Sie sich selbst als den Hintergrund der Erfahrung und die Erfahrung als Vordergrund.
2. Schritt: Achten Sie auf den Beobachter der Erfahrung.
3. Schritt: Machen Sie sich klar, daß Sie der Hintergrund des Beobachters sind.
4. Schritt: Achten Sie darauf, daß der Beobachter und die Erfahrung, die er beobachtet, den Vordergrund darstellen.
5. Schritt: Verdichten Sie den Hintergrund, und machen Sie ihn zur Erfahrung im Vordergrund.
6. Schritt: Dünnen Sie den Beobachter aus, und machen Sie ihn zum Hintergrund.
7. Schritt: Machen Sie die Erfahrung zum Hintergrund.
8. Schritt: Machen Sie das »Ich«, das im Vordergrund erfahren wird, zum Hintergrund, indem Sie es ausdünnen.
9. Schritt: Kehren Sie Ihre Aufmerksamkeit um, und achten Sie darauf, daß es gar kein »Ich« gibt, das diese Übung ausführt!

Hier sehen wir die letzte Ebene der Quantenpsychologie, das Quantenbewußtsein. Die moderne Psychologie ist am Vordergrund interessiert, die Quantenpsychologie ist am Hintergrund interessiert und an dem Verständnis, daß der Vordergrund gleichzeitig der Hintergrund, und der Hintergrund gleichzeitig der Vordergrund ist. Und was noch wichtiger ist: Hintergrund, Vordergrund und der Beobachter von beidem sind ein und dasselbe, was bedeutet, es gibt keinen Hintergrund und keinen Vordergrund. Und was das »Sie« betrifft, für das Sie sich halten: Sie nehmen sich entweder als Hintergrund oder Vordergrund wahr. Darauf kommt es jedoch nicht an, da beide dasselbe sind. Das bedeutet, daß das Konzept eines Selbst oder eines Nicht-Selbst uns nicht mit einem Mangel zurückläßt, vielmehr läßt uns das Konzept mit der Gegenwart *einer reinen IST-HEIT* zurück.

»Keiner hat unsere Vorstellung, wie die Quantenwelt aussieht, mehr beeinflußt als der dänische Physiker Niels Bohr und Bohr ist es auch, der eine der unerhörtesten Behauptungen der Quantenphysik aufstellt: Es gibt keine tiefe Wirklichkeit. Das ist bei weitem keine verschrobene Idee oder die Meinung eines Einzelnen. ›Es gibt keine tiefe Wirklichkeit‹ ist ganz eindeutig die vorherrschende Lehrmeinung der offiziellen Physik.« (Herbert, 87)

Das bedeutet, alles ist dieselbe Substanz – daher gibt es weder eine tiefe Wirklichkeit, noch gibt es keine tiefe Wirklichkeit – alles *ist* einfach.

Das Quantenbewußtsein ist überhaupt kein Quantenbewußtsein; es könnte nur so genannt werden, wenn es jemanden gäbe, der es wahrnähme.

Was bleibt uns denn übrig, wenn es ohne Beobachter auch kein Quantenbewußtsein gibt? Wir bleiben übrig, oder wie David Bohm es nennt, die »ungebrochene Ganzheit« bleibt übrig. Bohm besteht darauf, daß »es keine Quantenwelt gibt«, und so behauptet auch die Quantenpsychologie, daß im reinen Sein kein »wo« übrig bleibt, niemand übrig bleibt, keine Zuflucht existiert.

Aus der reinen ISTHEIT kann Bells Theorem der nicht-lokalen Ursachen und der, im Grunde, fehlenden Lokation niemals auftauchen, weil es kein getrenntes Selbst gibt, das die Vorstellung von »Dies verursacht jenes« oder von »Dies ist von jenem getrennt« hervorbringt – *daher gibt es so etwas wie Distanz* von einer Sache zur anderen oder einem Menschen zum anderen *nicht*.

Quantenübung 76

»Wenn man sich vorstellt, der Kosmos wäre einfach das Kunststück eines Jongleurs oder Magiers, oder wenn man die Welt als ein Gemälde betrachtet …, dann wird man großes Glück erfahren.« (Singh, 88)

Mögliche Gestaltungsform für eine Gruppe mit wechselndem Gruppenleiter.

Übung

Schließen Sie einige Minuten lang Ihre Augen, und denken Sie darüber nach, oder stellen Sie sich vor, die Welt sei wie Jonglieren, wie etwas, das von einem Jongleur im Zirkus erzeugt würde, und daß alles unaufhörlich und sehr unwillkürlich jongliert wird, beinahe wie im Trick eines Zauberers, und daß irgendwie jeder und alles auf diese Weise landet. Erweitern Sie Ihren Geist, und stellen Sie sich vor, die Welt sei wie Jonglieren, wie der Trick eines Zauberers. Irgendwie landete alles hier, und jeder landet irgendwie da, wo er eben landet.

Kontemplieren Sie über die Freiheit, wenn die ganze Welt nur der Trick eines Magiers wäre.

Nun öffnen Sie Ihre Augen, und sehen Sie sich im Zimmer um, und schauen Sie, ob Sie sich vorstellen können, daß alles irgendwie wie beim Trick des Zauberers jongliert wurde und *zufällig* dort landet, wo es eben landet.

QUANTENKONTEMPLATION

Wie wäre es, wenn es niemanden gäbe, der für das Universum die Verantwortung trägt?

Wie wäre es, wenn die Leere die Verantwortung tragen würde?

Wenn es kein getrenntes, individuelles Selbst gibt, das wahrnimmt, wie könnte es da eine Ursache, eine Wirkung, eine Lokalität, irgend etwas oder irgend jemanden geben, der die Verantwortung dafür trägt, was geschieht? Hier erlebt man Bohms ungebrochene Ganzheit: keine Ursachen und da keine Ursachen, auch keine Wirkungen. Anders gesagt: *die Ursache ist die Wirkung.*

Der weltberühmte Philosoph und politische Aktivist Mahatma Gandhi hat das verstanden. Gandhis gewaltlose Politik wurde in den 60er Jahren von Martin Luther King übernommen. Mahatma Gandhi betonte nachdrücklich, daß die Menschen fühlten, das Ziel rechtfertige die Mittel. Für Gandhi waren *die Mittel und das Ziel ein- und dasselbe.* Darum wandte er den passiven Widerstand und die Gewaltlosigkeit an, um die Engländer in den vierziger Jahren zum Verlassen Indiens zu bewegen.

Es gab niemals und wird auch niemals die individuelle Erfahrung des Quantenbewußtseins oder der Erleuchtung geben. Da all dies nur existieren könnte, wenn es ein *getrenntes* Sie gäbe, das deren Existenz kundtut. Kein Sie – keine individuelle Erleuchtung.

»Es gibt keine Quantenwelt,« warnte Bohr. *»Es gibt nur eine* abstrakte Quantenbeschreibung.«   (Herbert, 89)

KAPITEL 11

Das Bewußtsein

Das ist das Ende, mein schöner Freund, das Ende.
Das ist das Ende, mein einziger Freund, das Ende ...
male es dir aus, es wird grenzenlos und frei sein ...
Jim Morrison

Seit Tausenden von Jahren haben die Menschen versucht, das Wesen des Bewußtseins zu erkennen. Wir kommen zum Ende dieses Buches und es scheint angemessen, einen Blick auf das Bewußtsein im allgemeinen zu werfen und insbesondere darauf, wie es sich auf die Quantenpsychologie anwenden läßt.

Das Bewußtsein wurde als die Fähigkeit definiert, Unterschiede zu erkennen. Selbst-Bewußtsein ist das Bewußtsein des eigenen Selbst oder des imaginären Unterschiedes zwischen Subjekt (Beobachter) und dem wissenden Objekt (dem Selbst).

Aus der Perspektive der Quantenpsychologie kann das Bewußtsein auf zwei Arten definiert werden. Zum einen ist Bewußtsein etwas, das Unterschiede erkennt. Sie könnten beispielsweise sagen: »Ich bin mir bewußt, daß Sie gern fernsehen und ich gern lese.« Hier haben wir ein Bewußtsein, das den Unterschied zwischen *mir*, der ich Fernsehen mag, und *Ihnen*, der Sie gerne lesen, erkennt. Zweitens bin ich mir bewußt, daß sich das Lesen vom Fernsehen unterscheidet. In beiden Fällen gibt es ein Bewußsein hinsichtlich Kontrast und Unterschied, d. h. das lesende Sie unterscheidet sich vom fernsehenden Sie. Wie in Kapitel 9 und 10 erwähnt, kann es ohne *Kontraste* keine Erfahrung geben. Das Bewußtsein ist kreativ, weil das Bewußtsein das ist, was uns Kontraste und Unterschiede oder Bohms explizite Ordnung wissen läßt. Was uns das Bewußtsein nicht wissen läßt, ist Bohms implizite Ordnung (die zugrundeliegende Einheit). Warum? Wo Bewußtsein ist, kann Einheit nicht gesehen werden. Die Funktion des Bewußtseins ist es, Kontraste und Unterschiede zu sehen.

Ein Schüler kam zu Nisargadatta Maharaj und sagte: »Ich möchte glücklich sein.« Maharaj erwiderte: »Das ist Unsinn. Glück ist da, wo das ›Ich‹ nicht ist.« Damit meinte er, daß das Glück auf der impliziten Ebene existiert, wo es kein Bewußtsein von Trennung gibt und wo es kein getrenntes »Ich« gibt.

Bewußtsein ist dort, wo das »Ich« *ist,* und Bewußtsein ist dort, wo die Unterschiede der expliziten Ordnung stattfinden. Das Bewußtsein existiert nicht auf einer impliziten Ebene, weil es auf einer impliziten Ebene keine Unterschiede oder Kontraste gibt, nur reine *Istheit.* Das bedeutet, daß das, was Sie »Ich« nennen, niemals die zugrundeliegende Einheit erkennen kann, weil diese kein *Bewußtsein* eines »Ich« hat, das getrennt ist von dem, was gewußt werden kann, oder von dem, was von ihm weiß. *Was ist Bewußtsein?* **Verdichtete Leere.** Um zu wissen, daß das Bewußtsein verdichtete Leere ist und Leere ausgedünntes Bewußtsein, muß man die nicht-duale (implizite), duale (explizite) Natur des Universums kennen. Um es schließlich ganz einfach auszudrücken: *Das Implizite ist das Explizite, das Explizite ist das Implizite.*

Ein französischer Psychiater kam zu Nisargadatta Maharaj und fing mit einer langatmigen Rede über vergangenes Leben, zukünftiges Leben, Karma, Verdienst und Schuld, etc. an. Ich kann mich an die Worte dieses Herrn nicht im Ganzen erinnern, aber ich erinnere mich an Maharajs Antwort: »Wer hat Ihnen gesagt, daß Sie existieren?« Der französische Psychiater sah seine Frau an, seine Frau sah ihn an, blieb aber stumm. Maharaj sagte: »Das Bewußtsein hat Ihnen gesagt, daß Sie existieren. Wenn Sie nur das verstehen, ist es genug.«

Wieder einmal stellte er die Definition des Bewußtseins auf als etwas, das Unterschiede oder die explizite Ordnung erkennt. Das Bewußtsein ist der Beobachter und das Beobachtete, der Wissende und das Wissen, der Erfahrende und die Erfahrung. Ohne ein Bewußtsein, das um die Unterschiede weiß, würde es nur die implizite Ordnung der Quanten-*ISTHEIT* geben.

QUANTENKONTEMPLATION
Kann es eine Erfahrung geben, wenn es kein Bewußtsein gibt oder etwas, das von der Erfahrung weiß?

Quantenübung 77

1. Schritt: Lassen Sie Ihre Augen zufallen, und sehen Sie die Leere vor sich.
2. Schritt: Gestatten Sie der Leere, sich zu verdichten und sich zu einer Vorstellung des Bewußtseins zu organisieren, indem Sie die Vorstellung von Unterschieden und Kontrasten hinzufügen. Gestatten Sie diesem leeren Raum, sich in das Konzept, das »Erschaffen« heißt, hinein zu verdichten und zu organisieren.
3. Schritt: Gestatten Sie es dieser neu geformten Vorstellung von Bewußtsein, das zu tun und das zu erschaffen, was es erschafft.

In den Workshops haben die Menschen häufig das Gefühl, Ihnen bliebe nur das Nichts oder die Leere übrig. Dieser Quantensprung erlaubt uns, das Nichts und das Etwas als dasselbe zu sehen.

QUANTENKONTEMPLATION
Wie wäre es, wenn die Leere ein ausgedünntes Etwas wäre und dieses Etwas verdichtete Leere?

Die Leere lebt

Das Gute an diesem Verständnis ist, daß es uns *alle Möglichkeiten* läßt, da wir (die verdichtete Leere) niemals wirklich wissen können, was kommt und was geht, oder einfacher gesagt, zu was die Leere sich verdichten wird und als was sie erscheinen wird oder welche Form der Erfahrung ausdünnen und verschwinden wird.

Die schlechte Nachricht lautet, daß das für einige von uns, die Ordnung und Kontrolle, aber nicht Zufälligkeiten lieben, verwirrend sein kann. Wie in Kapitel 2 erwähnt, ist es der Widerstand gegen Zufälligkeit, Chaos, etc., der so viele unserer Probleme verursacht. Anders ausgedrückt, Systeme und Bewußtseinsmodelle werden als eine Art Hilfsmittel geschaffen, um sich gegen Zufälligkeiten zu *wehren*.* Sogar Albert Einstein, ein großer Architekt der Quantenmechanik und Nobelpreisträger, stieg in sein Grab, ohne fähig zu sein, das, was er bewiesen hatte, zu akzeptieren. Einsteins »Gott würfelt nicht mit dem Universum« unterstreicht seine Unfähigkeit, »Zufälligkeiten« zu akzeptieren und ebenso seinen Widerstand gegen Chaos.

Wir müssen anerkennen, daß das Bewußtsein, die verdichtete Leere, Leere ist. Und viel wichtiger, die Leere weiß nicht um sich selbst. *Daher ist das Bewußtsein der Weg, auf dem die Leere um sich selbst weiß.*

»Bewußtsein schafft Wirklichkeit« (Herbert, 90)

Der bekannte Physiker Eugene Wignor sagt:

> *»Es ist unmöglich, die Gesetze der Quantenmechanik völlig folgerichtig zu formulieren ohne einen Bezug zum Bewußtsein ... Auf welche Weise auch immer sich unsere zukünftigen Vorstellungen entwickeln, es wird bemerkenswert bleiben, daß gerade das Studium der äußeren Welt zu der Schlußfolgerung führte, daß der Inhalt des Bewußtseins die Höchste Wirklichkeit ist.«*
> (Herbert, 91)

Anders ausgedrückt, das Bewußtsein ist der Weg, auf dem Sie ein Selbst formulieren können, das behaupten kann, es gebe eine letzte Wirklichkeit. Wenn es kein Bewußtsein und nur Leere gibt, dann gibt es keine letzte Wirklichkeit, weil es kein getrenntes Individuum gibt, das sagen kann, es gäbe eine letzte Wirklichkeit.

---

* Das wird das Hauptthema meines nächsten Buches sein: *The Tao of Chaos: Quantum Consciousness Volume II*. Das Buch wird sich mit der neuen Chaoswissenschaft und ihrem Verhältnis zur Psychologie beschäftigen.

Hier ist ein Zeugnis dessen, was ich die »Quantenkraft« nenne, eine Kraft oder Idee, die in der Leere enthalten ist, die aus der Leere selbst besteht und das Hilfsmittel bzw. das Medium der Leere ist, sich selbst zu erkennen: das Bewußtsein. Es ist die Quantenkraft oder das Bewußtsein (das aus Leere besteht), das Gedanken, Gefühle, Emotionen konstruiert und ent-konstruiert und sogar das »Ich«, wie wir uns selbst aufs Geratewohl nennen.

PRINZIP: Das Bewußtsein ist verdichtete Leere, und ist das kreative Hilfsmittel der Leere. In Quantenbegriffen ausgedrückt, ist die Quantenkraft, die eine Verdichtung des Quantenfeldes darstellt, ein kreatives Hilfsmittel des Quantenfeldes.

Ein Beobachter, der die Unterschiede und Unterscheidungen beobachtet, ist immer noch das Bewußtsein, das Bewußtsein beobachtet oder das Bewußtsein, das sich selbst beobachtet.

PRINZIP: Da das Bewußtsein verdichtete Leere und der kreative Aspekt der Leere ist, *ist* das Bewußtsein die Leere. Daher kann das Bewußtsein sich selbst niemals verlieren oder finden.

QUANTENKONTEMPLATION

Wie wäre es, wenn …

… das Sie, das beobachtet, aus Bewußtsein bestehen würde?

… das Objekt (Gedanke, Gefühl, etc.) aus Bewußtsein bestehen würde?

… das Subjekt als Beobachter aus demselben Bewußtsein wie sein Objekt (Gedanke oder Gefühl) bestehen würde?

… Sie Bewußtsein wären, ob Sie sich dessen bewußt sind oder nicht? Das ist das Quantenbewußtsein.

… jedes Gebundensein nur ein Gedankenkonstrukt oder eine Vorstellung oder eine Überzeugung oder verdichtete Leere wäre? (Singh, 92)

… die Freiheit nur eine Vorstellung oder verdichtete Leere wäre? (Singh, 93)

Quantenübung 78

Wird von sich abwechselnden Gruppenleitern laut vorgelesen.
(Mit geschlossenen Augen)

1. Schritt: Sehen Sie die Leere vor sich.

2. Schritt: Gestatten Sie der Leere, sich leicht zu verdichten, und schaffen Sie die Vorstellung von Bewußtsein.

3. Schritt: Gestatten Sie der neu geformten Vorstellung von Bewußtsein, die Idee zu erschaffen, sich selbst zu verlieren und sich selbst zu finden.

4. Schritt: Geben Sie vor, Sie wären das Bewußtsein, das versucht, gefunden zu werden.

5. Schritt: Geben Sie vor, Sie würden nicht vorgeben, das verlorene Bewußtsein zu sein, das versucht, gefunden zu werden.

6. Schritt: Geben Sie vor, Sie wären das verlorene Bewußtsein, das gefunden und erleuchtet wurde.

7. Schritt: Kehren Sie Ihre Aufmerksamkeit um, und achten Sie auf die Leere, die all das getan hat.

8. Schritt: Versenken Sie sich in den Gedanken: »ICH BIN DAS undifferenzierte Bewußtsein.«

Die Schönheit, die darin liegt, dieses Quantenbewußtsein zu entwickeln, besteht darin, daß alles als *dasselbe* gesehen wird, anstatt als *unterschiedlich* von allem anderen. Die moderne Psychologie hat ein System entwickelt, das sich auf die individuellen Schwierigkeiten konzentriert, wogegen die Quantenpsychologie eine Sicht der Welt als ein ganzes, vereintes, miteinander verbundenes Feld anbietet.

Wie kann uns das auf unserer Reise durch das Leben helfen? Lassen Sie uns einige andere Quantenübungen erforschen, und wie wir uns, indem wir Sie ausprobieren, verbundener und lebendiger fühlen können.

Quantenübung 79

Information erscheint nicht nur in mir; alle Objekte tragen Informationen in sich. (Singh, 94)

Übung
Sie fühlen Ihren Körper getragen und achten auf Ihren Atem. Begeben Sie sich in einen ruhigen Raum. Ich möchte, daß Sie jetzt eine Minute lang jegliche Information überdenken, die Sie über sich selbst haben. Sie sind zum Beispiel eine Frau, oder Sie sind ein Mann, oder Sie sind groß, oder Sie sind klein, oder Sie sind fett oder dünn oder irgendeine andere Information. Nehmen Sie sich einen Augenblick, um diese Information zu beobachten. Jetzt versenken Sie sich dahinein, daß Sie nicht nur Informationen über sich selbst haben, sondern daß alle Dinge – Bilder, Sofas, Stühle, Lampen – alles trägt Informationen in sich selbst. Nun lassen Sie Ihre Augen sich öffnen. Ich möchte, daß Sie sich im Zimmer umschauen und sich vorstellen, daß alles – Sofas und Stühle, alles – Informationen über sich selbst hat. Sie wollen sich möglicherweise vorstellen, was für Informationen das sind.

Ein Schüler meinte: »Ich fühlte mich weniger allein und verbundener durch die Möglichkeit, daß alles über sich selbst Informationen hat; die Dinge schienen lebendiger.«

Quantenübung 80

»Wünsche erscheinen nicht nur in mir; sie erscheinen auch in anderen Dingen.« (Singh, 95)

Die Übung beginnt mit zwei oder drei Minuten, in denen die Augen geschlossen sind, und endet mit zwei oder drei Minuten, in denen die Augen geöffnet sind.

Übung

Sie fühlen, wie Ihr Körper physisch unterstützt wird. Beobachten Sie Ihren Atem. Während Sie beobachten, bemerken Sie eine Kavalkade oder eine Parade Ihrer Wünsche. Beobachten Sie sie aus der Distanz heraus, als ob Sie in einem Kino wären und das Begehren beobachten, das auf der Leinwand stattfindet. Nehmen Sie sich hierfür einige Minuten Zeit.

Denken Sie etwa eine weitere Minute darüber nach, daß Wünsche nicht nur in mir erscheinen, sondern in allen Dingen – Stühlen, Sofas, Bildern, Lampen, alles – erscheinen Wünsche. Erweitern Sie sich, nur einen Augenblick lang, und stellen Sie sich vor, daß alles Wünsche in sich trägt.

Öffnen Sie ganz sanft Ihre Augen, und stellen Sie sich vor, daß alle Dinge und Menschen in dem Zimmer Wünsche haben. Raten Sie, was dies für Wünsche sein könnten. Fahren Sie fort, die verschiedenen Dinge zu betrachten und sich vorzustellen, welches ihr tiefstes Begehren ist. Schauen Sie, ob Sie dieses Bewußtsein einige Minuten lang aufrecht erhalten können.

»Als ich diese Übung durchführte«, so teilte ein Schüler seine Erfahrung mit uns, »kam ich schließlich zu einem Stuhl, der einfach ein Stuhl sein wollte und eine Couch, die einfach eine Couch sein wollte. Und die Vorstellung, die ich hatte, war, daß die Couch ein Stuhl sein wollte und der Stuhl von anderer Farbe sein wollte!«

Ein anderer machte folgende Erfahrung: »Ich hatte den elementaren Eindruck, daß alles einfach sein wollte. Es war sehr befreiend, sich das klar zu machen, denn es war, als ob jeder und alles einfach existieren will. Dann dachte ich: ›Warum machen wir immer dieses Zeug, daß Dinge nicht existieren, und diese ganze Seite der indischen Philosophie oder was auch immer das ist?‹ Ich kam zu der Entscheidung, daß es besser ist, sich auf das Wesen, auf das Sein zu konzentrieren. Und das war sehr schön.«

Ich erwiderte: »Es ist sehr schwer, in der Welt zu sein und Vedanta (nicht das, nicht das) zu praktizieren. Es ist viel einfacher, Kashmir Shaivismus oder Tantrisches Yoga (und das, und das) zu praktizieren. Das ist der wichtigste Grund, warum Yogis es so schwer haben, in Amerika Wurzeln zu schlagen. Es ist sehr schwer, einem Menschen aus dem Westen zu sagen: »Nicht das, nicht das.« Baba Muktananda war ein reiner Vedantin, bis er nach Amerika kam. Er war ein sehr praktischer Mensch, und das war der Moment, in dem er den Kashmir Shaivismus annahm. Anstatt »nicht das, nicht das, nicht das« übernahm er ein »und das, und das, und das«, was gut zu der westlichen Kultur paßt, weil Sie Ihrem Vermieter nicht sagen können »nicht das, nicht das« ..., selbst wenn Sie das wollten.

Wir fangen an, den kreativen Aspekt des Bewußtseins zu schätzen, der uns unsere Unterschiede bewußt macht. Also können wir auch würdigen, daß das Bewußtsein dasein muß, ansonsten könnte es kein Selbst geben, das um sich selbst weiß.

Lassen Sie uns nun den physischen Körper als Bewußtsein betrachten.

Quantenübung 81

Der Körper ist Bewußtsein (Singh, 96)
(Mit geschlossenen Augen)
1. Schritt: Erfahren Sie Ihren Körper, als ob er aus Bewußtsein bestünde.
2. Schritt: Erfahren Sie die Möglichkeit, daß jeder Mensch aus Bewußtsein besteht.
3. Schritt: Erfahren Sie die Möglichkeit, daß alle Dinge aus Bewußtsein bestehen.

Übung
Jetzt wollen wir daran arbeiten, unseren Körper als Bewußtsein zu sehen. Wir wollen fünfzehn Minuten dasitzen und dann weitere fünf Minuten mit offenen Augen. Finden Sie einen ruhigen Platz in sich selbst. In dieser Übung erfahren Sie, daß Ihr Körper aus Bewußtsein besteht. Sie können dies, indem Sie Ihrem Körper gestatten, auf einen »Schlag« aus Bewußtsein zu bestehen, anstatt es Stück für Stück zu tun. Halten Sie dieses Gefühl aufrecht, vielleicht sogar den Klang des Körpers als Bewußtsein.

Wie sieht Ihr Körper aus? Wie fühlt er sich an? Welche Geräusche hören Sie, wenn Ihr ganzer Körper Bewußtsein ist? Fahren Sie damit fort, Ihren Körper auf einen »Schlag« als aus Bewußtsein bestehend zu erfahren. Wenn irgendwelche Gedanken, Gefühle oder Empfindungen hochkommen, betrachten Sie sie als aus Bewußtsein bestehend. Erfahren Sie die Grenzen Ihrer Haut als aus Bewußtsein bestehend.

Nun lassen Sie es zu, und sehen Sie es einmal so, daß dasselbe Bewußtsein, das in Ihrem Körper ist, in allen anderen Körpern ist, und daß alle Körper aus demselben Bewußtsein bestehen. Erfahren Sie, daß alle Objekte oder Dinge in der Welt aus demselben Bewußtsein gemacht sind, auch wenn sie verschiedene Gestalten oder Formen einnehmen. Erfahren Sie zum Schluß, daß derjenige, der diese Übung durchführt, aus demselben Bewußtsein besteht wie alles andere. Lassen Sie Ihre Augen ganz sanft aufgehen, und stellen Sie mit den anderen Menschen im Zimmer Augenkontakt her. Erfahren Sie, daß deren Körper und Ihr Körper aus demselben Bewußtsein besteht. Fahren Sie fort, mit den anderen Menschen im Zimmer in diesem Bewußtsein Augenkontakt zu halten.«

Ein Workshopteilnehmer meinte: »Ich hatte das Gefühl, mein Körper befände sich im *Raumschiff Enterprise,* wo sie die Menschen hochbeamen und ihre Körper flimmern in diesem Zwischenstadium zwischen ›noch da‹ und ›schon verschwunden‹. Mein Körper schimmerte.«

Lassen Sie uns hierin einen Schritt weitergehen.

Quantenübung 82

**Konzentrieren Sie sich
auf das Universum als Ihren Körper.**
(Singh, 97)

Wechselnder Gruppenleiter. (Mit geschlossenen Augen)
Übung
Konzentrieren Sie sich auf Ihren physischen Körper. Erfahren Sie ganz langsam, daß alles im Zimmer Teil Ihres physischen Körpers

ist, jeder Mensch, alles. Erweitern Sie sich einfach, so daß alles im Zimmer Teil Ihres physischen Körpers wird. Strecken Sie Ihr Bewußtsein aus, um alles im Raum einzuschließen.

Nun möchte ich, daß Sie ganz sanft das Gebäude oder Haus, in dem Sie leben, einschließen. Strecken Sie Ihr Bewußtsein aus, lassen Sie es sich erweitern, um Ihr Wohnhaus einzuschließen. Dann erweitern Sie Ihr Bewußtsein, und schließen Sie Ihre Nachbarschaft mit ein. Schließen Sie all dies in Ihr Bewußtsein ein. Stellen Sie es sich als Teil Ihres Bewußtseins vor. Achten Sie darauf, daß es zuerst einen gewissen Widerstand geben kann, aber erweitern und schließen Sie die gesamte Nachbarschaft in Ihr Bewußtsein mit ein. Erweitern Sie sich sanft, um Ihren ganzen Wohnort mit einzuschließen, so daß alles in Ihrem Bewußtsein ist. Schließen Sie sanft Ihren Wohnort und die ihn umgebenden Orte in Ihr Bewußtsein mit ein. Lassen Sie Ihr Bewußtsein größer werden, um das ganze Bundesland miteinzuschließen. Lassen Sie Ihr Bewußtsein sich auf die Nachbarländer ausdehnen. Erfahren Sie, daß Sie all das in Ihr erweitertes Bewußtsein mit einschließen können. Schauen Sie nun, ob Sie die gesamte Bundesrepublik in Ihr Bewußtsein aufnehmen können. Erweitern Sie Ihr Bewußtsein einfach sanft, um alles mit einzuschließen. Dann gehen Sie zu Frankreich über und dann zu Nordeuropa und Südeuropa. Es ist leichter und leichter, die Meere auf beiden Seiten miteinzuschließen, den Atlantik und die Nordsee. Schließen Sie Asien und Indien und Südostasien mit ein. Es wird immer leichter, alles einzuschließen. Afrika. Amerika. Erweitern Sie sich weiter, so daß Sie den gesamten Planeten in Ihr Bewußtsein einschließen können. Fahren Sie fort, das Sonnensystem, die Galaxie und das Universum in Ihr Bewußtsein einzuschließen. Wann immer Sie bereit sind, bringen Sie Ihre Aufmerksamkeit in das Zimmer zurück. Öffnen Sie Ihre Augen.

Welchen Wert kann das haben? Alle Teil-(chen) oder Universen, ob individuell oder kollektiv, bestehen aus demselben Bewußtsein (verdichtete Leere) wie alles andere. Wie in der Theorie der Parallelen Universen sind alle Systeme Teil-(chen) in der Leere, wie in den Kapiteln 9 und 10 erwähnt. Sie sind dasselbe. Das bedeutet, daß – metaphorisch gesprochen – wir alle dieselbe Mutter und denselben Vater haben – *Leere und verdichtete Leere.* Dieses Verständnis ist wertvoll, weil Kriege, interpersonelle und intrapersonelle Konflikte, durch das Verständnis beigelegt werden können, daß wir alle aus derselben Substanz bestehen und dieselbe Substanz sind.

Im buddhistischen System heißt es, daß wir alle so viele Male wiedergeboren wurden, daß jeder Ihre Mutter war und Sie selbst die Mutter aller anderen waren. Wenn Sie diese Metapher umsetzen, so bestehen wir alle aus derselben Substanz und sind daher eins, ob wir uns dessen bewußt sind oder nicht. Daher ist subatomar jeder die Mutter und der Vater des anderen, weil alle aus demselben Quantenstoff bestehen. Ich sagte einmal scherzend in einem Workshop: »Für viele von uns, die aus Elternhäusern kommen, in denen sie auf irgendeine Weise mißbraucht wurden, könnte dieser Gedanke erschreckend wirken, aber denken sie an die ökonomischen Möglichkeiten für uns Therapeuten – der ewige Patient!!!«

Da so viele Gruppen, Kriege und Konflikte durch den Gebrauch von Symbolen geschaffen wurden als Mittel, Unterschiede und Trennungen zu schaffen, lassen Sie uns einen Blick darauf werfen, wie dieses Verständnis helfen kann, jene internen/externen Kontroversen zu mildern.

Ein Symbol kann wie folgt definiert werden:

»*Etwas, das für ein Ding, eine Vorstellung oder ein Gefühl steht; bildhaftes Zeichen für einen Begriff oder einen Vorgang, oft ohne erkennbaren Zusammenhang mit diesem.*«   (Bertelsmann, 98)

Symbole tragen verdichtete Gefühle verfestigten Bewußtseins in sich. Oft kann ein Symbol sehr mächtig sein wegen der Bedeutung, die ihm beigemessen wird. Das Symbol wird mächtig. Die Leere, aus der es auftauchte sowie das, aus dem es besteht, bleibt jedoch unbeachtet.

Quantenübung 83

Finden Sie den leeren Raum vor dem Auftauchen irgendwelcher religiöser Symbole

Der Zweck dieser Übung liegt darin, auf den leeren Raum vor einem religiösen Symbol oder spirituellen Symbol wie dem Kreuz, dem Davidstern, Mandalas, Statuen, Kristallen, usw. zu achten. Ich werde Sie auffordern, auf ein Symbol zu achten. Es kommt nicht darauf an, welches es ist. Sie werden überrascht sein, wie viele guten oder schlechten Gefühle (Energie) daran haften. Ich möchte, daß Sie dann zurückkehren in den leeren Raum, aus dem das Symbol auftauchte, in den leeren Raum vor dem Symbol.

Mögliche Gestaltungsform für eine Gruppe mit wechselndem Gruppenleiter.

Übung

Holen Sie tief Luft. Ich möchte jetzt, daß Sie ein Bild entwickeln oder ein Bild zu sich kommen lassen von einem spirituellen, religiösen oder politischen Symbol. Achten Sie darauf, welche positiven oder negativen Gefühle Sie hinsichtlich dieses Symbols haben. Dann erweitern Sie Ihr Bewußtsein, und finden Sie die Leere vor dem Auftauchen dieses Symbols. Lassen Sie ein anderes Symbol in Ihr Bewußtsein treten; achten Sie auf die gute bzw. schlechte Ausstrahlung, und finden Sie den leeren Raum, aus dem das Symbol kam. Nun lassen Sie ein weiteres Symbol in Ihr Bewußtsein treten. Achten Sie auf die Energie, und finden Sie den leeren Raum, aus dem dieses Symbol kam. Lassen Sie noch ein Symbol in Ihr Bewußtsein herein, und lokalisieren Sie den leeren Raum, aus dem dieses Symbol kam. Und schließlich ein letztes Symbol, achten Sie auf die Energie, die damit verbunden ist, und finden Sie den leeren Raum. Machen Sie sich klar, daß das Symbol aus verdichteter Leere besteht und daß alle Symbole aus derselben Substanz bestehen. Bleiben Sie dieses Mal im leeren Raum, aus dem alle religiösen Symbole kamen. Gehen Sie ganz tief in diesen leeren Raum hinein. Gehen Sie tief in das Vakuum vor dem Auftauchen irgendeines oder aller Symbole. Bleiben Sie dort. Wann immer Sie bereit sind zurückzukommen, bringen Sie Ihr Bewußsein in das Zimmer zurück, und lassen Sie es zu, daß sich Ihre Augen öffnen.

Ein Schüler kommentierte: »Das war wirklich erfrischend. Es war irgendwie, als ob man sich zu den äußersten Enden des Weltalls begibt. Ich sah, wie all diese Symbole sich ergießen, und ich schuf ein Gefühl zu einem Symbol und warf es zurück, und immer war da dieser Raum.«

Quantenübung 84

(Mit geschlossenen Augen.)

1. Schritt: Achten Sie auf die Leere vor sich.
2. Schritt: Gestatten Sie der vor Ihnen liegenden Leere, sich selbst zu dem Bewußtsein eines Symbols zu organisieren (einer Fahne, einem religiösen Symbol, etc.).
3. Schritt: Verschmelzen Sie mit dem Bewußtsein dieses Symbols, und erfahren Sie es.
4. Schritt: Treten Sie zurück, und achten Sie auf den leeren Raum, der das Bewußtsein dieses Symbols umgibt.
5. Schritt: Sehen Sie das Bewußtsein dieses Symbols als verdichtete Leere.
6. Schritt: Sehen Sie, daß das Bewußtsein, das Sie »Ich« nennen, aus derselben verdichteten Leere besteht wie das Bewußtsein des Symbols.

Wohin können Sie mit diesem Bewußtsein gehen? Hier sind wir wieder einmal aufgefordert, die Einheit aller Dinge anzuerkennen. Ein großer Sprung und doch einer, der, vom Gesichtspunkt des Bewußtseins (der Unterscheidungen) aus, wichtig *scheint*.

Ist die Leere etwas, wovor man sich fürchten muß?

In den Workshops sagen die Menschen oft: »Tja, sie läßt mir gar nichts übrig.« Im Gegenteil, sie läßt Ihnen alles übrig. Der bekannte Physiker J. A. Wheeler sagt: »Das Nichts ist der Baustein des Universums.« Das Nichts lebt! Das Nichts trägt die Verantwortung.

Quantenübung 85

(Mit geschlossenen Augen)
1. Schritt: Sehen Sie die Leere vor sich.
2. Schritt: Achten Sie darauf, wie die Leere zu etwas wird. (Gedanke, Gefühl, Bild, etc.)
3. Schritt: Machen Sie sich klar, daß Sie aus derselben Leere bestehen, die sich in ein Sie – oder ein getrenntes Selbst – hinein organisiert hat.

QUANTENKONTEMPLATION

Wie wäre es, wenn ...
... das Nichts zu Gedanken, Gefühlen, Bildern, Stühlen, etc. würde?
... das Nichts zum »Ich« und zum »Nicht-Ich« würde?
... alles (Erfahrungen, Handlungen, die Augenbewegungen, Gerüche, das Verständnis) aus jener Leere bestehen würde und erschiene oder auch nicht durch oder aus dieser Leere?

Wohin bringt uns das?

Einen Quantenkontext zu entwickeln, grenzt nichts aus, vielmehr schließt es die moderne Psychologie, die Philosophie und die Praktiken des Nahen und des Fernen Ostens mit ein. Die Quantenpsychologie weist in eine Richtung oder auf einen Weg, die Probleme menschlichen Leidens zu sehen.

Dieses Buch ist kein Ende, dieses Buch ist vielmehr ein *Anfang*, ein Ort, an dem wir uns alle die Hände reichen können und unsere eigenen Ansätze entwickeln können hinsichtlich des Erinnerns und des Wiederverbindens mit dieser allem zugrundeliegenden Quanteneinheit. *Der Quantenansatz grenzt nichts aus. Er schließt alles und jeden ein.* Dieses Buch ist ein Aufruf an uns selbst als Brüder und Schwestern, uns mit dieser unsichtbaren Quantenebene zu verbinden.

Ein sehr berühmter Hindu-Lehrer, Ramana Maharshi, lag auf seinem Totenbett, als einer seiner Schüler flehte: »Bitte gehe nicht.« Er erwiderte: »Wohin kann ich schon gehen?« Damit wollte er ausdrücken, daß alles aus demselben Quantenstoff besteht. Wo gibt es ein Dort, das sich vom Hier unterscheidet?

Letztendlich existiert das Quantenbewußtsein nicht. Warum? Weil es etwas geben müßte, das davon getrennt ist, um uns sagen zu können, daß es existieren würde. Somit entläßt das Quantenbewußtsein uns hier, und genau das tue ich auch.

Epilog

Wie würde eine Quantenwelt wohl aussehen?
Stellen Sie doch einmal vor:

Imagine there's no Heaven
It's easy if you try
No Hell below us
Above us only sky
Imagine all the people
Living for Today

Stellen Sie sich vor, es gäbe keinen Himmel
Es ist ganz leicht, versuchen Sie es
Unter uns keine Hölle
Und über uns nur der blaue Himmel
Stellen Sie sich all die Menschen vor
Die im Jetzt leben.

Imagine there's no countries
It isn't hard to do
Nothing to kill or die for
And no religion too.
Imagine all the people
Living life in peace.

Stellen Sie sich vor, es gäbe keine Länder
Das ist überhaupt nicht schwer
Nichts, wofür man töten oder sterben müßte
Und auch keine Religionen
Stellen Sie sich all die Menschen vor
Die in Frieden leben.

You may say I'm a dreamer
But I'm not the only one
I hope someday you'll join us
And the world will be as one.

Sie mögen mich für einen Träumer halten
Aber ich bin nicht der einzige
Ich hoffe, Sie stoßen eines Tages zu uns
Und die Welt wird eins werden.

Imagine no possessions,
I wonder if you can
No need for greed or hunger
A brotherhood/sisterhood of man
Imagine all the people
Sharing all the world

Stellen Sie sich vor, es gäbe keine Besitztümer
Ich frage mich, ob Sie das können
Keinen Bedarf für Gier und Hunger
Eine Bruder-/Schwesterschaft der Menschen
Stellen Sie sich all die Menschen vor
Die sich die ganze Welt teilen.

You may say I'm a dreamer
But I'm not the only one
I hope someday you'll join us
And the world will be as ONE.

Sie mögen mich für einen Träumer halten
Aber ich bin nicht der einzige
Ich hoffe, Sie stoßen eines Tages zu uns
Und die Welt wird EINS werden.

John Lennon

Anmerkungen

1 Wilson, Colin: *The Outsider*, 1956

2 Stapp, Henry: *Nuovo Climento*, 40B, 1977

3 Korzybski, Alfred: *Science and Sanity: An Introduction to Non-Aristotelian Systems and General Semantics*. International Non-Aristotelian Library Publishing Company, Lancaster 1933

4 Peat, F. David: *Einstein's Moon: Bell's Theorem and the Curious Quest for Quantum Reality*. Contemporary Books, Chicago 1990

5 Peat, F. David: ebenda

6 Herbert, Nick: *Quantum Reality: Beyond the New Physics*. Anchor Press, New York 1985

7 Herbert, Nick: ebenda

8 Nicoll, Maurice: *Psychological Commentaries on The Teachings of Gurdjieff and Ouspensky, Vol. I*. Shambhala, Boulder/London 1984

9 Tulku, Tarthang: *Raum, Zeit und Erkenntnis*. Rowohlt, Reinbek bei Hamburg

10 Isherwood, Christopher und Swami Prabhavanda: *How to Know God: the Yoga Aphorisms of Patanjali*. New American Library, Kalifornien 1953

11 Peat, F. David: *Der Stein des Weisen. Chaos und verborgene Weltordnung*. Hoffmann & Campe, Hamburg 1992

12 Godman, David: *Be As You Are: The Teachings of Ramana Maharshi*. Arkana, London 1985

13 Singh, Jaideva: *Vijnanabhairava or Divine Consciousness*. Motilal Banarsidass, Dehli 1979

14 Bentov, Itzhak: *Auf der Spur des wilden Pendels*. Rowohlt Verlag, Reinbek bei Hamburg

15 Nicoll, Maurice: *Psychological Commentaries on The Teachings of Gurdjieff and Ouspensky, Vol. I*. Shambhala, Boulder/London 1984

16 Jung, Carl G.: *Gesammelte Werke*. Olten 1971–1990

17 Shah, Indries: *A Perfumed Scorpion*. Harper & Row, New York 1978

18 Rossi, Ernest: *The Psychology of Mind Body Healing*. W. W. Norton, New York 1986

19 Nicoll, Maurice: *Psychological Commentaries on The Teachings of Gurdjieff and Ouspensky, Vol. I*. Shambhala, Boulder/London 1984

20 Singh, Jaideva: *Vijnanabhairava or Divine Consciousness*. Motilal Banarsidass, Dehli 1979

21 Nicoll, Maurice: *Psychological Commentaries on The Teachings of Gurdjieff and Ouspensky, Vol. I*. Shambhala, Boulder/London 1984

22 Zukav, Gary: *Die tanzenden Wu-Li Meister*. Rowohlt Verlag, Reinbek bei Hamburg

23 Wolinsky, Stephen: *Die alltägliche Trance. Heilungsansätze in der Quantenpsychologie*, Verlag Alf Lüchow, Freiburg/Br. 1993

24 Herbert, Nick: *Quantum Reality: Beyond the New Physics*. Anchor Press, New York 1985

25 Tulku, Tarthang: *Knowledge of Time and Space*. Dharma Publishing, Oakland 1990

26 Davies, Paul und Gribbin, John: *The Myth of Matter: Dramatic Discoveries that Challenge our Understanding of Physical Reality*. Touchstone Books, Simon and Schuster, New York 1992

27 Tulku, Tarthang: *Knowledge of Time and Space*. Dharma Publishing, Oakland 1990

28 Bentov, Itzhak: *Auf der Spur des wilden Pendels*. Rowohlt Verlag, Reinbek bei Hamburg

29 Isherwood, Christopher und Prabhavanda, Swami: *How to Know God: the Yoga Aphorisms of Patanjali*. New American Library, Kalifornien 1953

30 Besant, Ann und Leadbeater, C. W.: *Thought Forms*. The Theosophical Publishing House, Wheaton 1969

31 Blanck, Gertrude R. und Rubin: *Ego Psychology II*. Columbia University Press, New York 1974

32 Almaas, A. H.: *Die Leere*. Transform Verlag, Oldenburg 1992

33 Davies, Paul und Gribbin, John: *The Myth of Matter: Dramatic Discoveries that Challenge our Understanding of Physical Reality*. Touchstone Books, Simon and Schuster, New York 1992

34 Talbot, Michael: *Jenseits der Quanten*. Heyne Verlag, München o.J.

35 Herbert, Nick: *Quantum Reality: Beyond the New Physics*. Anchor Press, New York 1985

36 Talbot, Michael: *Jenseits der Quanten*. Heyne Verlag, München o.J.

37 Herbert, Nick: *Quantum Reality: Beyond the New Physics*. Anchor Press, New York 1985

38 Herbert, Nick: ebenda

39 Osistynski, Wikton: *Contrasts: Soviet and American Thinkers Discuss the Future*

40 Talbot, Michael: *Jenseits der Quanten*. Heyne Verlag, München o.J.

41 Singh, Jaideva: *Vijnanabhairava or Divine Consciousness*. Motilal Banarsidass, Dehli 1979

42 Suzuki, Shunyru: *Zen-Geist, Anfänger-Geist. Unterweisungen in Zen-Meditation*. Theseus, München 1990

43 Wilson, Colin: G. J. Gurdjieff: *The War Against Sleep*. Aquarian Press, England 1980

44 Bohm, David: *The Enfolding-Unfolding Universe: A Conversation with David Bohm*

45 Singh, Jaideva: Siva Sutra, *The Yoga of Supreme Identity*. Motilal Banarsidass, Dehli 1979

46 Singh, Jaideva: ebenda

47 Singh, Jaideva: *Vijnanabhairava or Divine Consciousness.* Motilal Banarsidass, Dehli 1979

48 Bentov, Itzhak: *Auf der Spur des wilden Pendels.* Rowohlt Verlag, Reinbek bei Hamburg

49 Capek, M.: *The Philosophical Impact of Contemporary Physics.* D. Van Nostrand, Princeton 1961

50 Bentov, Itzhak: *Auf der Spur des wilden Pendels.* Rowohlt Verlag, Reinbek bei Hamburg

51 Capek, M.: *The Philosophical Impact of Contemporary Physics.* D. Van Nostrand, Princeton 1961

52 Capra, Fritjof: *Das Tao der Physik.* Scherz Verlag, München

53 Wittgenstein, Ludwig: *Tractatus Logico-Philosophicus. Logisch-philosophische Abhandlung.* Suhrkamp Verlag, Frankfurt/Main 1989

54 Bentov, Itzhak: *Auf der Spur des wilden Pendels.* Rowohlt Verlag, Reinbek bei Hamburg

55 Herbert, Nick: *Quantum Reality: Beyond the New Physics.* Anchor Press, New York 1985

56 Wolf, Fred Alan: *Parallel Universes. The Search for Other Worlds,* Touchstone Books, Simon & Schuster, New York 1988

57 Herbert, Nick: *Quantum Reality: Beyond the New Physics.* Anchor Press, New York 1985

58 Herbert, Nick: ebenda

59 Wolinsky, Stephen: *The Dark Side of the Inner Child. The Next Step.* Bramble Books, Norfolk 1993 (Erscheint im Frühjahr 1995 im Verlag Alf Lüchow.)

60 DeWitt, C. und Wheeler, J. A.: *Battelle Rencontes, »Superspace and the Nature of Quantum Geometrodynamics: 1967 Lectures in Mathematics and Physics.«* W. A. Benjamin, New York 1968

61 Fung, Yu-lan: *A Short History of Chinese Philosophy.* Macmillan, New York 1958

62 DeWitt, C. und Wheeler, J. A.: *Battelle Rencontes, »Superspace and the Nature of Quantum Geometrodynamics: 1967 Lectures in Mathematics and Physics.«* W. A. Benjamin, New York 1968

63 Govinda, Lama Anagarika: *Grundlagen tibetischer Mystik.* Fischer Verlag, Frankfurt/Main

64 Whittaker, Sir Edmond: *Space and Spirit.* Regnery, Hindsdale 1948

65 Wolinsky, Stephen: *Die alltägliche Trance. Heilungsansätze in der Quantenpsychologie,* Verlag Alf Lüchow, Freiburg/Br. 1993

66 Capra, Fritjof: *Das Tao der Physik.* Scherz Verlag, München

67 Bentov, Itzhak: *Auf der Spur des wilden Pendels.* Rowohlt Verlag, Reinbek bei Hamburg

68 Herbert, Nick: *Quantum Reality: Beyond the New Physics.* Anchor Press, New York 1985

69 Wilber, Ken: *Das Spektrum des Bewußtseins. Die östliche und die westliche Sicht des menschlichen Reifungsprozeßes.* Scherz Verlag, München 1987

70 Wilber, Ken: ebenda

71 Wilber, Ken: ebenda

72 Wilber, Ken: ebenda

73 Wittgenstein, Ludwig: *Tractatus Logico-Philosophicus. Logisch-philosophische Abhandlung.* Suhrkamp Verlag, Frankfurt/Main 1989

74 Shah, Indries: *A Perfumed Scorpion.* Harper & Row, New York 1978

75 Ram Dass: *Alles Leben ist Tanz.* Frank Schickler Verlag, Berlin 1982

76 Herbert, Nick: *Quantum Reality: Beyond the New Physics.* Anchor Press, New York 1985

77 Herbert, Nick: ebenda

78 Zukav, Gary: *Die tanzenden Wu-Li Meister.* Rowohlt Verlag, Reinbek bei Hamburg

79 Venkatesananda, Swami: *The Supreme Yoga.* Chiltern Yoga Trust, Australien 1976

80 Herbert, Nick: *Quantum Reality: Beyond the New Physics.* Anchor Press, New York 1985

81 Talbot, Michael: *Jenseits der Quanten.* Heyne Verlag, München

82 Singh, Jaideva: *Siva Sutra, The Yoga of Supreme Identity.* Motilal Banarsidass, Dehli 1979

83 Singh, Jaideva: ebenda

84 Herbert, Nick: *Quantum Reality: Beyond the New Physics.* Anchor Press, New York 1985

85 Harding, D. E.: *On Having No Head: Zen and the Rediscovery of the Obvious.* Arkana, London 1986

86 Harding, D. E.: *The Little Book of Life and Death.* Arkana, London 1988

87 Herbert, Nick: *Quantum Reality: Beyond the New Physics.* Anchor Press, New York 1985

88 Singh, Jaideva: 1979

89 Herbert, Nick: *Quantum Reality: Beyond the New Physics.* Anchor Press, New York 1985

90 Herbert, Nick: ebenda

91 Herbert, Nick: ebenda

92 Singh, Jaideva: 1979

93 Singh, Jaideva: 1979

94 Singh, Jaideva: 1979

95 Singh, Jaideva: 1979

96 Singh, Jaideva: 1979

97 Singh, Jaideva: 1979

98 *Bertelsmann Fremdwörterlexikon,* Bertelsmann Verlag, Gütersloh 1992

Literaturliste

Almaas, A. H.: *The Void*. Samuel Weiser, Inc., York Beach, Maine 1986.

Bahirgit, B. P.: *The Amritanubhava of Jnanadeva*. Sirur Press, Bombay 1963.

Bentov, Itzhak: *Auf der Spur des wilden Pendels*. Rowohlt Verlag, Reinbek bei Hamburg.

Berne, Eric: *Spiele der Erwachsenen*. Rowohlt Verlag, Reinbek bei Hamburg

Bertelsmann Fremdwörterlexikon, Bertelsmann Verlag, Gütersloh 1992

Besant, Ann und Leadbeater, C. W.: *Thought Forms*. The Theosophical Publishing House, Wheaton IL. 1969.

Blank, Gertrude R. und Rubin: *Ego Psychology II*. Columbia University Press, New York 1974.

Bohm, David: *The Enfolding – Unfolding Universe: A Conversation with David Bohm*.

Bohm, David: *Quantum Theory*. Constable, London 1951.

Bohm, David: *Wholeness and the Implicate Order*. Ark Paperbacks, London 1980.

Bohm, David und Peat, David F.: *Science, Order and Creativity*. Bantam Books, New York 1987.

Bohm, David: *Vom Werden zum Sein*. Goldmann Verlag, München

Boslough, John: *Jenseits des Ereignishorizonts. Stephen Hawkings Universum*. Rowohlt, Reinbek bei Hamburg.

Briggs, John und Peat, David F.: *Looking Glass Universe: The Emerging Science of Wholeness*. Simon & Schuster, New York 1984.

Capek, M.: *The Philosophical Impact of Contemporary Physics*. D. Van Nostrand, Princeton, NJ. 1961.

Capra, Fritjof: *Das Tao der Physik*. Scherz Verlag, München.

Cayce, Edgar: *Cayces Offenbarung des neuen Zeitalters*. Heyne Verlag, München.

Dass, Ram: *Alles Leben ist Tanz*. Frank Schickler Verlag, Berlin 1982.

Davies, Paul und Gribbin, John: *The Myth of Matter: Dramatic Discoveries That Challenge Our Understanding of Physical Reality*. Touchstone Books, Simon and Schuster, New York 1992.

Davis, Martha und Fannie, Patrick und McKay, Mathew: *Thoughts and Feelings: The Art of Cognitive Stress Intervention*. New Harbinger Publications, Richmond, CA. 1981.

DeWitt, C. und Wheeler, J. A.: *Battelle Rencontes*, »Superspace and the Nature of Quantum Geometrodynamics: 1967 Lectures in Mathematics and Physics«. W. A. Benjamin, New York 1968.

Erickson, M. H. und Rossi, E. L.: *Hypnotherapie. Aufbau, Beispiele, Forschung*. Pfeiffer, München 1981.

Erickson, M. H. und Rossi, E.: *Der Februar-Mann: Persönlichkeitsentwicklung und Identitätsentwicklung in Hypnose*. Junfermann, Paderborn 1989.

Fung, Yu-lan: *A Short History of Chineses Philosophy*. Macmillan, New York 1958.

Godman, David: *Be As You Are: The Teachings of Ramana Maharishi*. Arkana, London 1985.

Goldstein, Joseph: *The Experience of Insight*. Shambala, Boston und London 1987.

Goldstein, Joseph und Kornfield, Jack: *Einsicht durch Meditation. Die Achtsamkeit des Herzens*. Scherz, München 1989.

Goldstein, Joseph: *The Experience of Insight*. Shambala, Boston/London 1987

Govinda, Lama Anagarika: *Grundlagen tibetischer Mystik*. Fischer Verlag, Frankfurt am Main.

Haley, J.: *Die Psychotherapie Milton H. Ericksons*. Pfeiffer Verlag, München 1991.

Harding, D. E.: *On Having No Head: Zen and the Rediscovery of the Obvious*. Arkana, London 1986.

Harding, D. E.: *The Little Book of Life and Death*. Arkana, London 1988.

Hawking, Stephen W.: *Eine kurze Geschichte der Zeit. Die Suche nach der Urkraft des Universums*. Rowohlt Verlag, Hamburg 1988.

Herbert, Nick: *Quantum Reality: Beyond the New Physics*. Anchor Press, New York 1985.

Hoffer, Eric: *The True Believer*. Harper and Row, New York 1951.

Hoffman, Yoel: *The Sound of the One Hand*. Basic Books, New York 1975.

Hua, Tripitaka Master: *Shurangama Sutra*. Buddhist Text Translation Society. San Franscisco 1977.

Hua, Tripitaka Master: *The Heart Sutra and Commentary*. San Francisco, Kalifornien: Buddhist Text Translation Society. 1980.

Isherwood, Christopher und Swami Prabhavanda: *How to Know God: the Yoga Aphorisms of Patanjali.* New American Library, Kalifornien 1953.

Jagadiswarananda, Swami: *Devi Mahatmyam Sri Ramakrishna Math.* Madras 1978.

Jung, Carl G.: *Gesammelte Werke.* Walter-Verlag, Olten 1971–1990.

Khanna Madhu: *Das große Yantra-Buch. Das Tantra-Symbol der kosmischen Einheit.* Aurum Verlag, 1980.

Korzybski, Alfred: *Science and Sanity: An Introduction to Non-Aristotelian Systems and General Semantics.* International Non-Aristotelian Library Publishing Company. Lancaster, PA. 1933.

Lopez, Donald: *The Heart Sutra Explained.* State University of New York Press, New York 1988.

Maharshi, Ramana: *Gems from Bhagavan Sri Ramanashram.* Tiruvannamali, 1965.

Maharshi, Ramana: *The Spiritual Teaching of Ramana Maharshi.* Shambhala, Boulder and London 1972.

Maharshi Ramana: *Die Suche nach dem Selbst. Ausgewählte Gespräche.* Ansata, Interlaken 1985.

Maharshi Ramana: *Sei, was du bist! Ramana Maharshis Unterweisung über das Wesen der Wirklichkeit und den Pfad der Selbstergründung.* (Hrsg.: David Godman) Scherz, München 1991.

Masters, Robert und Houston, Jean: *Mind Games: The Guide to Inner Space.* Dell Publishing Co., New York 1972.

Mookerjit, Ajit: *Tantra Asana: A Way to Self-Realization.* Ravi Kumar, Basel, Paris, New Dehli 1971.

Mookerjit, Ajit: *Tantra Art – its Philosophy and Physics.* Ravi Kumar, Basel, Paris, New Dehli 1971.

Morrison, Philip und Phylis: *Zehn Hoch. Dimensionen zwischen Quarks und Galaxien.* Spektrum Akadem. Verlag, Heidelberg 1991.

Mudallar Devaraja: *Day by Day with Bhajavan.* Tiruvannamalai. S. India: Sri Ramanashram 1977.

Muktananda, Swami: *I Am That: The Science of Hamsa.* S. Y. D. A. Foundation, New York 1978.

Muktananda, Swami: *Play of Consciousness.* Shree Gurudev Ashram, Ganeshpuri 1974.

Nicoll, Maurice: *Psychological Commentaries on the Teachings of Gurdjieff and Ouspensky.* Shambhala, Boulder/London 1984.

Nikhilananda, Swami: *An Inquiry into the Nature of the Seer and the Seen.* Sri Ramakrishna Ashrama, Mysore 1976.

Nisargadatta Maharaj: *Ich bin. Gespräche*. Context Verlag, Bielefeld 1989.

Nisargadatta Maharaj: *Seeds of Consciousness*. Grove Press, New York 1982.

Osistynski, Wikton: *Contrasts: Soviet and American Thinkers Discuss the Future*.

Peat, David F.: *Synchronizität. Die verborgene Ordnung*. Scherz, München 1991.

Peat, David F.: *Superstrings. Kosmische Fäden. Die Suche nach der Theorie, die alles erklärt*. Hoffmann & Campe, Hamburg 1989.

Peat, David F. und Briggs, John: *Die Entdeckung des Chaos. Eine Reise durch die Chaos-Theorie*. dtv Verlag, München.

Peat, David F.: *Einstein's Moon: Bell's Theorem and the Curious Quest for Quantum Reality*. Contemporary Books, Chicago 1990.

Peat, David F.: *Der Stein des Weisen. Chaos und verborgene Weltordnung*. Hoffmann & Campe, Hamburg 1992.

Poddar Hanumanprasad: *The Philosophy of Love*. Orissa, Rajgangur 1978.

Pradhan, V. G.: *Janaeshvari: A Song-Sermon on the Bhagavad Gita, Band I*. Blackie & Sons, Bombay 1979.

Pradhan, V. G.: *Janaeshvari: A Song-Sermon on the Bhagavad Gita, Band II*. Blackie & Sons, Bombay 1979.

Rabten, Geshe: *Echoes of Voidness*. Wisdom Publications, London 1983.

Rawson, Philip: *The Art of Tantra*. Oxford University Press, New York und Toronto 1978.

Ramanda, Swami: *Tripura Rahasya*. S. India: Sri Ramanashram, Tirulannamalai 1980.

Reich, Wilhelm: *Die Entdeckung des Orgons. Die Funktion des Orgasmus*. Verlag Kiepenheuer & Witsch.

Rossi, Ernest: *The Psychology of Mind Body Healing*. W. W. Norton, New York 1986.

Russell, Bertrand: *Das ABC der Relativitätstheorie*. Fischer Verlag, Frankfurt/Main.

Sadhu Om: *The Path of Sri Ramana*. Sri Ramana Trust, Kerala 1981.

Shah, Indries: *A Perfumed Scorpion*. Harper & Row, New York 1978.

Singh, Jaideva: *Siva Sutra: The Yoga of Supreme Identity*. Motilal Banarsidass, Dehli 1979.

Singh, Jaideva: *Spanda Karikas*. Motilal Banarsidass, Dehli 1980.

Singh, Jaideva: *Vijnana Bhairava or Divine Consciousness*. Motilal Banarsidass, Dehli 1979.

Singh, Jaideva: *Pratyabhijnahrdeyam: The Secret of Self-Recognition.* Motilal Banarsidass, Dehli 1963.

Stapp, H.: *Nuovo Climento*, 40B, 1977.

Suzuki, Daisetz T.: *Die große Befreiung. Einführung in den Zen-Buddhismus.* Diederichs, München 1990.

Suzuki, Shunryu: *Zen-Geist. Anfänger-Geist. Unterweisungen in Zen-Meditation.* Theseus, München 1990.

Talbot, Michael: *Mystik und die neue Physik.* Heyne Verlag, München.

Talbot, Michael: *Jenseits der Quanten.* Heyne Verlag, München.

Talbot, Michael: *Das holographische Universum. Die Welt in neuer Dimension.* Droemer, München 1992.

Toben, Bob und Wolf, Fred: *Raum-Zeit und erweitertes Bewußtsein.* Fischer Verlag, Frankfurt/Main.

Tulku, Tarthang: *Raum, Zeit und Erkenntnis.* Rowohlt Verlag, Reinbek bei Hamburg.

Tulku, Tarthang: *Der verborgene Geist der Freiheit.* Sphinx, Basel.

Tulku, Tarthang: *Love of Knowledge.* Dharma Publishing, Oakland 1987.

Tulku, Tarthang: *Knowledge of Time.* Dharma Publishing, Oakland 1991.

Venkatesenanda, Swami: *The Supreme Yoga.* (2 Bände) Chiltern Yoga Trust, Western Australia 1976.

Whittaker, Sir Edmond: *Space and Spirit.* Regnery, Hinsdale, IL. 1948.

Wilber, Ken: *Das Spektrum des Bewußtseins. Die östliche und die westliche Sicht des menschlichen Reifungsprozesses.* Scherz, München 1987.

Wilber, Ken: *Das holographische Weltbild.* Heyne Verlag, München.

Wilber, Engler & Brown: *Psychologie der Befreiung. Perspektiven einer neuen Entwicklungspsychologie.* Scherz, München.

Wilson, Colin: *G. I. Gurdjieff: The War Against Sleep.* Aquarian Press, England 1980.

Wittgenstein, Ludwig: *Tractatus Logico-Philosophicus. Logisch-philosophische Abhandlung.* Suhrkamp, Frankfurt 1989.

Wolf, Fred Alan: *Der Quantensprung ist keine Hexerei. Die neue Physik für Einsteiger.* Fischer Verlag, Frankfurt/Main.

Wolf, Fred Alan: *Space, Time and Beyond.* Bantam, New York 1983.

Wolf, Fred Alan: *Körper, Geist und neue Physik.* Scherz, München 1991.

Wolf, Fred Alan: *Parallel Universes: The Search for Other Worlds.* Touchstone, Simon & Schuster, New York 1988.

Wolinsky, Stephen H.: *Die alltägliche Trance: Heilungsansätze in der Quantenpsychologie.* Alf Lüchow Verlag, Freiburg 1993.
Zukav, Gar: *Die tanzenden Wu-Li Meister.* Rowohlt Verlag, Reinbek bei Hamburg.

Index

Stephen Wolinsky
mit Margaret O. Ryan

Die alltägliche Trance

Heilungsansätze in der Quantenpsychologie

Wie wird die individuelle Wirklichkeit geschaffen? Wie werden unsere Symptome und Probleme über Jahrzehnte hinweg erschaffen und erhalten?

Dr. Stephen Wolinsky integrierte die *östliche Philosophie*, die westlichen psychotherapeutischen Ansätze von *Milton H. Erickson* und die *Quantenphysik* in bahnbrechender Weise und schuf damit höchst originelle Antworten.

Durch Bündel von Trance-Zuständen, die von uns erschaffen werden, erleben wir Probleme wie zum Beispiel chronische Angstzustände, phobische Reaktionen, zwanghafte und obsessive Verhaltensweisen, sexuelles Fehlfunktionen, gestörtes Eßverhalten und das wiederholte Scheitern unserer Beziehungen. Diese problematischen Trance-Zustände stammen aus unserer Kindheit, in der sie dazu dienten, das Kind zu bewahren und zu schützen. Sie werden vom verzweifelten Kind auf »Automatik« geschaltet und funktionieren in den meisten von uns bis in unser Erwachsenenleben hinein.

Therapeuten, als auch Leser, die in keinem Heilberuf tätig sind, finden bemerkenswert handfeste Methoden, um die Art zu ändern, mit welcher sie bisher die Erfahrung ihrer Welt erschaffen haben.

Die alltägliche Trance wurde als »bahnbrechende Arbeit« (John Bradshaw) bezeichnet, als »Geschichte machende Psychotherapie ... eine transzendente Erfahrung« (Carl Whitaker), als »revolutionär« (Carl Ginsburg). Es enthält eine Goldmine an Ressourcen für Inzest-Überlebende, für jene, die an den destruktiven Verhaltensmustern der Sucht leiden und für jeden, der sich in wenig wünschenswerten emotionalen oder verhaltensmäßigen Zuständen befindet. Wenn wir lernen, aus unseren selbst-erschaffenen Trance-Zuständen herauszutreten, dann lernen wir, in die Gegenwart einzutreten – in unseren natürlichen »trancelosen« Zustand, in dem wir einen unbehinderten Bewußtseinsfluß erfahren.

»Diese faszinierenden Trance-Geschichten aus dem Alltagsleben als auch aus dem Behandlungsraum nähren das Gefühl für das Wunder und die Kreativität, die die einzige Hoffnung für die menschliche Gesellschaft sind.«
Dr. Ernest L. Rossi

»Dieses Buch ist nicht nur für Psychotherapeuten, es ist für all diejenigen von uns, die sich danach sehnen, einen Sinn in unser Leben und in unsere Welt zu bringen.«
Ron Kurtz, Begründer der Hakomi Therapie

302 Seiten, kartoniert. ISBN 3-925898-17-4

Erleuchtende Gespräche
mit
Ramesh S. Balsekar

ISBN 3-925898-25-5
ca. 400 Seiten
Erscheint September 1994

»Es gibt nichts außer Bewußtsein« R. Balsekar

»Wenn Sie das völlig verstehen, tiefgehend, intuitiv, dann brauchen Sie nicht weiterzulesen. Legen Sie das Buch zur Seite und genießen Sie weiterhin Ihr Leben. Falls Sie zu der wesentlich größeren Gruppe von Menschen gehören, die sich als Menschen bezeichnen, dann könnte für Sie in diesem Buch etwas Wertvolles zu finden sein.« (Aus dem Vorwort des Herausgebers.)

Fragen und Antworten mit Ramesh Balsekar während seiner letzten USA-Reisen. Die umfassenden Antworten eines lebenden Advaita-Lehrers. Ein Juwel!

DEIN WAHRES ICH

Gespräche mit

JEAN KLEIN

Die Gespräche dieses Buches kreisen um die Ursprungs-
frage aller Fragen über das Leben und den Menschen, um
die Frage

»Wer bin ich?«

In ihnen wird die große indische Tradition der Advaita-
Lehre, der Nicht-Dualität, des Weisen Ramana Maharshi
fortgeführt.

In den wichtigsten Passagen dieser Gespräche zeigt uns
Jean Klein, daß es kein vom »Anderen« getrenntes »Ich«
gibt, sondern nur ein unteilbares Sein jenseits aller Dualität.
Dort herrscht der wahre Friede unseres Wesens.

*Der Arzt und Musikwissenschaftler
Jean Klein wuchs in Europa auf. Bei
seinen Reisen in Indien fand er in der
Begegnung mit den dortigen Weisen die
Antwort auf seine Suche nach der
Essenz des Lebens. Seit 1980 lehrt Jean
Klein in den USA und in Europa.*

96 Seiten. Kartoniert. ISBN 3-925898-20-4